/ 张华夏科学哲学著译系列 /　任远 编

科学哲学导论

AN INTRODUCTION TO
THE PHILOSOPHY OF SCIENCE

[美]R.卡尔纳普◎著　张华夏　李平◎译

中国社会科学出版社

图书在版编目(CIP)数据

科学哲学导论/(美) R. 卡尔纳普著;张华夏,李平译.—北京:中国社会科学出版社,2020.11(2023.2 重印)
(张华夏科学哲学著译系列)
ISBN 978-7-5203-7320-3

Ⅰ.①科… Ⅱ.①R… ②张… ③李… Ⅲ.①科学哲学—概论 Ⅳ.①N02

中国版本图书馆 CIP 数据核字(2020)第 187067 号

出版人 赵剑英
责任编辑 孙 萍
责任校对 夏慧萍
责任印制 王 超

出 版 中国社会科学出版社
社 址 北京鼓楼西大街甲 158 号
邮 编 100720
网 址 http://www.csspw.cn
发行部 010-84083685
门市部 010-84029450
经 销 新华书店及其他书店

印刷装订 北京君升印刷有限公司
版 次 2020 年 11 月第 1 版
印 次 2023 年 2 月第 3 次印刷

开 本 710×1000 1/16
印 张 20.25
字 数 278 千字
定 价 98.00 元

凡购买中国社会科学出版社图书,如有质量问题请与本社营销中心联系调换
电话:010-84083683

出版前言

张华夏先生（1932年12月—2019年11月），广东东莞人，中国著名哲学家，曾先后长期执教于华中科技大学和中山大学，在自然辩证法和科学技术哲学等领域取得了杰出成就。

2018年春，中山大学哲学系有感于学人著作系统蒐集不易，由张华夏先生本人从其出版的二十部著译中挑选出六部代表性作品，交由中国社会科学出版社另行刊布。这六部作品是：卷一《系统观念与哲学探索：一种系统主义哲学体系的建构与批评》（张志林、张华夏主编）、卷二《技术解释研究》（张华夏、张志林著）、卷三《现代科学与伦理世界：道德哲学的探索与反思》（张华夏著）、卷四《科学的结构：后逻辑经验主义的科学哲学探索》（张华夏著）、卷五《科学哲学导论》（卡尔纳普原著，张华夏、李平译）、卷六《自然科学的哲学》（译著，亨普尔原著，另由中国人民大学出版社再版）。其中两部译著初版于20世纪80年代，影响一时广布。四部专著皆为张华夏先生从中山大学退休后总结毕生所学而又别开生面之著作，备受学界瞩目。此次再刊，张华夏先生对卷一内容稍加订正，对卷四增补近年研究成果，其余各卷内容未加改动。张华夏先生并于2018年夏口述及逐句订正了《我的哲学思想和研究背景——张华夏教授访谈录》，交由文集编者，总结其学术思想与平生遭际，置于此系列卷首代序。

这六部著译，初版或再版时由不同出版社刊行，编辑格式体例不一，引用、译名及文字亦时有漏讹。此次重刊由编者统一体例并校订。若仍有错失之处当由编者负责。

2019 年 11 月，先生罹疾驾鹤西去而文集刊行未克功成。诚不惜哉！愿以此文集出版告慰先生之灵。

编者
2020 年 5 月

平装版序言

在我的生涯里，深感荣幸的一件事是参加过鲁道尔夫・卡尔纳普主持的“物理学的哲学基础”研究班，当时他在芝加哥大学。还有更荣幸的事，就是多年之后（即在卡尔纳普于加利福尼亚大学重讲之后），他允许我把研究班的那些演讲收入本书。虽然本书不能确切地当作基础性的和“通俗性”的著作，但是可以肯定的是，与卡尔纳普其他任何一本著作相比，它的技术性要少得多。依我看，本书初步介绍了这个世纪伟大的、富有创造性的一位哲学家的观点，同时也是当今介绍科学哲学最清晰、得宜的一本著作。

本书最初以卡尔纳普过去常用于他主持的研究班的题目来命名，并且附上副标题“科学哲学导论”。韦斯利・C. 萨尔蒙（Wesley C. Salmon）是本版改换书名的主要建议者。萨尔蒙曾为本书做过相当令人满意的评论（《科学》1967 年 3 月 10 日），几年来，他一直使用本书作为学生的指定读物。两年前，他提出了两个建议：第一，此书以平装版重印，以便学生能够买得起；第二，改换原来那个令人生畏的书名，免得使人产生假象，以为它是一本高度技术性的著作。两个建议在这里都被采纳了。

除略有更正外，内文重大的改动只是在第 255 页和第 256 页。在回复格罗弗・麦克斯韦（Gmver Maxwell）的友好来信时（大致在 1970 年卡尔纳普去世之前），卡尔纳普答应澄清有关工具论与实在论之间在科学理论的本质方面的冲突的所有简评。卡尔纳普没有忘记这件事，因此对那两页做了某些改动，并增补上一条脚注，让读者参考他于 1950 年发表的一篇文章中的详细观点。

为了表明卡尔纳普在 1966 年的意图，这里保留了原来的文献目录，不再挑选那时以后发表的许多优秀文献。

马丁 · 加德纳

原序（英文版）

这本书产生于研究班的讨论，这种讨论我以不同的内容和形式做过多次了。它被称为“物理学哲学基础”或“物理科学的概念、理论和方法”。虽然内容经常改变着，但一般的哲学观点依然如故；这个课程强调科学的概念、陈述和理论的逻辑分析，而不是形而上学的思辨。

将我在研究班上的（宁可说是非正式的）讲话要义写成一本书的想法是马丁·加德纳建议的。他参加了我于 1946 年在芝加哥大学开设的课程。1958 年，他询问是否有研究班讨论的打字稿或者能够写出来；如果行的话，他提议编辑出版。我的讲演或讨论讲话从来没有打字稿，而我不愿意费时间来写一个。恰好宣布我于 1958 年下半年在加利福尼亚大学洛杉矶分校开设这个课程。他建议将我的讲话和讨论加以记录。我意识到在口语和适合于出版的表述之间的巨大距离，我开始相当怀疑这个计划，但我的朋友劝我干这事，因为我的关于科学哲学问题的观点已出版的东西不多。决定性的促进来自我的妻子，她自愿录下全学期的课程并抄写誊正，她干这事并在工作过程的最后阶段几乎给了我无法估计的帮助。这本书有许多是属于她的，可是她没有活到见到这本书的出版。

打字稿的修正本送给了马丁·加德纳。然后他开始他的困难的任务，并以极高的技巧和机敏来完成这个任务。他不仅使文体流畅，而且设法重新组织一些题材，改进实例或者增添新实例以便读者容易阅读理解。各章的前后顺序调整了几次。我不时做出大幅度的更改或补充或建议加德纳这样做。虽然这个研究班课程是为高级的哲学研究生开设的，他们熟悉符号逻辑并具有大学数学和物理学的知识，不过我们还是决定使这本书为更广泛的读者接受。多数的逻辑的、数学的和物理学的公式已被压缩，保留下来的都做了看来是适当的说明。

我并不是企图在这本书中对物理学哲学基础的所有重要问题做系统的论述。在我的课堂讨论中，因而也在这本书中，我宁愿将自己限制到少数基本问题（为本书六个部分的标题所示的），并比较透彻地讨论它们，而不是对许多主题做粗略的讨论。本书涉及的大多数课题（除了第三篇以及第三十章之外）都关系到所有的科学分支，包括生物科学、心理学以及社会科学。因而，我相信，这本书也可以用作科学哲学的一般导论。

我首先感谢我的忠实的和能干的合作者马丁·加德纳。我感激他的杰出的工作及当我返回某些章节或需要做比较大的改动时造成的长时间的耽搁，他表现出的无限耐心。

我要感谢我的朋友赫伯特·菲格尔和卡尔·G. 亨普尔，在多年的相互谈话中他们提供了有启发性的思想，特别感谢他们对手稿的某些部分提出有帮助的评论。我感谢阿布纳·西蒙尼，感谢他在有关量子力学方面给我以慷慨的富有经验的帮助。最后，我感激许多朋友和同事，感谢他们的鼓励。并且我感谢我的学生，他们参加这种或那种形式的课堂讨论，他们的问题和讨论引起在本书中的某些讨论。

我感谢耶鲁大学出版社，它允许我广泛引用库尔特·里兹勒的《物理学与实在》（1940）一书。

鲁道尔夫·卡尔纳普

1966 年 2 月于加利福尼亚大学洛杉矶分校

目　录

第一篇　规律，解释与概率

第二篇　测量与定量语言

第三篇　空间的结构

第四篇　因果性与决定论

第五篇　理论规律与理论概念

第六篇　超越决定论

第一篇　规律，解释与概率

第一章

规律的价值：解释与预言

我们在日常生活中所进行的观察，和比较系统的科学观察一样，揭示了世界上的某种重复性或规则性，诸如日夜的更替，四季按同一规则循环；触摸到火总觉得是热的；当我们投抛物体，物体就下落；等等。科学规律不是别的，它不过是尽可能精确地表达这些规则性的陈述。

如果一种规则性毫无例外地在所有的时间和所有的地方都被观察到，则这种规则性被表达为“全称规律”的形式。一个日常生活的例子是“所有的冰都是冷的”。这个陈述断言任何一块冰——在宇宙的任何地方，于任何时间，无论过去、现在和将来——都是冷的。并非所有科学规律都是全称性的。有些规律断言一种规则性只在一定的百分率的场合下出现，而不是断言它在所有的场合下出现。如果这种百分比已被指明或者如果用其他方法确定了关于一事件对另一事件关系的定量陈述，则这种陈述被称为“统计规律”。例如，“成熟的苹果通常都是红的”或“每年出生的婴儿约有一半是男孩”。这两种类型的规律——全称的和统计的——都是在科学上所需要的。全称规律在逻辑上比较简单，因而我们首先考察它们。本章讨论“规律”的前面部分，通常指的是全称规律。

全称规律在逻辑形式上，由形式逻辑的所谓“全称条件陈述”来表达（在本书中，我们将偶尔用到符号逻辑，不过只是在非常基本的方式上用到它）。例如，我们考虑一个最简单的可能的规律类型，它断言，对于所有的 x，如果 x 是 P，则 x 也是 Q。这可以写成下式：

$$(x)\ (Px \supset Qx)$$

左边的符号“(x)”称为“全称量词”。它告诉我们，这个陈述涉及 x 的所有场合，而不是这些场合的一定的百分率。“Px”表示 x 是 P，而“Qx”表示 x 是 Q。符号“$\supset$”是连接符号，它将它左边的项与右边的项连接起来。在英文中，它粗略地相应于“如果……，则……”的断言。

如果 x 表示任意的物体，则这规律说明，对于无论什么样的物体 x，如果 x 具有性质 P，则它也具有性质 Q。例如，在物理学中，我们可以说：“对于任何物体 x，如果这物体受热，则这物体会膨胀。”这就是最简单的非定量形式的热膨胀定律。的确，在物理学中，人们试图获得定量的规律并证明它是毫无例外的。不过，如果我们忽略这种精心制作的过程，则这个全称条件陈述仍是所有全称规律的基本逻辑形式。有时我们会说，不仅每当 Px 成立，则 Qx 成立，而且反过来也是真的，即每当 Qx 成立，则 Px 也成立。逻辑学家称这种逻辑形式为双条件陈述——在两个方向上都是条件的陈述。当然这和下列事实并不矛盾：在所有的全称规律中，我们都谈及全称条件语句。因为双条件语句可以看作两个条件语句的合取。

并非所有由科学家做出的陈述都具有这种逻辑形式。一个科学家会说：“昨天史密斯教授在巴西发现蝴蝶的一个新种。”这不是一个规律的陈述。它涉及的是某一个指定的单一的时间与地点，它陈述这一时间与地点里有某一事情发生。由于这样的陈述是关于单一事实的陈述，所以称为“单称”陈述。的确，我们所有的知识都起源于单称陈述，即起源于对特殊个体的特殊观察。在科学哲学中，一个重大的、令人困惑的问题乃是我们怎样能够从这样的单称陈述出发到达全称规律的断言。

当科学家的陈述是用普通的文字语言做出而不是用比较精确的符号逻辑的语言做出时，我们必须极度地小心，不要将单称陈述和全称陈述搞混淆了。如果一个动物学家在教科书中写道："这（种）大象是卓越的游泳家"，他指的并不是一年前他在动物园中观察到的某一只象是个很好的游泳家。当他说"这大象"时，他所用的"这"是在亚里士多德的意思上用的，他指的是象的整个类。当实际上指某一类或某一型时，所有的欧洲语言都从希腊语（也许还有其他语言）中继承了这种单称的说话方式。希腊人说"人是有理性的动物"，他们确实是意指所有人而不是某一个特定的人。类似地，当我们意指所有的大象时，我们说"这大象"；而当我们不是指个别的肺结核病例而是指所有的肺结核病例时，我们说"肺结核病的症状是……"

不幸的是，我们的语言具有这种两可解释，正是意义不明成了许多误解的起源。科学家常常将全称陈述——或宁可说是这些全称陈述所表达的东西——称作"事实"，他们忘记了"事实"一词原先是运用于单个的特定的事件（而我们将唯一地只在这种意义上运用它）。如果一个科学家被问及热膨胀定律，他会说："啊！热膨胀，这是一个大家熟悉的基本的物理事实。"类似地，他也可能说，热由电流产生，这是一个事实；磁由电产生是一个事实；等等。这些有时被认为是人们熟悉的物理学的"事实"。为了避免误解，我们不把这种陈述称作"事实"。事实是特定事件。"今天早晨，在实验室里，我将电流通进带有铁心的线圈里，并且发现这个铁心变成有磁性的了。"的确，如果不是我自己在什么地方弄错了的话，这是一个事实。但是，如果我没有喝醉，如果实验室里没有太大的雾，如果没有人暗中摆弄仪器装置来戏弄我，则我会将早晨事件发生的结果当作事实的观察而陈述出来。

当我们用到"事实"一词的时候，为了清楚地与全称陈述区别开来，我们将在单称的意义上来了解它。全称的陈述，我们将称为"规律"，即使是如热膨胀定律那样简单的东西，甚至是"凡乌鸦皆黑"这样的更为简单的陈述也是如此。我不知道这个陈述是否正确，但假定它是正确的，我们将称它为动物学规律。动物学家可以在日常使用的说法上谈论像“凡乌鸦皆黑”或“章鱼有八爪”这样的“事实”，但在我们比较精确的术语上，这类陈述将称作“规律”。

后面，我们将区别两类规律——经验规律和理论规律。我们刚才提及的简单类型的规律有时称为“经验概括”或“经验规律”。它们是简单的，因为它们谈到的是可直接观察到的如黑颜色或一块铁的磁性那样的性质。例如，热膨胀规律是依据对许多被加热而膨胀的物体的直接观察而得到的概括。与此相对照，理论的、不可观察的概念，如基本粒子与电磁场，必须用理论规律来谈论。后面我们将讨论所有这些问题。这里我之所以提到它，是因为否则你们会想，我所举的例子不能概括你们也许在理论物理学中学到的那类规律。

扼要讲来，科学是从个别事实的直接观察开始的。没有什么其他的东西是可观察的。当然，一种规律性是不能直接观察的。只有当许多观察被相互比较，规律性才会被发现。这些规律性用被称为“规律”的陈述来表达。

这样的规律有什么用处？在科学中以及在日常生活中，规律服务于什么目的？回答是双重的：它们用于解释已经知道的事实以及预言尚未知道的事实。

首先，让我们看看科学规律怎样用于解释。如果不涉及至少一个规律，就不可能做出解释——就是说没有任何东西应该得到“解释”这个光荣称号。（在简单的情况下，只有一个规律；但在比较复杂的情况下，则可能包含许多规律的集合。）强调这一点是重要的，因为哲学家们经常坚持主张他们能够用某些其他的方法解释历史、自然和人类生活里的一定的事实。他们通常用指明应对被解释事件负责的某类行动主体或某种势力来做解释。

当然，在日常生活中，这就是解释的一种熟悉的形式。有人问道，“我离开这个房间前留在桌子上的一只手表不见了，这到底是怎么一回事呢?”你回答道:“我看见约翰走进这个房间，将它拿走了。”这是你关于不见了表的解释。这也许不被看作一个充分的解释。约翰为什么拿走这只表呢？他企图偷这只表呢？还是只是借走它？也许他是在错认这只表是他自己的表的情况下拿走的。第一个问题：“这只表发生了什么情况?”是由一个事实陈述来回答的：约翰拿走了它。第二个问题：“为什么约翰拿走它?”可用另一个事实来回答：他借去一会儿。因而看来，我们全然不需要规律。我们要求对一个事实进行解释，而为此我们给出了第二个事实。我们寻求对第二个事实进行解释，我们便给出第三个事实。要求进一步解释会一直引出另外的事实。那么，为了对一个事实做出适当的解释，为什么必须诉诸一条规律?

这个问题的回答是：事实解释其实是伪装了的规律解释。当我们比较仔细地检查它们时，我们发现它们是暗中假定了一些规律的省略的、不完全的陈述，而这些规律是如此为人们所熟知以至于不必去表述它们了。在上述的例子中，如果我们不假定每当有人从一张桌子上拿走一只表，这只表就不再在桌子上了这个全称规律，则第一个回答“约翰拿走了它”就不会被认为是一个满意的解释。第二个回答“约翰借了它”之所以是一个解释，那是因为我们将这全称规律，即“如果有人借一只表到别处用，则他拿起这只表并带走它”看作理所当然的事。

再考虑一个例子。我们问小汤米，他为什么哭，他用另一个事实来回答:“吉米打我的鼻子。”为什么我们认为这是一个充分的解释呢？因为我们知道打在鼻子上就引起疼痛，而当小孩感到痛，他们就会哭，这些是一般心理规律。它们如此地被人们所熟知，以至于当汤米回答他为什么哭时已假定了它们。如果我们谈论一个火星上的小孩，并且我们对火星人的心理规律知道得很少，则一个简单的事实陈述就不会被认为是关于小孩行为的适当的解释。除非这些事实至少能用一个明确陈述出来的或者暗暗理解了的规律与其他事实联系起来，否则就不能提供解释。

包含于一切演绎类型的解释中的一般图式可以符号地表述如下：

1. $(x)(Px \supset Qx)$
2. Pa
3. Qa

第一个陈述是运用于任何客体 x 的全称规律。第二个陈述断言一个特殊客体 a 具有性质 P，这两个陈述结合在一起就使我们能够逻辑地推导出第三个陈述：客体 a 具有性质 Q。

在科学中，正如在日常生活中一样，全称规律并不总是明确地被陈述出来的。如果你问一个物理学家："为什么片刻以前精确地适合于这个仪器的这根铁棒现在却长了一些呢?"他可以这样回答："当你离开这间房子时，我加热了这根铁棒。"当然，他假定你已懂得热膨胀规律，否则，为了使人弄明白，他会补充说："无论何时，一物体被加热，它就膨胀。"这个一般规律对于他的解释是必不可少的，但如果你知道这个规律，并且他知道你懂得它，他就会觉得没有必要去陈述这个规律。就是由于这个理由，解释特别是日常生活中的解释（在那里一般意义的规律被认为是理所当然的），看上去与我们已给出的图式很不相同。

有时，在做出的一种解释中，只知道所运用的规律是统计规律而不是全称规律，在这种情况下，我们必须满足于统计解释。例如，我们会知道，某种蘑菇带有轻微的毒性并在吃了它的人中的90%的人里引起某种病症。如果一个医生当他检查一个病人时发现有这种病症而这个病人告诉这个医生，昨天他吃过这种特殊的蘑菇，这医生就会认为这就是这种病症的一种解释，尽管所含的规律只是统计规律。的确，这是一种解释。

甚至当一个统计规律只提供一种极弱的解释时，它仍然是一种解释。例如，一个统计药物规律可能谈到有5%的人吃了某种食物会发生某种症状。如果一个医生对有这种症状的病人引用这个规律来解释，病人会不满意的，他问道："为什么我属于那5%？"在某种情况下，这个医生能够提供进一步的解释，他可以检验病人的过敏反应并发现他对这种特殊的食物有过敏反应。他告诉这个病人说："如果我事先知道这些情况，我将会告诫你不要吃这种食物。我们知道，有这种过敏反应的人吃了这种食物，97%会产生像你那样的症状。"这就作为一个比较强的解释使这个病人感到满意。无论强与弱，这些都是名副其实的解释。在不知道全称规律的情况下，统计解释常常是唯一有效的解释类型。

在刚才举出的例子中，统计规律是我们能够表达的最好者，因为不存在充分的药物知识使我们有理由说出一个全称规律，经济学以及社会科学的其他领域的统计规律，是由于类似的知识不足的结果造成的。我们关于心理规律的有限知识，我们关于基本的生理规律的有限知识以及我们关于这些规律怎么能够建立在物理规律的基础上的有限知识，使得我们用统计的术语来表述这些规律成为必要。然而，在量子理论中，我们遇到各种统计规律，就不是我们知识不足的结果，它们能表达世界的基本结构。海森堡的著名的测不准关系原理就是最明显的例子。许多物理学家相信，物理学的所有规律最终建立在基本规律基础之上，这些基本规律是统计的。如果是这种情况，我们将满足于依据统计规律进行解释。

包含于所有解释中的基本逻辑规律是什么？它们总是作为科学解释所依据的全称规律而起作用的吗？不是！它们并不是这样。理由是它们是完全不同类型的规律。的确，这些逻辑的或纯数学（不是物理几何，它有另外的情况）的规律是全称的，但它们并不告诉我们有关世界的任何东西。它们仅仅是述说了某些概念之间所具有的关系，并非由于世界有如此如此的结构，而只是由于这些概念以一定的方法进行定义。

下面是简单逻辑规律的两个实例：

1. 如果 p 与 q，则 p。
2. 如果 p，则 p 或 q。

这些陈述是毫无争议的，因为它们的真理性是建立在所包含的项的意义的基础上的。第一个规律仅仅说明，如果我们假定 p 与 q 的陈述是真的，则我们必须假定陈述 p 是真的。这个规律遵守“与”和“如果……，则……”的用法。第二个规律断言，如果我们假定 p 为真，则我们必须假定 p 或 q 也是真的。用日常语言来说明，这个规律是意义不明的，因为英语中“或”这个词并不区别是在相容的意义（两者中的一个或两者）上用的还是在不相容的意义（两者中的一个但不是两者兼而有之）上用的。为了使这个规律精确，我们符号地表述它，写作：

$$p \supset (p \vee q)$$

符号“$\vee$”理解成在相容意义上的“或”。它的含义可用写出它的真值表来比较形式地给出。干这事就是对由这个符号联结来的两个项，开列出所有可能的真值（真或假）组合，然后指明哪一种组合是这个符号所容许的，哪一种组合是这个符号所不容许的。

这些值的四种可能的组合是：

	p	q
1.	真	真
2.	真	假
3.	假	真
4.	假	假

符号“$\vee$”由这样的规则来定义，即“$p \vee q$”在前三种场合为真，在第 4 种场合为假。符号“$\supset$”可以粗略地转译成英语的“如果……，则……”，被精确地定义为它在第 1、第 3、第 4 种场合为真，而第 2 种场合为假。一旦我们明白了在逻辑规律中每一个

项的定义，我们就会明白这个规律在不依赖于世界的性质的意义上必定是真的，它是必然真理，正如哲学家们有时所指出的那样，它是在一切可能的世界上都成立的真理。

如同逻辑规律一样，数学的规律是真的。当我们已精确地指出“1”“3”“4”“+”与“=”的意义，则“1+3=4”的规律的真理性是直接地从这些意义里推出的。甚至在更抽象的纯数学领域，也是这种情况。例如，一个结构称作“群”，如果它满足定义群的一定的公理的话。三维的欧几里得空间可以在代数上定义为满足一定的基本条件的有序的三个实数的集合，但所有这些与外部世界的性质无关。不存在这样的可能世界，在那里群论的规律以及欧几里得三维空间的抽象几何不成立，因为这些规律只依赖于它们所包括的词的意义，而不依赖于我们碰巧生活于其中的现实世界的结构。

现实世界是一个常常变化的世界。我们完全可以相信，甚至物理学的基本规律，从一个世纪到另一个世纪也可能有些不同。我们所信赖的有固定数值的物理常数也可能经历着我们现在尚未观察到的巨大的周期性的变化，但这些变化无论怎样猛烈，是从不会破坏简单逻辑的或算术的规律的真理性的。

听来是非常带戏剧性的，也许令人安慰的是，我们终于实际发现了确定性。真的，我们已经获得了确定性，但我们为此付出了极高的代价。这个代价是我们关于逻辑与数学的陈述并没有告诉我们关于这个世界的任何东西。我们可以相信“3+1=4”；但由于它在所有可能的世界都成立，它就不会告诉我们有关我们栖居其上的世界的任何东西。

我们用“可能世界”来表示什么意思？简单地说，它表示一个可以无矛盾地被描述的世界，包括童话故事世界以及最异想天开的梦幻世界，如果假定它们用逻辑上一致的术语来描述的话。例如，你可以说：“我心中有一个世界，在那里精确地出现一千个事件，不多也不少。第一个事件是出现一个红色的三角形。第二个事件是出现一个绿色的正方形。但，由于第一个事件是蓝的而不是红的……”这里，我打断你的话。“但片刻以前你讲到第一个事件是红的。而现在你说它是蓝的。我不明白你说的话。”也许我的磁带已记录上你的话。我倒转磁带使你确信你已陈述了一个矛盾。如果你容许自己关于这个世界的描述包括两个矛盾的断言，我将会坚决地认为，你没有描述关于可称为可能世界的任何事情。

另一方面，你可以描述一个可能的世界如下：“这里有一个人。他在尺寸上收缩，变得越来越小。突然他变成一只鸟儿。然后，这只鸟变成一千只鸟，这些鸟儿在空中飞翔，而那些云彩彼此谈论着发生了什么事。”所有这些都是一种可能的世界。幻想的世界是可能世界；矛盾的世界则不是。

我们可以说，可能世界是可想象的世界，但我们力图去避免“可想象”一词，因为它有时被用于比较局限的“那种能为人类所想象出来的”意义。许多可能的世界能被描述但不能想象，例如，我们可以讨论一个连续统，在那里所有由有理数坐标确定的点是红色的，而所有由无理数坐标确定的点是蓝色的。如果我们允许描述颜色于点上的可能性，这是一个无矛盾的世界，它是在广义上可想象的；这就是，它可以无矛盾地被假定。它在心理学的意义上是不可想象的，没有人能想象出哪怕是没有颜色的点的连续统。我们只能想象连续统的一个粗糙模型——一个由非常紧密的点塞满的模型。可能世界是在广义上可想象的世界，它是可以无逻辑矛盾地被描述的世界。

逻辑的规律和纯数学的规律，由于它们自身的本性，是不能被用作科学解释的基础的，因为它们并不告诉我们使现实世界从其他可能世界中区别开来的任何东西。当我们问及事实的解释，一个现实世界中的特定观察的解释，我们必须用到经验的规律，它们不具备逻辑规律或数学规律的必然性，但它们告诉我们关于世界的结构的某些东西。

在19世纪，某些德国物理学家，如古斯塔夫·基尔霍夫与恩斯特·马赫，说科学不应去问“为什么？”而问“怎么样？”他们指出，科学不应该去寻找对一定事件负责的不知道的形而上学行动主体，而只应该用规律去描述这些事件。这个反对问“为什么”的禁令，必须从它的历史背景中来理解，这个背景就是在费希特、谢林、黑格尔传统中的唯心主义统治下的当时德国的哲学气氛。这些人认为，描述世界是怎样运转的，这是不够的。他们需要一种比较完全的理解，他们相信，这种理解只有找到隐藏在现象背后的，而不可被科学方法所理解的形而上学的原因时才会得到。物理学家们为了反对这种观点而说道：“我们不管你的为什么问题，没有什么回答能超出经验规律所给予的。”他们反对为什么问题，因为这些问题通常是形而上学问题。

今天，这些哲学气氛已经改变。在德国，还有少数几个哲学家仍然工作在唯心主义的传统之下，但在英国和美国，它实际上已经消失了。作为一个结果，我们不再担心为什么问题了。我们不必说“不要问为什么”，因为现在当某一个人问为什么的时候，我们假定他是在一种科学的非形而上学的意义上来意指它，他只不过是请求我们将某种东西置于经验规律的框架下来解释它。

当我年轻并且参加了维也纳学派的时候，我的有些早期著作是为了反对德国唯心主义哲学气候而写的。结果是，这些著作以及在维也纳学派的其他人的著作中，充满禁止类似于我刚才讨论过的那种陈述。这些禁令必须联系到我们自己当时所处的历史背景来理解，今天，特别在美国，我们很少做出这种禁令。我们这里有的对手具有完全不同的性质，而一个人的对手的性质常常决定着一个人的观点的表达方式。

当我们说，对于给定事实的解释来说，运用科学规律是必不可少的，我们特别想要排除的是这样的观点，即在一个事实可以被充分解释之前必须发现其形而上学的行动主体。当然，在前科学时期，通常给出这类解释，有时世界被想象为精灵或神灵所栖居的地方，这些神灵是不可直接观察的，但它们却扮演着引起倾盆大雨、江河泛滥、雷鸣闪电的角色。人们无论看到什么事件，总有某些东西——或宁可说是什么人——对事件负责。这在心理上是可以理解的。如果一个人对我干出我所不喜欢的某些事情，对我来说，要他对此事负责并发怒还手打他，这是很自然的。如果一块乌云倾水于我头上，我不能还手打这块云，但我可以为我的愤怒找到发泄的地方；如果我要这块云或隐藏在这块云后面的神灵对下雨负责的话，我可以嚷着诅咒这个神灵，向它挥舞起我的拳头。我的愤怒便减轻了一些，觉得好些了。这就容易理解前科学社会的成员怎样在想象自然现象后面的行动者来寻找心理上的满足。

现时，社会抛弃了他们的神话，但有时科学家用实际上与神灵没有什么区别的行动者来代替神灵。德国哲学家汉斯·杜里舒（他死于1941年）写了许多关于科学哲学的书，他原来是一个杰出的生物学家，以他关于某些有机体的反应包括海胆的再生的研究工作而著名。他切去海胆身体的一部分，观察在它们生长的哪些阶段以及在什么条件下它们能生长出新的部分。他的科学工作是重要的而且是杰出的。然而，杜里舒也对哲学问题特别是关系到生物学基础的哲学问题感兴趣，所以他终于成为一个哲学教授。在哲学上，他同样做了某些杰出的工作，但他的哲学有一个方面我和我的维也纳学派的朋友们认为并不怎么高明，那就是他解释像更生和再生那样的生物学过程的方法。

在杜里舒从事他的生物学研究的时期，人们认为生命物质的许多特征并不是到处可发现的（今天存在着联结生命世界与非生命世界的连续性这件事是非常清楚的）。他想去解释那些独一无二的生命特征，所以他假定了他所谓的一种“隐德来希”。这个词曾由亚里士多德引进。亚里士多德引进这个词有他自己的意思，但这里我们不必讨论这个意思。实际上杜里舒说：“隐德来希是某种特殊的力，它引起生命物质按它们所做的方式行动，但你必须不把它想成为同引力或磁力那样的物理力。噢，没有什么东西像这种力。”

杜里舒强调，这种有机体的隐德来希依有机体的进化阶段有不同的种类。在原始的单细胞的有机体中，这种隐德来希是很简单的。随着我们走上那进化的阶梯，通过植物、低级动物、高级动物以及最后进化到人类，其隐德来希变得越来越复杂。生命现象整合的形式愈高级，表明其中的隐德来希愈复杂。我们所谓的人体的“精神”实际上不是别的，而是人的隐德来希的一部分。隐德来希比精神多一点，或者至少比自觉的精神多一点，因为它支配着人体中的细胞所干的一切。如果我割了我的手指，手指的细胞形成新的组织并携带某些物质到伤口处以杀死入侵的细菌。这些事件并非由精神自觉地指挥，它们发生于出生一个月的婴孩身上，这个婴孩从未听说什么生理学规律。杜里舒坚持说，所有这些是由于有机体的隐德来希，精神不过是它的一种表现。另外，对于科学解释，杜里舒则有一种精致的隐德来希理论，把它当作像海胆的部分再生那样的未被科学地解释的现象的哲学解释而提出来。

这是一种解释吗？我和我的朋友与杜里舒做了某些讨论。我记得 1934 年在布拉格的一次国际哲学大会上，汉斯·赖辛巴赫和我批判杜里舒的理论，而他和其他人保卫它。在我们的著作中，我们不给这种批判以多少地位，因为我们称赞杜里舒在生物学和哲学两方面所做出的工作，他与德国的大多数哲学家不同，他真正想要去发展一种科学的哲学，但他的隐德来希理论在我们看来缺少了些什么东西。

它所缺少的东西是一种洞察：没有给出一个规律，就不能给出一种解释。

我们对他说：“你的隐德来希——我们不知道你用它指谓什么，你说它不是物理力，那它是什么呢？”

他会回答道（当然，我们意译他的话）：“喂，你不应该那样心地狭隘。当你要求一个物理学家解释为什么这钉子突然向铁棒运动，他将会告诉你这根铁棒是一块磁铁，而铁钉在磁力的作用下被吸向磁铁。谁也没有看到磁力，你只看到小铁钉向铁棒运动。”

我们同意了：“是的，你是正确的，没有任何人曾看到过磁力。”

他继续说："你看，物理学家引进那无人能观察到的力——如磁力与电力等力——为的是解释某些现象。我想要做的是同样的工作。物理力对于解释一定的有机现象是不适当的，因此我引进了某种类似力的东西但不是物理力，因为它不是以物理力起作用的方式来起作用。例如，它没有空间定位。的确，它作用于物理的机体，但它对于整个有机体而言起作用，不仅仅对它的一部分起作用，因而，你不能说它定位在那里，这里没有什么位置。它不是一种物理力，但引进它对于我来说是合理的，正如物理学家引进不可见的磁力一样。"

我们的回答是，一个物理学家并不是简单地用引进"磁力"一词来解释铁钉向铁棒的运动。当然，如果你问他，为什么铁钉移动，他会首先回答你说，这是由于磁力，但如果你迫他做出进一步解释，他会给你规律。这规律可以不像描述磁场的麦克斯韦方程那样用定量的术语进行表述，它可以是没有数字在其中的简单的定性规律。物理学家可以说："一切含铁的钉子都为磁化了的棒子末端所吸引。"他可以给出其他非定量的规律来继续解释被磁化的状态，他会告诉你来自马格纳斯亚城的铁矿石具有这种性质（你可回想起"磁性" magnetic 一词起源于希腊城镇马格纳斯亚 Magnesia，那里首次发现这种类型的铁矿）。他可以解释道，如果用天然磁铁矿石以一定的方法来摩擦铁棒，铁棒就会磁化。他可以提供给你关于一定物质能够磁化所需条件的规律以及有关磁性的现象的规律。他会告诉你，如果你磁化一根针，在针的中间将它悬挂起来使其自由游动，其一端将指向北方，如果你有另一根磁针，你可将两个北极放在一起，并观察到它们并不吸引而是彼此排斥。他可以解释道，如果你加热一磁化铁棒或者反复捶打它，它就会丧失磁力。所有这些都是定性规律，它们都可以用"如果……，则……"的逻辑形式来表达。我在这里要强调的一点是，用给出一个新名词来简单地引进一个新行动者，对于解释的目的来说是不充分的，你必须也给出规律。

杜里舒没有给出规律，他没有指明橡树的隐德来希和山羊或者长颈鹿的隐德来希有什么不同，他没有对他的隐德来希进行分类。他仅仅对有机体进行分类并说到每一有机体有它自己的隐德来希。他没有用公式来表示这样的规律，在怎样的条件下隐德来希加强或者削弱。当然，他描述了有机现象的所有种类并对这些现象给出一般规则。他说，如果你以一定的方式从海胆身上切下肢体，这有机体不会活下来，如果你以另一种方式切下它，这有机体会活下来，但只能再生出一个残缺不全的肢体，以另一种方式并在海胆生长的某一阶段上将它的肢体切下来，它会再生出一只新的完整的肢体。这些陈述是完全完备的可敬的动物学规律。

我们问杜里舒："如果你说出这些问题后继续告诉我们，所有这些涵盖在这些规律下的现象都是由于海胆的隐德来希造成的，那么，你对于这些经验规律补充上一些什么东西呢？"

我们相信没有增加任何东西，因为隐德来希的概念没有给我们新的规律。它不能比这些一般规律已经有效地解释了的东西解释得更多一点。它丝毫没有帮助我们做出新的预言。由于这个理由，我们不能说我们的科学知识增加了。隐德来希这个概念，初看起来仿佛能给我们的解释增加些什么东西，但当我们进一步深入检查它时，我们发现那是空的东西，它是一种伪解释。

可以争辩说：隐德来希的概念如果给生物学家提供一个新的方向，一种组织生物规律的新的方法，则它不是无用的。我们的回答是，它真的会是有用的，如果运用了它，我们能表述出比以前所能表述的更为一般的规律。例如，在物理学中能的概念就起到这样的作用。19 世纪的物理学家做出这样的推理，也许某些现象，诸如力学中的动能与位能、热（这是发现热不过是分子的动能之前的概念）、磁场能量等，可能是一种基本的能量的表现。这就引导到表明机械能可以转变成热而热又可转变为机械能而能量保持不变的实验。因此，能乃是成果累累的概念，因为它引导到更一般的规律，如能量守恒定律便是。但杜里舒的隐德来希在这个意义上不是富有成果的概念，它没有引导到发现更一般的生物学规律。

科学的规律除了提供观察事实的解释之外，还提供预言尚未观察到的新事实的工具，这里所包含的逻辑图式与解释的图式完全相同。大家记得，这个图式可以符号地表达如下：

1. $(x)(Px \supset Qx)$
2. Pa
3. Qa

首先，我们有一个全称规律：对于任意的物体 x，如果它具有性质 P，则它也具有性质 Q。其次，我们有一个说明物体 a 具有性质 P 的陈述。最后，运用基本逻辑，我们演绎出物体 a 具有性质 Q。这个图式乃是解释与预言二者的基础，只不过知识状态不同而已。在解释中，事实 Qa 已经知道。我们用表明 Qa 是怎样从陈述 1 和 2 中演绎出来来解释 Qa。在预言中，Qa 乃是一个尚未知道的事实。我们有一个规律，并且我们有事实 Pa，我们得出结论，Qa 必定也是事实，尽管它尚未观察到。例如，我知道热膨胀规律，我也知道我已加热了某一根铁棒，按这个图式表示的方法运用逻辑，我推论出，如果我现在量度这根铁棒，我将会发现它比以前长。

在大多数场合下，未知的事实实际上是未来的事件（例如，天文学家预言下一次日食的时间）；这就是为什么我用“预言”一词来说明规律的第二个用途。但它不必是字面上的预言。在许多场合下，未知的事实与已知的事实是同时发生的，如加热铁棒就是一例。铁棒的膨胀与加热同时发生，只是我们关于膨胀的观察发生在我们关于加热的观察之后。

在另一种场合下，未知的事实甚至可以是过去的事情。在心理学规律的基础上，一个历史学家将一定的来自历史文献的事实联系起来，推论出某种未知的历史事实。一个天文学家会推论出月食必定在过去某一天发生过。一个地质学家会从巨砾中的条纹推论出过去某一个时期、某一地带必定有冰川覆盖过。我运用“预言”一词于所有这些例子，那是因为在各种场合下，我们有着同样的逻辑框架以及同样的知识状态——一种已知的事实以及一种已知的规律，由此推演出一种未知的事实。

在许多场合下，所包含的规律可以不是全称规律而是统计规律，于是预言将会只是或然的。例如，一个气象学家，综合处理着精确的物理规律和各种各样的统计规律，他不能说明天必定下雨，他只能说明天很可能下雨。

这种不确定性也是有关人类行为的预言之特征。在知道某些统计性的心理规律以及有关人的一定的事实的基础上，我们能够以各种不同的概率程度来预言人将会怎样行动。也许我请一个心理学家告诉我，某一事件对我的小孩会产生什么影响，他回答道：“我看这种情况，你的小孩很可能会有这种反应。当然，心理学的规律并非很精确的，它是一门新的科学，并且我们对它的规律知道得甚少，但是在已知的基础上，我想你的计划……是适当的。”就这样，在他用他的统计规律对我的小孩未来行为能做出最好的预言的基础上他给我以劝告。

当规律是全称的时候，则在对未知事实的推断中包含着基本的演绎逻辑。如果规律是统计的，我们则必须运用一种不同的逻辑——概率逻辑。一个简单的例子是：一个规律陈述某一区域90%的居民有黑头发，我知道一个人是这个区域的居民，但我不知道他头发的颜色，但我可以在这个统计规律的基础上推论，他头发是黑色的概率为9/10。

的确，在日常生活中，如同在科学中一样，预言是必不可少的，甚至我们每日所完成的最琐碎的活动也是建立在预言的基础上的。你转动一个门把手。你这样做是因为过去的事实的观察与全称规律相结合，使你相信转动这把手就会把门打开。你可能没有意识到包含于其中的这个逻辑图式——无疑的，你想着其他事情——但所有这些审慎的行动都是以这个图式为前提。这里有一种特殊事实的知识，一种可表达为全称的或统计的规律并为未知事实的预言提供基础的特定的被观察到的规律性的知识。在人类行为的每一带有深思熟虑的选择的活动中都包含预言。没有预言，科学和日常生活将会是不可能的。

第二章

归纳与统计概率

在第一章中，我们假定科学的规律是可以得到的。我们看到在科学和日常生活中，这些规律是怎样被应用来做已知事实的解释和未知事实的预言的工具。现在让我们问我们怎样得到这些规律的？我们对于一个规律成立的信念是在什么基础上得到辩护的？当然，我们知道，所有的规律都是建立在对某种规则性观察的基础上的，它们组成与关于事实的直接知识相对立的间接知识。是什么东西使我们能够证明从直接的事实观察中得出表达自然界的某种规则性的规律是正当的呢？在传统的术语中，这就是所谓“归纳问题”。

归纳常被拿来与演绎相对照，演绎是从一般走向特殊和个别，而归纳走的是另一条道路——从个别到一般。这是过分简单化的误导。在演绎中，有着各种推理而不单是从一般到特殊；在归纳中，同样有许多推理的种类。这种传统的区分也会引起误导，因为它暗示着演绎与归纳只不过是单一的逻辑的两个分支。约翰·斯图尔特·穆勒的名著《逻辑系统》对他所谓的“归纳逻辑”有一段很长的描述并说明归纳步骤的各种标准。今天我们比较不爱用“归纳推理”一词。如果要用，我们必须认识到它所诉诸推理的性质与演绎基本上不相同。

在演绎逻辑中，从一组前提中推导出结论，其确凿程度正好与这个前提一样。如果你有理由相信这个前提，你就有同样有效的理由去相信那个逻辑地从这个前提中导出的结论。如果前提是真的，则结论不可能不真。至于归纳，情况完全不同。一个归纳结论的真理性从来不是必然的。我的意思不是说只是由于其所依据的前提并非必然确知，所以其结论不可能是确凿的。即使前提被假定为真的并且推理是一个正当的归纳推理，其结论也可能是错的。至多我们只能说，对于给定的前提，结论具有某种概率的确凿度。归纳逻辑教导我们怎样去计算这种概率的值。

我们知道，通过观察获得的关于事实的单称陈述，从来不是绝对确凿的，因为在我们的观察中我们可能犯错误，但是，至于说到规律，这里存在着更大的不确定性。关于世界的一个规律陈述在任何特定情况下，在任何地方和任何时间，如果有一个事情是真的，则另一个事情也是真的。非常清楚，这里讲的是有关无限的可能的实例。现实的实例不会是无限的，但这里却是无限的实例。某一个生理规律说明，如果你将匕首刺入任何一个人的心窝，那个人就会死。由于从来没有观察到这个规律的例外情况，它被当作一个全称规律来接受。当然，迄今观察到的匕首插入人心窝的大量实例是有限的，这是真的。很可能有一天人类将不复存在，在这种情况下，人类的数目无论是过去的还是未来的，都是有限的。但我们不知道人类将不复存在，因此，我们必须说，这里有无限的可能实例，所有这些都是规律所涵盖的；而且，如果存在着无限的实例，就没有任何不管多么大的有限观察的数目能使“全称”规律确凿无误。

的确，我们能继续进行下去，做出越来越多的观察，并尽可能以细心的科学的方式来进行观察，终于我们可以说：“这个规律已经检验了这么多次，以至我们能够完全确信它的真理性。它是很好地确立起来的很好地被发现的规律。”但是，如果我们思考这个问题，我们就会发现，甚至被发现的最好的物理学规律都必定建基于有限数目的观察之上，总是可能在明天就发现一个反例的。任何时候都不能达到对一个规律的完全证实。事实上我们全然不能说“证实”（verification）——如果我们用这个词来表示真理的最后确立的话——我们只能说确证（confirmation）。

有趣的是，虽然没有一种方法可以证实（在严格的意义上）一个规律，但却存在一个简单的方法来证伪它，人们只需要找到一个反例。有关一个反例的知识自身可能是不确实的。你可能犯了一个观察的错误，或者以某种方式受欺骗了，但如果我们假定这反例是事实，则规律立刻随之被否定。如果一个规律说，所有是 P 的对象也是 Q，而我们发现有一个对象是 P 而不是 Q，这个规律就被驳倒。一百万个肯定的实例对于证实这个规律来说是不充分的；一个反例对于证伪来说却是充分的。这种情况是极不对称的。驳倒一个规律是容易的，而找到强有力的确证是极端困难的。

我们怎样寻找对一个规律的确证呢？如果我们已观察到极大量的肯定实例而无否定实例，我们说这确证是强的。它有多强以及其强度是否可以用数目来表达这个问题，迄今在科学哲学中仍是一个引起争论的问题。等一会儿我们再回到这个问题上来。这里我们关心的只是搞清楚我们寻找一个规律的确证的第一个任务，乃是检验实例来决定它们是肯定的还是否定的。这个工作是通过用我们的逻辑图式作预言来做的。一个规律陈述了 $(x)(Px \supset Qx)$，因而对于一个给定的对象 a，$Pa \supset Qa$。我们试图寻找尽可能多的具有性质 P 的对象（这里用符号“a”表示），然后我们观察它们是否也满足条件 Q。如果我们找到否定实例，事情就此了结，否则，每一个实例乃是增加我们的确证强度的补充证据。

的确，对于有效的检验来说，存在着各种各样的方法论规则。例如，实例应该尽可能多样化。如果你对热膨胀定律进行检验，你不应只限于检验固体物质。如果你要对所有的金属都是电的良导体规律进行检验，你不应只限于检验铜样品，你必须在各种不同条件下——热、冷等——检验尽可能多的金属。我们将不去探究检验的各种方法论规则，我们将只指出，在所有情况下，规律是用做出预言然后看这些预言是否成立来进行检验的。在某种场合，我们寻找我们要检验的天然对象。在另一种场合下，我们要生产出这个对象。例如在检验热膨胀定律中，我们找不到热物体，就取某种物体进行加热。对于检验来说，生产具有极为有利的条件，它使我们能够比较容易地遵循多样化的方法论规则；但无论我们是创造情况进行检验还是在自然界寻找现成的情况来进行检验，所依据的图式是一样的。

刚才我提出一个规律（或我们依据规律预言的单称陈述）的确证程度能否在定量的形式中表达出来的问题。不说某一个规律被“很好地发现”以及另一个规律“建立在脆弱的证据的基础上”，我们应该说第一个规律有0.8的确证度而第二个规律的确证度只有0.2。这个问题已经进行了长期的争论。我自己的观点是：这样的做法是合理的，而我曾称为“确证度”的东西与逻辑概率完全相同。

这样的陈述并不说明什么问题，除非我们知道“逻辑概率”是什么意思。为什么我要加上形容词“逻辑的”？这并非通常的习惯做法，许多论概率的书不对各种不同性质的概率做出区别，其中有一种概率被称为“逻辑的”概率。但我深信存在着两种性质基本不同的概率，我区别它们称其中一种为“统计概率”，而另一种为“逻辑概率”。不幸的是，同样一个词“概率”被用于两种极为不相同的意义。在一些科学哲学的书中以及科学家们自己的论述中，不能做出这种区别是造成极大混乱的根源。

我有时用“归纳概率”一词来代替“逻辑概率”，这是因为，在我的概念中，这是一种表明每当我们做出一个归纳推理时的概率。用“归纳推理”一词，我指的是不仅从事实到规律的推理，而且，是“非证明性”的任何一种推理，这就是一种当假定前提为真而其结论并非逻辑必然地导出的推理，这样的推理必须用我们所称谓的“逻辑概率”或“归纳概率”的一定的度数来表达。为了搞清楚这种概率和统计概率之间的区别，简短地回顾一下概率理论的历史是有用的。

第一个概率理论，现在常称为“经典理论”，是在18世纪提出的。雅可比·贝努利（1654—1705）第一个写论文系统论述这个问题，托马斯·贝叶斯牧师做出了重要贡献。到了这个世纪末，伟大的数学家和物理学家皮埃尔·西蒙·德·拉普拉斯写了第一本关于这个主题的巨著。那是概率理论的全面的数学的详细论述，并可被认为是经典时代的顶峰。

贯穿整个经典时代的概率的应用，主要的是像玩骰子、玩纸牌以及轮盘赌之类的机会赌博。实际上，这个理论起源于这样的事实，当时的某些赌徒们曾请求皮埃尔·费尔玛和其他数学家为他们计算包含于某些机会赌博的精确概率。所以这个理论发端于具体问题而不是发端于一般数学理论。数学家们发现，奇怪的是，这类问题是能够解决的，虽然没有什么数学领域可提供这种解答。结果，他们提出了组合理论，这个理论能运用于机会问题。

提出经典理论的这些人们用“概率”来理解什么呢？他们提出了一个直至今天还可在基本教材中找到的概率定义：概率乃是有利事件的数目与所有可能事件的数目之比。让我们看看在一个简单的例子中这是怎样计算的。某人说：“我将要投掷这个骰子。我掷得一点或二点的概率是多少？”按经典理论，其回答如下：这里有两种“有利的”即满足问题给定条件的事件，这里骰子掷下共有六种可能的事件。因此，有利事件与可能事件之比为2：6或1：3。我们回答这个问题说，骰子显示一点或二点的概率为1/3。

所有这些看来都非常清楚，非常明白，但对于这个理论还有一个重要的障碍。经典作家们指出，当人们运用他们的概率概念之前，必须保证其中所有的事件都是等可能的。现在我们似乎陷入一个恶性循环中，我们企图说明我们用概率来表示什么意思，而这样做的时候，我们运用了“等可能性”概念。实际上，经典理论的支持者们并不是将等可能性概念仅仅塞进那些术语。他们说事件必须是“等可能的”，进而用一著名原则即他们称为“不充足理由原则”来定义“等可能性”。今天这个原则通常被称为“无差别原则”。如果你不知道为什么应是某一事件出现而不是另一事件出现的任何理由，则这些事件是“等可能的”。

简言之，这就是经典时期定义概率的方法。在经典研究的基础上，一个全面的数学理论建立起来了，而这里我们关心的问题只是这个理论——概率的经典定义——的基础对科学来说是不是充分的。

到了19世纪，慢慢地有少数人提出反对经典定义的意见。在20世纪，大约1920年，理查德・冯・米西斯和汉斯・赖辛巴赫对经典的研究作了强有力的批判。[①] 米西斯说，“等可能性”除了在“等概率”的意义上是不能被理解的。如果这就是它的意思，那我们的确陷入恶性循环之中。米西斯断言，经典的传统是循环的，因而是无用的。

米西斯还有另一个反对理由。他同意，在某种简单的场合下，我们能够依照常识知道某些事件是等可能的。当一个钱币往上抛滚时，我们能够说正面和反面的结果是等可能的，因为我们不知道有任何理由说明为什么将会翻这一面而不是那一面。轮盘赌的情况也是一样，没有理由说明为什么这个球掉进这一格中而不是掉进另一格中。如果所玩的纸牌都是同样大小同样形状，背面是一样的并且经过很好的洗牌，则某一张纸牌发给每一个玩牌者的机会几乎是一样的。这样的例子再一次表明等可能性的条件被满足。但是，米西斯进一步说，没有一个经典作者指出概率的这个定义怎样能够运用于其他更多的情形。试考察死亡率表。保险公司必须知道在美国一个无严重疾病的40岁的人活到同一指定的年龄的概率，他们必须能够计算出这类概率，因为他们要依据这个概率来确定保险费。

米西斯问道，对于一个人来说，什么是等可能的事件？史密斯先生申请人寿保险。公司将他送到医院体检。医生报告说史密斯先生无严重疾病而他的出生证指明他现年40岁。公司查看他的死亡率表，然后，在人的可能的估计寿命的基础上，公司向他提供在一

---

① 关于米西斯和赖辛巴赫的观点，参见理查德・冯・米西斯《概率，统计与真理》（纽约：麦克米兰公司，1939）一书和汉斯・赖辛巴赫《概率理论》（加利福尼亚州伯克利市：加利福尼亚大学版，1949）一书。

定保险费下的人寿保险。史密斯先生可能在他达到 41 岁之前死去，也可能活到 100 岁。一个人多活几年的概率会随着他的年龄的增长而下降。假定他 45 岁死亡，这对保险公司来说是个坏情况，因为他只支付了很少的保险费而现在公司必须付出 20000 美元给他的受益人。等可能性的事件在哪里？史密斯先生可能在 40 岁或 41 岁或 42 岁时死去等，这些都是可能事件，但它们并非等可能的；他在 120 岁时死去是极不可能的。

米西斯指出，将概率运用于社会科学，天气预报甚至运用于物理学也普遍存在着类似的情况。这些情况不像碰运气的游戏，在碰运气的游戏中可能的结果能够匀称地划分为 n 个相互排斥的完全可以穷尽的事件，它们满足等可能性的条件。一块小的放射性物质在下一秒钟或者发射 α 粒子或者不发射，放射这种粒子的概率比如说是 0. 0374，那里有没有等可能性的事件呢？没有，我们只有两种情况：或者在下一秒钟它将会发射 α 粒子或者它将不发射。这就是米西斯对经典理论的主要批评意见。

米西斯和赖辛巴赫都谈到建设性的方面。我们用概率来实际表示的东西与计算情况无关，它是“相对频率”的一种量度，我们用“绝对频率”表示对象或事件的总数。例如，洛杉矶去年死于肺结核的人数，我们用“相对频率”表示这个数目与被研究的比较大的类的数目（如居住在洛杉矶的总人数）的比率。

米西斯说，我们能够谈论骰子掷得某一面的概率，这不仅是在完美骰子的情况下，那里它是 1/6，而且是在所有型号灌铅骰子的情况下。假定某人断言，他持有的这个骰子已灌了铅并且它出现一点的概率不是 1/6，而是少于 1/6。其他的某一个人说：“我同意你的意见，骰子已灌了铅，但不是你所相信的那样。我想一点的概率大于 1/6。”米西斯指出，为了弄清他们俩人的分歧断语是什么意思，我们必须查看他们试图建立他们的意见的方法。当然，他们会做经验的检验，他们会多次抛掷骰子，记录投抛的次数和得一点的次数。

他们投掷骰子多少次呢？假定他们投掷100次并发现一点出现15次，这里略少于100的1/6。这不是将会证明第一个人是正确的吗？另一个人会说："不！我仍然认为这个概率大于1/6。100次投掷对于一个足够适当的试验来说是不充分的。"也许这人继续投掷骰子一直到投抛了6000次为止。如果出现一点的那一面少于1000次，第二个人可能决定放弃进一步试验，他说："你是正确的，这个概率少于1/6。"

为什么这两个人做了6000次试验就不做了呢？可能他们投掷得疲倦了。也许他们打赌骰子按一定的方法灌了铅，而他们不愿仅仅为了几个钱就花上三几天来做投掷试验。不过，试验了6000次就停止下来，这纯粹是任意的。如果在6000次投掷以后，得一点的数目非常接近1000，他们可能认为问题仍未确定。一个小小的偏离可能由于机遇，而不是由于骰子自身的物理倾向，在更长的竞赛中，这个倾向会引起反方向的偏离。为了做进一步的决定性试验，这两个人会决定继续进行到60000次投掷。明显地，无论投掷的数目多大，没有什么有限的投掷数目能使他们停下来并肯定有把握说，得一点的概率是1/6或少于1/6或大于1/6。

由于对于确定概率来说，不存在有限次数的试验可以说是充分的，那么怎样用频率来定义概率呢？米西斯和赖辛巴赫提议不将它定义为在实例的有限系列中的相对频率，而定义为在无限系列中相对频率的极限。（正是这个定义使得米西斯和赖辛巴赫的观点与英国的R. A. 菲希尔以及其他也批判经典理论的统计学家的观点相区别。后者不是通过定义而是作为一公理系统中的原始词项而引进概率的频率概念的。）当然，米西斯和赖辛巴赫很好地意识到（虽然他们常被批评没有意识到）没有任何观察者能完成有效观察的无限系列。但我想当他们的批评家说概率的新定义没有应用时，这些人是错误的。无论赖辛巴赫还是米西斯都曾指出，许多定理都能在他们的定义的基础上发展出来，借助于这些定理我们能说明某些东西是有意义的。我们不能确定地说一个概率的值是多少，但如果系列足够长，我们能够说这个概率很可能是多少。在骰子的实例中，我们可以说掷得一点的概率大于1/6的概率是非常小的，也许这种概率的概率甚至是能计算的。极限概念用于这一定义和运用无限系列做推理这个事实必定在逻辑上和实践上带来复杂性和困难，但它们没有造成为某些批判家所断言的那种无意义定义。

赖辛巴赫和米西斯同意这样的观点，即建立在无限系列中的相对频率的极限的基础上的概率概念是科学上唯一可接受的概念。从无差别原理推导出来的经典定义是不充分的。除了米西斯和赖辛巴赫的定义之外，没有新的定义能超过旧的定义。但现在令人烦恼的单个实例问题再一次产生了。对于统计现象，新的定义工作得很好，但它怎样运用于单个的场合？一个气象学家宣布明天下雨的概率为2/3，“明天”关涉一个特殊日子而不是其他日子。像运用于人寿保险的某人的死亡一样，是单个的、不重复的事件；但我们仍然需要赋予它以一个概率，怎样在频率定义的基础上来干这件事呢？

米西斯想这事是不可能的，因而对单个场合，概率陈述应该排除。但赖辛巴赫认识到，无论在科学上还是在日常生活里，我们经常做出有关单个事件的概率陈述，他认为，为这种陈述寻找合理的解释将会是有用的。在天气预报中，给出这样一种解释是容易的。气象学家获得过去天气观察的大量报告，也获得有关今天天气的资料，他发现今日的天气属于某一个类型，而在过去，当这类天气出现之时，第二天下雨的相对频率为2/3。按赖辛巴赫的说法，于是气象学家做出了一个“假定”，这就是他假定建立在有限的然而却是长系列的观察基础上的这个2/3的观察频率也是无限系列的极限，换言之，他估计这极限就在2/3的领域里。于是他做出这陈述：“明天下雨的概率为2/3。”

赖辛巴赫继续说，气象学家的这个陈述应被认为是一省略的陈述，如果他将它扩大到完全的意义，他会说：“按照我们过去的观察，像我们在今日所观察到的那种天气状态将以2/3的频率于第二天下雨。”这个缩写的陈述看来是将概率运用于一个单个场合，不过这只是一种讲法。这陈述真的归结为在长系列中的相对频率。下面的陈述同样会是真的：“在骰子的下一次投掷中，得一点的概率为1/6。”“下一掷”如同“明天天气”一样，是一个单个的、唯一的事件。当我们将概率归之于它时，我们真的省略地讲到在一长系列的投掷中的相对频率。

按照这种方法，赖辛巴赫为将概率赋予单个事件的陈述找到了一种解释，他甚至尝试为将概率赋予科学中的一般假说的陈述寻找一种解释。这里我们将不予介绍，因为它是比较复杂的，并且因为（与他的单个概率预言的解释相对照）它没有得到普遍的承认。

在概率论的历史中，另一个重要的发展乃是逻辑概率概念的兴起，这是1920年后由著名英国经济学家约翰·梅纳德·凯恩斯提出，此后并为许多名家精心研究过的。今天这种逻辑概率概念的支持者和频率解释的支持者之间存在着激烈的论战。下一章我们将要讨论这个论战以及我所考虑的解决这个问题的方法。

第三章

归纳与逻辑概率

对于约翰·梅纳德·凯恩斯来说，概率乃是两个命题之间的逻辑关系。他并不企图去定义这种关系。他甚至走得这样远以至于说到，不可能制定一个什么定义。他坚持说，只有用直觉我们才能明白概率是什么意思。他的书《概率论》[①]，给出了几个用符号逻辑表达的公理和定义，但从现代的观点看，并不怎么健全。凯恩斯的有些公理事实上是定义，而他的一些定义事实上却是公理。但他的书，特别是他讨论概率理论的历史以及今天我们能从早期的观点中学到些什么的那些章节，从哲学的立场上看是很有趣味的。他的中心论点是，当我们作一概率陈述时，我们并非做出关于世界的陈述，而只是做出关于两个命题之间的一种逻辑关系。我们讲的只是一个陈述对于另一个陈述来说具有如此这般大小的逻辑概率。

我用“如此这般大小”这个词组，实际上凯恩斯更为小心，他怀疑概率一般是否可以被当作一个定量的概念即有数值的概念。当然他认为在特殊场合下，例如在投掷骰子（在那里旧的无差别原则可以应用）的场合下，概率可以被当作一个定量概念。骰子是匀称的，所有的方面都是一样的，我们没有理由怀疑它是灌了铅的等等。在其他的碰运气游戏中，情况是同样的，在那里，条件被细心地安排得显现出物理的对称性，至少相对于我们的知识与无知来说

① 约翰·梅纳德·凯恩斯：《概率论》，伦敦，麦克米兰公司1921年版。

是对称的。轮盘的轮子做得各个格子都相等。轮子小心地被保持平衡以消除任何引起滚球落于某一数格而不落于其他数格的倾向。如果某人抛出一钱币，我们没有理由假定是正面显现出来而不是反面显现出来。

凯恩斯说，只限于这类情况，我们才能合理地运用概率的经典定义之类的东西，他同意无差别原则的批判者的意见：在经典时期，这个原则在太广的意义上被运用了，并且被错误地运用于许多场合，例如预言明天太阳将会升起等。他说，在碰运气的游戏中以及在其他简单场合里，无差别原则是可用的，并且能给概率以数值，这是正确的。但在大多数的场合里，我们无法定义等可能事件，因而我们没有理由运用这个原则。凯恩斯说，在这样的情况下，我们不应该运用数值。他的看法是小心的而且是怀疑论的，他不想走得太远，以至于踏上他所说的薄冰，所以他限制住他理论的定量部分。凯恩斯告诫我们，在许多情况下，不要毫不迟疑地去打赌，去用数值作概率预言。

在兴起对概率进行现代逻辑的研究的热潮中，第二个重要的人物乃是哈罗德·杰弗里斯，他是英国的一个地球物理学家。他的《概率理论》一书（1939 年首次在牛津出版）捍卫了一个与凯恩斯概念密切相关的概念。当凯恩斯出版他的书时（出版于 1921 年，因而他也许于 1920 年写成），米西斯和赖辛巴赫论概率的著作才首次出现。凯恩斯看来还不知道它们，他批评频率的方法，但并没有作详细的讨论。到了杰弗里斯写他的书的时候，频率的解释已充分地发展起来了，因而他的书更加明确地讨论了这个问题。

杰弗里斯直截了当地指出，频率理论是完全错误的。他肯定了凯恩斯的观点：概率所谈的不是频率，而是逻辑的关系。他比那小心谨慎的凯恩斯大胆得多，他相信在大多数的情况下，特别是在数理统计可以运用的所有场合，对概率是可以指定数值的。他想要处理 R. A. 菲希尔以及其他统计学家所感兴趣的同样的问题，不过是在不同的概率概念的基础上去处理它们。由于他运用了无差别原则，我相信他的某些结果易受到异议，这种异议与反经典理论所产生的异议是同样的。但要在他的书中寻找一些特别命题来进行批判是困难的，他的公理一个接一个地是可接受的。依我的观点看，只有当他企图从某一公理中演绎出定理时，才犯了错误。

成问题的公理被杰弗里斯陈述如下："在特定论据下，我们给有比较大的可能性的命题指定比较大的数值（因而给有同样大的可能性的命题以相等的数值）。"括号里的部分只是说，若 p 与 q 在证据 r 的基础上有同等的可能性，则派给 p 与 q 以同样的数值来表示它们对于证据 r 的概率值。这个陈述并不告诉我们在怎样的条件下我们能认定对于 r，p 与 q 有同等的可能性。在这本书的其他任何地方杰弗里斯都没有说明这些条件。但在这本书的稍后的地方，他为了建立科学规律的定理，以极为惊人的方式解释了这个公理。他写道："如果没有理由相信某一假说而不相信另一个假说，则它们的概率相等。"换言之，如果我们没有充分的证据来判定特定的理论是真是假，则我们必须得出结论说，这个理论有 1/2 的概率。

这是无差别原则的一个合理的应用吗？在我看来，这正好是受到经典理论的批评家谴责的一个应用。如果无差别原则要得到完全的应用，则事情必须有某种类型的对称性如骰子各面相等或轮盘赌的轮子各格相同等，以至于我们可以说这些事件是有等可能性的。在缺乏事情的逻辑上的或物理特征上的这种对称性的情况下，仅仅由于我们不知道相对立的假说的相对优点，就假定它们是等概率的，这是毫无根据的。

一个简单的例证就会弄明白这个问题。按照杰弗里斯对他的公理的解释，我们应该假定火星上有生命的概率为1/2，因为我们没有充足的理由相信这个假说，也没有充足的理由相信这个假说的否定。按照同样的方法，我们应当有理由说火星上有动物的概率为1/2以及那里有人的概率为 1/2。从断言自身来考虑，每个断言都是我们关于它无这样那样充分证据的断言，但这些断言彼此处于这样的相互关系使得它们不能有同样的概率值，第二个断言比第一个断言强，因为它蕴涵了第一个断言，而第一个断言并不蕴涵第二个断言。因此，第二个断言比第一个断言具有更小的概率；同样的关系对第三个断言与第二个断言的相互关系也成立。因此，甚至运用修正了的无差别原则，我们也必须十分小心，否则我们很可能陷入这种自相矛盾之中。

杰弗里斯的书受到数理统计学家的严厉批判。我只是对于少数几个地方才同意他们的批判，在那里杰弗里斯提出的定理不能从他的公理中推导出来。另一方面，我应该说凯恩斯和杰弗里斯两人仍是工作在正确方向上的先驱者。[①] 我自己的关于概率的工作也是在同样的方向上进行的，我分享了他们的观点，即逻辑概率乃是一种逻辑关系。如果你做出一个陈述，断言对于某一特定假设，相对于给定证据的逻辑概率为 0.7，则这个总的陈述是一个分析的陈述，它意味着这个陈述是从逻辑概率的定义中（或从逻辑系统的公理中）推出，而不诉诸任何逻辑系统以外的东西，这就是说，不诉诸现实世界的结构。

在我的概念里，逻辑概率乃是有点类似于逻辑蕴涵的一种逻辑关系，真的，我想概率可以被看作一种部分的蕴涵。如果证据是如此强，以至于假说逻辑地由它导出——逻辑地被它蕴涵——则有一极端的情况，在那里概率是 1（概率为 1 也在其他场合中发生，不过这是那里发生的一个特殊场合）。类似地，如果证据逻辑地蕴涵一个假说的否定，则这个假说的逻辑概率为 0。在它们之间，存在着情况的连续统。关于这个连续统，演绎逻辑除了否定的断言，即这个假说及其否定都不能从证据中演绎出来之外，并不告诉我们任何东西。关于这个连续统，归纳逻辑必须把它接过来，但归纳逻辑如同演绎逻辑一样，它们只与所包含的陈述有关，与自然界的事实无关。通过对所陈述的假说 h 和所陈述的证据 e 的逻辑分析，我们

① 凯恩斯和杰弗里斯以及其他支持逻辑概率的人们的工作的技术上的评价，见我的《概率的逻辑基础》一书（芝加哥：芝加哥大学版，1950）第 62 节，这本书的六个非技术性的章节作为一个小的专题著作《归纳逻辑的性质和运用》重印（芝加哥：芝加哥大学版，1951）。

得出结论，e 并不逻辑地蕴涵 h，而是，可以这样说，e 部分地蕴涵 h 到如此这般大小的程度。

在这点上，依我的观点看，我们认为给这种概率指定数值是有道理的。如果可能，我们很想这样构造一个归纳逻辑体系，使得对于任意一对语句，其一断言证据 e，其二陈述假设 h，我们能够给 h 关于 e 的逻辑概率以一个数值（我们不考虑这种琐碎的情况，在那里，语句 e 是矛盾的；在这种情况中，不能给 h 指定概率数值）。对于只包含一元谓词的非常简单的语言，我已经成功地提出这种概率的可能定义，而现在的工作是进一步将这个理论推广到比较综合的语言中去。当然，如果我企图构造在这样基础上的整个归纳逻辑要对科学有一些实在的价值，则它最后应被运用于定量语言，即如我们在物理学中所看到的那样的语言，在那里不仅有一元或二元谓词，而且也有如质量、温度等数值。我相信，这是可能的，并且它所包含的基本原则和引导我们为一元谓词的简单语言构造归纳逻辑的工作的原则是一样的。

当我说运用归纳逻辑于科学语言是可能的时候，我并不是说可以制定一个规则的集合，一劳永逸地记住它，在任何领域自动地引导我们从事实中得出理论。例如，能够制定这样的规则，使科学家能够概览给出不同观察报告的十万个语句，并从这些规则的机械运用中发现能解释所观察的现象的一般理论（规律系统），这看来是非常可疑的。这一般是不可能的，因为理论，特别是比较抽象的理论涉及那些诸如粒子与场等不可观察的东西，它所运用的概念框架远远超出用以描述观察材料的框架。人们不能简单地遵从建立在固定规则基础上的机械程序去发明一个新的理论概念体系，并靠着它的帮助发明一个理论。创造性的机灵是需要的，这个观点有时被表述为不可能存在一部归纳机器——一部这样的计算机，我们能将所有有关的观察语句输进去，而在输出端可以取出能解释被观察现象的简洁的规律系统。

如果归纳机器的目的是发明新理论，则我同意不可能有这样一部机器。但是，我相信可能存在一部具有不太过分的目标的归纳机器。给定一定的观察 e 和一个假说 h（例如，预言的形式或甚至规律集合的形式），则我相信用机械的程序在许多场合下，能确定其逻辑概率或 h 在 e 的基础上的确证度。对于这个概率概念，我也用“归纳概率”一词，因为我确信这是一个包含于所有归纳推理中的基本概念，而归纳推理的主要任务乃是求出这种概率的值。

当我们概观概率理论的现状，我们发现频率理论的拥护者和像凯恩斯、杰弗里斯以及我自己这样的人根据逻辑概率所讲的理论的拥护者之间的论战。但我的见解和凯恩斯与杰弗里斯的见解之间有一个重要的区别，他们拒绝概率的频率概念，而我不拒绝。我想，频率概念也称为统计概率，是一个很好的科学概念，这个概念或者如在米西斯和赖辛巴赫系统中那样通过明确的定义而引进；或者如在当代数理统计中那样通过一公理系统与实际运用规则（没有明确定义）而引进。在这两种场合中，我认为这个概念对科学来说都是重要的。依我的观点，概率的逻辑概念是第二类概念，它的性质完全不同，虽然同等重要。

给统计概率以数值的陈述并非纯逻辑的，它们在科学语言中是事实的陈述。当一个医生说，一个病人对于某一种注射会有阳性反应的概率是“非常好的”（或者他用了一个数值，比如说是 0.7），他就做了一个医学科学的陈述。当一个物理学家说这种特定放射现象的概率是如此这般大小时，他做的是物理学的陈述。统计概率是一种科学的、经验的概念，有关统计概率的陈述是“综合的”陈述，这种陈述不能用逻辑来决定而是建基在经验探究的基础上。关于这一点，我完全同意米西斯、赖辛巴赫以及统计学家的意见。当我们说，“用这个特别的骰子投掷得一点的概率是 0.157”，我们陈述了一个科学假说，这个假说只能用一系列观察来加以检验。这是一个经验陈述，因为只有经验的调查研究才能确证它。

随着科学的发展，这类概率陈述看来变得越来越重要，这不仅在社会科学中而且在现代物理学中也如此。统计概率不仅被包含于这样的领域之中，在那里它之所以成为必要是由于人们的知识不足（如在社会科学中或当物理学家计算液体分子轨道之时），而且它也作为一个本质的因素包含于量子理论的基本原理之中。有一个统计概率理论对于科学来说是极端重要的。这种理论已由统计学家们提出并且也由米西斯和赖辛巴赫以不同的方式提出。

另一方面，我们也需要逻辑概率的概念。在元科学的陈述即在关于科学的陈述中，它特别有用。我向一个科学家说："你告诉我说我能依靠这个规律做出某种预言，这个规律是在怎样好的程度上被确立了呢？这个预言有多大的可靠性呢？"今天这个科学家可能愿意或者可能不愿意用定量的语词来回答这类元科学的问题，但我相信，一旦归纳逻辑充分地发展起来，他会回答："在有效证据的基础上，这个假说被确证到0.8的程度。"一个科学家用这种方式回答问题，他就做出一个有关证据与所研究的假说之间的逻辑关系的陈述，在他心中的这类概率乃是逻辑概率，这个概率我也称之为"确证度"。他关于这个概率的值是0.8的陈述，在这个语境中，并非一个综合的（经验的）陈述，而是一个分析的陈述。它之所以是分析的，因为它并不要求经验的调查研究，它表达了陈述证据的句子与陈述假说的句子之间的一种逻辑关系。

在做出概率的分析陈述时，需注意的是，它总是需要明确地指明证据，科学家不应说"这个假说有0.8的概率"，他必须补充说"相对于这样那样的证据来说是这样"，如果不做这个补充，他的陈述可以作为统计概率的陈述。如果他意图使它成为逻辑概率的陈述，那它是一个省略了的陈述，在那里一个重要的成分被省去了。例如，在量子理论中，要知道一个物理学家指的是统计概率还是逻辑概率常常是困难的。物理学家常常不作这种区分，他们讲的好像只存在一个他们用以进行工作的概率概念一样。他们会说："我们指的是这类概率，它满足概率理论的普通公理。”但两种概念都满足概率理论的普通公理，所以这个陈述并没有明确地搞清他们的意思指的是概率的哪一种类型。

类似的混淆也可在拉普拉斯以及提出概率的经典概念的其他人的陈述中找到。他们没有觉察到我们今天觉察到的逻辑概率与频率概率之间的不同，由于这个缘故，要确定他们所意指的是哪一种概念并不是总是可能的。但我确信，在大多数时候——当然不全是如此——他们指的是逻辑概念。依我的观点看，米西斯以及其他频率论者对经典学派做出的某种评论是不正确的。米西斯相信，除了频率概念之外，不存在其他的科学的概率概念，所以他假定，如果经典作家用“概率”来完全表示什么意思的话，那他们必定指的是统计概率。当然，他们毕竟不能清楚和明确地说明他们指的是相对频率，但是按米西斯的说法，他们暗含地意指这东西。我不同意这种意见。我相信，当经典作家们关于先验概率做出某种说明时，他们讲的是逻辑概率，它是分析的因而能先验地被知道的。我不像米西斯和赖辛巴赫那样，认为这些陈述违反经验主义的原则。

让我来补充一些谨慎的话。我在我的讨论概率的书中表述了这些观点以后，许多同事——有些是我的朋友——从经典作家中引了一些话并说明在经典作家的心中并没有逻辑概率。我同意这个意见，在他们的某些陈述中，经典作家未能指出逻辑概率；大概，他们指的是频率概率。然而，我确信，他们的基本概念乃是逻辑概率。我想，这个意思甚至包含于这个领域的第一本系统著作雅可比·贝努利的《猜测的艺术》一书的标题之中。米西斯的概率理论并不是猜测的艺术，它是一种数学地阐明的关于大量现象的公理理论。关于它们，这里不存在猜测。贝努利所指的意思就很不相同，他说，我们已经看到一定的事件，如一骰子下落的方式，而我们想要做出关于如果我们再一次抛掷它，它会怎样下落的猜测。我们想要知道的，是怎样做出合理的赌博。对于经典作家来说，概率乃是我们获得未来事件的肯定程度或有把握的程度。这是逻辑概率而不是统计意义的概率。[①]

关于我的概率观点，我将不做较详细的论述，因为它包含了许多技术性的东西。但我将讨论一个能将两种概率概念结合起来的推理。当归纳推理的一个假设或一个前提含有统计概率时，这个推理产生。我们通过修改一下我们用以讨论全称规律的基本图式就很容易看出这个问题。代替全称规律（1），我们取统计规律（1′）为第一个前提，这个统计规律说明 Q 对于 P 的相对频率（rf）（例如）是0.8。和前面一样，第二个前提（2）说明一定个体 a 具有性质 P。第三个陈述（3）断言 a 具有性质 Q。这第三个陈述 Qa，是我们要在这两个前提的基础上考虑的假说。

在符号形式

（1′）$rf(Q, P) = 0.8$
（2）Pa
（3）Qa

中，关于（3）对于（1′）与（2）的逻辑关系，我们能说些什么？在先前的场合——全称规律的图式——我们能做出下述的逻辑陈述：

（4）陈述（3）被（1）与（2）逻辑地蕴涵着。

① 我认为，无论统计概率还是逻辑概率，都是合理的、好的科学概念，它们起着不同的作用。这个观点在前面注脚已引证的《概率的逻辑基础》一书第二章中以及在我的1945年的论文《概率的两种概念》中做了表述，后者见赫伯特·菲格尔与威尔弗里德·塞拉斯主编的《哲学分析读本》（纽约：Appleton-Century-Crofts，1949），第330—348页，以及赫伯特·菲格尔和梅·布罗德贝克主编的《科学哲学读本》（纽约：Appleton-Century-Crofts，1953），第438—455页。同样观点的比较通俗的作品，可参见我的文章《什么是概率?》，载《科学的美国人》，1953年9月号，第189期。

我们关于上面给出的图式，不能做出这样的一个陈述，因为新的前提（1′）弱于前面的前提（1）；它陈述了一种相对频率而不是一种全称规律。但，我们能做出下述的陈述，它也断言着一种逻辑关系，不过这是借助于逻辑概率或确证度，而不是借助于蕴涵：

（4′）陈述（3），在（1′）与（2）的基础上，具有 0.8 的概率。

注意这个陈述，如陈述（4）一样，并不是从（1′）与（2）得出的逻辑推理，（4）与（4′）两者都称为元语言的陈述；它们是关于三个断言，即（1）［或分别是（1′）］、（2）与（3）的逻辑陈述。

精确地理解用诸如“Q 相对 P 的统计概率是 0.8”这样的陈述来表示什么意思是重要的。当科学家做出这样的陈述，讲到频率意义的概率时，他们指的是什么频率并不总是十分清楚的。它是 Q 在被观察样品中的频率吗？是 Q 在所考虑的总体中的频率吗？是在总体中频率的一种估计吗？如果在样品中所观察的实例的数目非常大，则在样品中 Q 的频率在任何有意义的程度上可能与 Q 在总体中的频率或与这种频率的一种估计没有区别。然而，牢记这里所包含的理论上的区别是重要的。

假定我们想要知道生活于某一城市的 10 万个男人中用电动剃刀刮胡子的百分率，我们决定去问其中的 1000 个男人。为了避免有偏见的样品，我们必须依据现代民意测验中工作人员所使用的技术方法来挑选这 1000 人。假定我们获得无偏颇的样品并且抽样中的 800 人报告说他们用了电动剃刀，因而，这种性质被观察到的相对频率是 0.8。因为 1000 人是十分大的抽样，我们可以得出结论，在总体中这种性质的统计概率乃是 0.8。严格地说，这不是一个有保证的结论，只有样品中的频率的值是已知的，在总体中的概率的数值是不知道的。我们能做的最好也不过是做出在总体中的频率的估计数字。这个估计数字不应与在样品中的频率的值相混淆。一般的，这样的估计在一定的方向上与抽样中观察到的相对频率相偏离。[①]

假定（1′）已知：Q 相对于 P 的统计概率是 0.8（怎样知道这些是我们无须考虑的问题。我们可以通过逐一会见这城市所有的 10 万个男人来检验）。当然，这个概率的陈述是经验的陈述。同样地，假定第二个前提为已知，它是 Pa。现在我们能够做出陈述（4′），指明（3）Qa 相对于前提（1′）与（2）的逻辑概率是 0.8。但如果第一个前提并不是统计概率陈述，而是在抽样中被观察的相对频率的陈述，则我们必须考虑样品的大小。我们仍然能够计算出表现于陈述（4）的逻辑概率或确证度，但它将不是精确的 0.8。它将会以我在前面的注脚中提到的专题论文中所讨论到的那种方式发生偏离。

当一个归纳推理以这种方式做出，它从一个样品推到整个总体，从一个样品推到未知的未来样品，或从一个样品推到未知的未来实例时，我是作为“间接概率推理”或“间接归纳推理”而说及它们的，把它们看作与从总体到某一样品或某一实例的归纳推理有区别的东西。正如我早就说的，如果总体中实际的统计概率知识在（1′）中给定，则在（4）中断言同样数值的确证度是正确的。这样一种推理不是演绎的，它在其他种类的归纳推理和演绎推理之间占着某种中间的地位，有些作者甚至称它为“演绎概率推理”，但我宁愿说它是归纳的而不是演绎的。无论什么时候，当给出总体的统计概率而我们要去为抽样决定概率，用我的归纳逻辑给出的值会与统计学家给出的值相同。但是，如果我们从一抽样到这总体或从一抽样到未来的个别实例或未来的有限抽样（后两种情况我称之为“预言推理”）做出一种间接推理，则我相信统计学所用的方法并不是非常适当的。在我的专题论文《归纳方法的连续统》中，我

① 这个问题在我的《概率的逻辑基础》一书中没有进行讨论，但在一本较小的专题著作《归纳方法的连续统》（芝加哥：芝加哥大学版，1952）中，我提出了在观察样品的基础上对相对频率进行估算的若干技巧。

给我的这种怀疑态度作了详细的说理。

我想在这里强调的主要论点是：概率的两种类型——统计的和逻辑的——可以在同一推理链条中共同出现。统计概率是科学对象语言的一部分。要陈述统计概率，我们可以运用逻辑概率，它是科学的元语言的一部分。我深信，这个观点比之通常在统计学的书中找到的观点更能给出关于统计推理的清晰图景，并为适当的科学的归纳逻辑建构提供一个必要的基础。

第四章

实验方法

和早期科学相比，现代科学的一个重大的明显的特征，就是它强调所谓“实验的方法”。正如我们已经看到的，所有经验的知识都最终建立在观察的基础上，而这些观察可以从两种本质上不同的方法中获得。在非实验的方法中，我们起着被动的作用，我们单纯地看着星星，或者看着各种花卉，注意它们的异同，并试图发现可以表述为规律的规则性。在实验的方法中，我们起着积极的作用，我们不做旁观者，我们对某种东西进行实验，它将产生出比我们在察看自然中所发现的东西更好的观察结果。我们不是等待自然界提供情况给我们观察，而是试图去创造这些情况，简言之，我们做实验。

实验已是最富有成效的方法。物理学在最近 200 年来，特别是在最近几十年来所取得的极大的进步，如果没有实验的方法，这将是不可能的。如果事情是这样，人们可能会问，为什么实验方法并不应用于科学的所有的领域呢？实验方法在某些领域中的应用并不如在物理学中的应用那样容易。例如，在天文学中，我们不能在某一方向上给行星以某种推动来观察将会发生什么，天文的客体不能到达，我们只能观察它和描述它。有时天文学家在实验中能创造，比如说，类似于太阳或月球表面的条件，然后观察在实验室中在这种条件下发生什么。但这并不真正是天文实验，这是与天文知识有某些关系的物理实验。

有完全不同的理由来阻止社会科学家用大量的人群来进行实验。社会科学家用人群做实验，但通常他们是很小的人群。假若我们要研究当人们不能获得水时他们会有什么反应，我们可以找两三个人，给无液体食物，然后观察他们的反应。但这不能告诉我们有关当巨大的社会断绝水的供应时会有什么反应的各种情况。例如，对纽约市断水供应会是一个很有趣的实验，人们会不会狂暴起来或者变得无情呢？他们是否会试图组织一次革命来反对市政府？当然，没有任何一个社会科学家会建议进行这样一个实验，因为他们知道社会不允许他们这样做，民众不允许社会科学家拿他们的基本需要来开玩笑。

即使没有包含对社会施加真正残酷的行为，也总是存在着对于人群实验的社会压力。例如，有一个墨西哥部落，每当日食时，便举行某种宗教仪式舞蹈。部落的成员确信只有用这种方法能安慰引起日食的上帝。最后，太阳光重新出现。假定有一批人类学家，试图使这些民众相信，他们的宗教仪式舞蹈对于阳光的重现毫无作用。人类学家们建议做一个实验：在下次日食阳光消失时不跳这种舞蹈并观察发生什么。部落成员将会以极大的义愤来回答这个建议。对于他们这意味着日后生活在黑暗中的危险。他们对自己理论的信念如此地强，以至于他们不需要付诸试验。由此可见，即使科学家们确信进行实验不会危及社会，在社会科学中做实验还是困难的，存在着各种各样的障碍。一般地说来，社会科学家被局限于从历史上所能学习到的东西以及用个人或少数人群做实验所能学习到的东西。在一种专政制度下，巨大人群的实验是常常做的，但这刚好不是去检验理论，而宁可说是政府相信新程序会比旧程序工作得更好，政府在文化、经济以及其他方面进行大规模的实验。而在民主制度中，不可能进行如此鲁莽的实验，因为如果他们不能使事情好转，政府会在下次选举中面对着愤怒的民众。

实验方法在那些存在着能精确测量的定量概念的领域特别有成效。科学家怎样设计一个实验？很难描述实验的一般性质，因为存在着各种不同的实验，不过也可以指出它的几个一般的特征。

首先，我们试图去确定包含在我们想要研究的现象中的有关因素，有些因素——但不是太多的因素——必须作为无关的东西加以排除。例如，在一包含有轮子、杠杆等的力学实验中，我们可以决定忽略摩擦因素。我们知道摩擦是有的，但我们认为在一个考虑到摩擦的复杂实验中，它的影响太小。类似地，在一个带有缓慢运动物体的实验中，我们可以做忽略空气阻力的选择。如果我们用极高的速度进行工作，如导弹做超音速运动，我们就再不能忽略空气阻力。总之，科学家所省略的因素，只是这样的因素，它对他的实验的影响被他认为是微不足道的。有时为了使实验不太复杂，他甚至必须忽略他认为有重大影响的因素。

在决定了相关因素之后，我们设计一个实验，在那里某些因素保持不变而其他因素则容许变化。假如我们要讨论一容器中的气体，并且想要尽可能保持气体的温度不变，我们就把这容器置于更大容积的水槽中。（这种气体的比热相对于水的比热来说是如此地小，使得甚至由于压缩和膨胀，气体温度发生暂时的变化也会很快地回到原来的状态。）或者我们要使某一电流保持不变。也许我们用一安培计来完成这件事，如果我们观察到电流的增加或减少，我们可以改变电阻使电流保持常值。用这类方法我们能保持某些量值不变，此时我们观察当其他量值变化时会发生什么。

我们的最终目的是寻找联结所有相关量值的规律。如果所包含的因素极多，这将是一个复杂艰巨的任务。因此，开始时，我们的目标只限于获得联结某些因素的低层次规律。如果所包含的量值有 K 个，则最简单的第一步乃是安排一个这样的实验使 $K-2$ 个量值守恒。留下两个量值 M_1 与 M_2，我们任其自由变化，我们改变其中一个因素并观察另一个因素的行为。也许当 M_1 增加时 M_2 下降，或者也许随着 M_1 增加，M_2 开始时上升然后下降。M_2 的值是 M_1 的值的函数，我们能够在描图纸上描出该函数的曲线，并且也许还能确定表达这函数的方程。于是我们有了一个有限度的规律：如果量值

M_3，M_4，M_5，…保持不变，M_1 增加，则 M_2 按某一方程所表达的方式变化。但这只是开始的一步，我们继续我们的实验，控制其他各组 $K-2$ 个因素，于是我们能够看到其他的量值对有怎样的函数关系。往后，我们以同样的方法进行三个量值的实验，除三个量值之外使其他量值不变。在某种情况下，我们能够从有关量值对的规律中猜想出某些或全部有关三个量值组的规律，然后我们寻找包含四个量值的更一般的规律，最后我们寻找概括所有相关因素的最一般的有时是极复杂的规律。

作为一个简单的实例，我们来考察下列气体实验。关于气体的温度、体积与压力总是同时地发生变化，我们已经作了粗糙的观察，我们要精确地知道这三个量值发生怎样的相互关系。下一个相关因素就是我们所用的是什么气体。以后我们可以用其他气体进行实验，但首先我们只用纯氢来做实验以便保持这个因素不变。我们将氢气置于圆柱体容器之内（见图 4—1），容器带有可放砝码的活动活塞。我们能比较容易地测量气体的体积；我们能通过改变活塞上的砝码来改变压力；温度是被控制的，用其他方法量度。

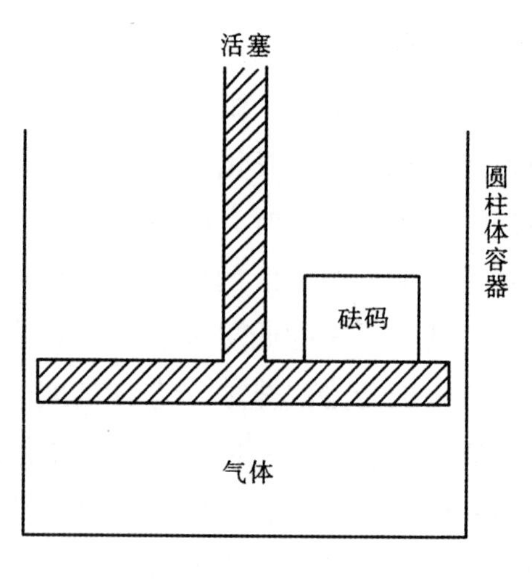

图 4—1

在我们进行实验来确定三因素（温度、体积与压力）有怎样的相互关系时，我们需要做某些预备性实验来确定不存在其他相关因素。我们怀疑其为有关系的某些因素因此被证明其为无关系的。例如，气体容器的形状是不是相关因素？我们知道，在某些实验中（例如，电荷的分布及其表面电位），客体所具有的形状是重要的。在这里不难确定，容器的形状是无关的，只有容积才是重要的。我们可以凭着我们的自然知识来排除某些其他因素。一个占星术家走进实验室并问："你是否检查了今日各行星都在哪里？它们的位置会对你们的实验发生某种影响。"我们认为，这是一种无关的因素，因为我们相信对于有某种影响来说，那些行星太遥远了。

我们的行星无关假定是正确的，但如果认为，由于我们简单地相信它们无影响，我们就会自动地排除各种因素，那就是错误的。除了已经做过实验的检验之外，没有任何途径真正地确信这一点。想象一下，如果你生活于发明无线电之前，有人将一只大箱子放置在你的桌子上并告诉你说，如果有什么人在1000英里以外的某一地方唱歌，你将会听到这箱子里的装置以同样的声音同样的节奏准确地唱着同样的歌曲。你会相信吗？你可能会这样回答："不可能！没有任何电线连到这只箱子里。从我的经验中知道，1000英里以外发生的事件对于这个房子里发生的事情是不会有任何影响的。"

这完全是与我们判定行星位置对我们用氢气的实验没有影响的理由同样的理由啊！显然，我们必须十分小心谨慎，有时存在着我们所不知道的影响直至这些影响被揭露为止。由于这个理由，我们实验的最先的一步——确定相关因素——有时是很困难的一步，而且这是在研究报告中通常没有明确提及的一步。一个科学家只描述他所用的实验装置，他所完成的实验，以及他所揭示的某些数量之间的相互关系是什么，他没有补充说："另外，我发现这样那样的因素对于结果没有影响。"在大多数的场合，当对在其中进行研究的领域充分熟悉时，科学工作者将会认为其他因素无关是理所当然的。他可能是很正确的，但在新的研究领域，人们必须极为小心。

当然，没有人会认为一个实验室的实验会受到我们是否从 10 英寸或 10 英尺的距离上注视这个装置的影响，或者受到当我们注视这个实验时我们是处于和蔼的还是处于愤怒的心情的影响。这些因素也许是无关的，但我们不能绝对确信这一点。如果有人猜想这是有关的因素，则必须做一个实验来排除它。

的确，实践的考虑阻止我们检验所有可能有关的因素。有千万种遥远的可能性可以被检验，而我们简直没有时间去全部检查它们。我们必须按照通常的意义来进行工作并且只有当某种未预料到的事情发生时才修正我们的假定，这些未料到的事情迫使我们考虑我们先前所忽略的有关因素。实验室外边的树上的叶子的颜色是否影响我们用于某一实验的光的波长？一种仪器的功能是否依赖于它的法律上的所有者在纽约还是在芝加哥或者依赖于他对这个实验感觉如何？我们明显地没有时间去试验这些因素。我们假定仪器所有者的思想态度对实验不发生物理影响，但某些部落的成员就不是这样看了，他们相信只有当仪器所有者需要做这个实验的时候上帝才会帮助这个实验，而如果冒充的仪器所有者需要做这个实验，上帝是不会帮助这个实验的，因而文化的信念有时影响着哪些东西被认为是有关的。在大多数的场合下，一个科学工作者考虑这个问题，做出有关哪些因素值得考虑的常识性猜想，也许还要做几个预备实验来排除他所怀疑的那些因素。

假定我们已经决定与我们用氢气做的实验相关的因素为温度、压力与体积，在我们的容器中，气体的性质及其总量是不变的，因为我们将它保持在一封闭容器中。因此，我们可以自由地检验这三个因素之间的关系。如果我们保持温度不变，而压力增加，我们发现体积的变化与压力成反比，这就是说，如果我们将压力加倍，则体积减半；如果我们将压力加大 3 倍，则体积减至 1/3。这就是 17 世纪由爱尔兰物理学家罗伯特 · 波义耳完成的著名的实验；他所发现的规律，被称为波义耳定律，表述为：若有限气体的温度保持不变，则体积与压力的乘积为一常数。

我们再保持压力不变（置同样的砝码于活塞之上）而改变温度，于是我们发现当气体被加热时体积增加，而当其冷却时体积减少；通过测量体积和温度，我们发现体积与温度成正比（这有时称为查理士定律，因法国科学家雅克·查理士而得名）。我们必须细心地既不用华氏温标也不用摄氏温标，而用其零度为“绝对零度”或 −273 摄氏度的一种温标。这就是“绝对温标”或由 19 世纪英国物理学家开尔文勋爵引进的“开氏温标”。现在走向实验地证实概括所有三个因素的一般规律是比较容易的一步，事实上，我们已经获得的这两个规律暗示着这样一个一般规律，不过这个一般规律比起这两个规律合在一起有更多的经验内容。这个一般规律表述为：如果有限的气体的数量保持为常数，则压力与体积的乘积等于温度与 R 的乘积（$P \cdot V = T \cdot R$）。在这个方程式中，R 是一个随所研究的气体的数量而变的一个常数。这个一般规律给出了所有这三个量值之间的相互关系，并因而在做出预言这方面比其他两个规律的组合更为有效，如果我们知道三变量中的任意两个值，我们能够很容易地预见第三个值。

这个简单的实验实例表明，为了研究存在于某些因素之间的依赖性，保持其他因素不变是可能的，它同样表明——而这是非常重要的——定量概念成果累累。这些实验确定的规律以这些包含于其中的变量量值能量度为前提，如果不是这样，则这些规律必须用定性的方法来描述；这样的规律会是比较弱一些，在预言方面的用处少一些。对于压力、体积和温度，如果没有给出数量的标度，我们至多也只能说，关于其中一个量值，是保持不变的，或者它增加了或减少了。例如，我们会这样表述波义耳定律：如果一有限的气体之温度保持不变，而压力增加，则体积减少；当压力减少时，体积增加。这当然是一个规律，它甚至以某种方式类似于波义耳定律，但它多少地弱于波义耳定律，因为它没有使我们具有预言特定数值的能力，我们只能预言一个量值将会增加、减少或保持不变。

如果我们考察一下这个用方程 $P \cdot V = T \cdot R$ 来表达的一般规

律，气体定律的定性描述的缺点就变得更明显了。让我们将这方程写成下列的形式：

$$V = \frac{T}{P} \cdot R$$

如果做定性的解释，从这个一般方程，我们能够推导出波义耳定律和查理士定律的弱的描述。假定所有三个量值——压力、体积、温度——都允许同时改变，只有气体量（R）保持不变。我们通过实验发现温度与压力都增加，关于体积我们能够说些什么？在这种情况下，我们甚至不能说它是增加或减少，还是保持不变。为了确定这一点，我们必须知道温度与压力增加的比率。如果温度增长率高于压力增长率，则从公式可导出体积增加；但如果我们不给压力与温度以数值，在这种情况下，我们全然不能预言任何有关体积的事情。

由此可见，如果科学规律只限制于定性规律的话，在预言的道路上我们能够完成的事情是多么少，我们对现象的解释又是多么粗糙啊。定量的规律是极为优越的，当然，为了理解这种规律，我们必须有定量的概念。这就是我们将在第五章做详细揭示的课题。

第二篇　测量与定量语言

第五章

科学中的三种概念

科学的概念，如同日常生活的概念一样，可以方便地划分为三大类：分类的概念、比较的概念和定量的概念。

我用“分类的概念”来简单地表示将一客体放入一定的类中这样的概念。所有的植物学的和动物学的分类学上的概念——不同的种、科、属等——都是分类的概念。它给予我们关于一客体的信息量异常广泛。例如，如果我说某一客体是蓝色的，或者是暖的，或者是立方体的，我是在做出关于客体的相对弱的陈述。将客体放入比较狭隘的类中，关于它的信息便增长了，尽管这增长仍是比较有限的。一个客体是一个生物体的陈述，比起一个客体是暖热的陈述告诉我们关于这客体的更多一些的东西。“它是一个动物”就说了更多一点的东西。“它是一个脊椎动物”，就说得更多了。随着类继续走向狭窄——哺乳动物，狗，长卷毛狗，等等——我们得到不断增加的信息量，尽管这信息量相对来说仍然是少的。分类概念对于我们来说是最为熟悉的。小孩学到的最初的一些词——“狗”“猫”“屋”“树”等——都是这一类概念。

在传达信息方面比较有效的是“比较概念”。它起着在分类概念和定量概念之间的媒介物的作用。我想，对这种概念给以注意是合适的，因为甚至在科学家中间，这种概念的价值和力量是常常被忽略的。科学家常常说：“定量的概念，可用一定标度加以测量的概念，引进我们的领域当然会是很称心如意的；不幸，现在还不能这样做。这个领域只处于它的幼年时期。我们还没有发展出一套测量的技术，因而我们只能限于使用非定量的定性的语言。也许在将来，当这个领域比较发展起来的时候，我们将能够提出一种定量的语言。”在做这样的陈述时，这个科学家也许是非常正确的；但是，如果他得出这样的结论，认为由于他必须用定性的词语来讲话，所以他必须将他的语言限于分类概念，那就是不对的了。常常有这样的情况，在定量概念能引入科学领域之前，是引进比较概念，它对于描述、预言和解释来说，比之粗糙的分类概念，是更为有效的工具。

分类的概念如“暖”或“冷”，仅仅将客体置于一个类中，而比较的概念，如“比较暖”或“比较冷”，借助于多于或少于的词，告诉我们一个客体与另一个客体有怎样的关系。在科学提出可测量的温度概念之前很久，就可以说“这个客体比那个客体暖热些”。这类比较概念是极为有用的。例如，假定有 35 人申请一个要求有某种技能的工作，而公司有一个心理学家，他的任务是确定这些申请者们合格的程度怎样。的确，分类的判断比之全然没有判断好一些，他能够决定，有 5 个申请者有好的想象力，而 10 个申请者想象力低，其余的人想象力不高不低。用类似的方法，他可以按照他们的操作技巧、数学能力、感情上的稳定性等对这 35 人做粗略的分类。当然，在某种意义上说，这些概念可以作为较弱的比较概念来使用；我们可以说，有“好想象力”的人在这种能力上高于“想象力贫乏”的人。但如果这个心理学家能提出一种比较的方法，置所有 35 人于每种能力的等级序列中，则我们关于他们比起当我们只对他们分为强、弱、中间三类时知道得详细得多了。

我们永远不要低估比较概念的用处，特别在那些科学方法和定量概念还没有提出来的领域更是如此。心理学越来越多地运用定量概念，但仍然存在着很大的心理学领域，在那里只可以用比较的概念。人类学几乎没有定量的概念。它更多地与分类概念打交道并且需要经验标准，运用它来提出有用的比较概念。在这样的领域，提出这样的概念是重要的，它比起分类概念强有力得多，即使它仍不能做出定量的测量。

我十分高兴地向你们推荐卡尔·G. 亨普尔和保罗·奥本海姆的专著 *Der Typusbegriff im Lichte der neuen Logik*。它出版于 1936 年，其题义是“从现代逻辑观点看的类型概念”。作者特别谈及心理学和有关领域，在那里正如作者所强调的，类型的概念是贫乏的。当心理学家花费他们的时间，比如说，将个人分为外倾性格的人、内倾性格的人、居于外倾和内倾之间的中间类型以及其他类型时，他们并没有做出了他们所能做的最好的东西。我们到处都发现引进能导出数值的经验标准的各种努力，如威廉·谢尔登的人体类型学中所干的那样，不过亨普尔和奥本海姆写他们的专著时，这类事物是非常少的。几乎所有讨论性格、素质以及气质的心理学家，都有他们自己的类型系统。亨普尔和奥本海姆指出，所有这些不同的类型概念都与分类概念差不多。他们强调这样的事实，虽然引进测量和定量概念将会是不成熟的，但如果心理学家制定可行的比较概念，这将会向前跨进一大步。

常遇到这样的情况，一种比较概念以后变成为定量概念的基础。一个经典的实例乃是“较暖的”概念，它终于发展为“温度”概念。在我们详述给数量概念制定经验标准的方法之前，看一看对于比较概念建立什么样的标准会是有用的。

作为例证，我们考察一下在可能给出数值以前的重量概念。这时我们只有较重、较轻和等重这些比较概念。什么是我们所需要的经验程序，借助于它我们能取任意两个客体并确定怎样用这三个概念来比较它们呢？我们需要的只是一个平衡天秤和下列两条规则：

（1）如果两客体在天平上彼此平衡，则它们等重。

（2）如果这些客体不平衡，则沉下的秤盘中的客体重于上升的秤盘中的客体。

严格说来，我们仍然不能说一个客体“大大地重于”另一个客体，因为我们仍然没有弄明白重的定量概念；不过在实际的实验上，尽管仍没有获得给这概念定出数值的方法，这样的语言还是可用的。例如。刚才我们讲到一个人比另一个人有“较大的想象力”，尽管不能给想象力以数值。

在平衡天秤的例解中，以及在所有其他为建立比较概念的经验程序中，在这些程序的纯粹约定的方面和这些程序的因依赖于自然事实和逻辑规律而造成的非约定的方面之间做出区别是重要的。为了看出这个区别，让我们比较形式地陈述这两个规则，运用这两个规则，我们定义等重、重于和轻于等比较概念。对于相等，我们需要一种规则，以便定义对应于相等的可观察的关系，我们称之为“E”；对于其他两个概念，我们需要一种规则来定义我们称之为“少于”的关系，符号化为“L”。

E 关系和 L 关系用经验程序来定义。我们将两个物体置于平衡天秤的两个秤盘上。如果我们观察到天秤保持平衡，我们说对于重量的性质，关系 E 在两物体之间成立。如果我们观察到一个秤盘上升另一个秤盘下降，则我们说，对于重量的性质，关系 L，在两物体之间成立。

看来我们好像采取了一种完全约定的程序来定义 E 与 L，但情况并不是这样。除非我们选择的两种关系满足一定的条件，否则它们不能作为 E 与 L 充分起作用。因此，它们不是任意选择的关系。我们的两种关系被运用于所有具有重量的物体。这一组客体的集合是我们的比较概念的“定义域”。如果关系 E 与 L 对这个定义域成立，则将所有定义域里的客体，排列成一种有层次的结构，有时被称为“准连续排列”，必定是可能的。这可用关系逻辑的某些术语来做出很好的解释。例如，关系 E 必定是“对称的”（若它在任意两物体 a 与 b 之间成立，则它也在 b 与 a 之间成立）。它也必定是“可迁的”（若它在 a 与 b 之间以及 b 与 c 之间成立，那它必定在 a 与 c 之间也成立）。我们可用点来表示物体、双箭头表示相等关系来将此图示出来。

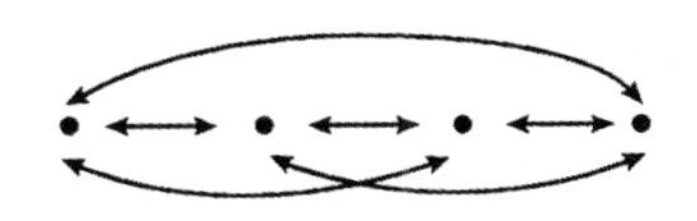

清楚的是，若我们为 E 选择一种非对称的关系，就不会满足我们的目的。我们必定会说一物体准确地具有与另一物体相同的重量而另一物体则不具有与前一物体相同的重量。的确，这不是我们想用“相同重量”一词的用法。天秤的平衡是一对称关系。如果两物体平衡，在我们调换它们在秤盘中的位置之后，它们继续保持平衡。所以 E 必定是对称关系。类似的，我们发现，若 a 与 b 在秤盘中平衡，而 b 平衡于 c，则 a 会平衡于 c；因而关系 E 也是可迁的。若 E 既是对称的也是可迁的，则它必定也是“自反的”；这就是，任何客体在重量上自身相等。在关系逻辑中，一种既是对称又是可迁的关系叫作“等价”关系。我们选择关系 E 明显不是任意的。我们选择天秤的平衡为 E，因为我们观察到这种关系是等价关系。

关系 L 不是对称的，它是非对称的。若 a 轻于 b，则 b 不轻于 a。L 是可迁的：若 a 轻于 b，而 b 轻于 c，则 a 轻于 c。这个 L 的可迁性，像关系 E 的性质一样，对于我们是如此熟悉，以至于我们忘记了我们必须做出经验的检验来确信它适用于重量概念。我们置 a 与 b 于天秤两秤盘上，而 a 下降。我们置 b 与 c 于秤盘上，而 b 下降。若我们置 a 与 c 于这两个秤盘上，我们期望 a 下降。在一个不同的世界上，那里我们的自然定律不成立，a 会向上升；如果是这样，则我们已检验的关系不能称为可迁的因而也不能作 L 起作用。

我们可以用从一点到另一点的单向箭头来图示关系 L，那可迁的与非对称的关系是：

如果关系 E 与 L 对定义域中所有个体成立，则排列所有客体于如图 5—1 所示的准连续序列中必定是可能的。在最低层级中，即在层次 A 中，我们有等重的但轻于所有不在这层次中的客体的客体。可能只有一个这样的客体，也可能有千千万万个。图 5—1 表示出 4 个。

在层次 B 中，我们有另一个等重客体集，它们彼此的关系是 E，它们全部重于 A 层次中的客体，而轻于所有不在 A 或 B 中的客体。这些层次继续向上，直至我们最终到达那最重客体的层次。除非经验检验表明定义域的客体能处于这种准连续的排列中，否则关系 E 与 L 对于分别定义等重和不重于的比较概念来说是不合适的关系。

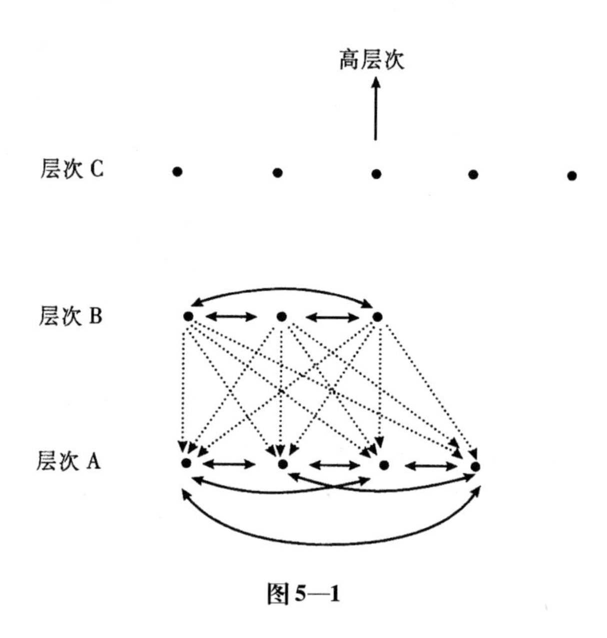

图 5—1

在亨普尔的专著《经验科学中概念形成的基本原理》[①] 一书第十节和第十一节中，你们会找到关于这个问题的极为详细的讨论。他说，E 与 L 必须满足下列四个条件：

1. E 必须是一个等价关系。

2. E 与 L 必须互相排斥。没有任何两个物体可以是等重的同时又是具有一个轻于另一个的关系的。

3. L 必须是可迁的。

4. 对于任意两客体 a 与 b，下列三种情况之一必须成立

① 见《统一科学的国际百科全书》，芝加哥，芝加哥大学版，1952。

（实际上，说至少有一个成立就足够了，它可从其他有一个成立的条件中推导出）。

(a) E在两客体之间成立。

(b) L在 a 与 b 之间成立。

(c) L在 b 与 a 之间成立。

换句话说，任何两个具有重量的客体 a 与 b 或者重量相等，或者 a 轻于 b，或者 b 轻于 a。

如果两种关系E与L满足这四个要求，我们就可以说，它们组成一个准连续序列，它可以以图5—1所表示的有层次的方式图示出来。借助于等价关系E，我们能将所有客体划分为等价类；然后，借助于关系L，我们能部署这些类于一连续的序列中并以这种方法提出有序层次的整个图式。这里我要强调的一点是，完全撇开它是否适用于自然界的事实这个问题不谈，比较概念由关系逻辑结构界定。

分类概念的情况就不是这样。在定义一个类的概念时，我们可以指明我们所喜欢的任何条件。当然，如果我们包括了逻辑矛盾的条件，例如，我们说重三磅同时又少于一磅的物体，则我们是在定义一个在任何可能世界中都没有元素的类。除此之外，我们可以以我们想要的任何连贯一致的方式来定义一个类，不管这个类在我们的世界里是否具有元素。这种类的实例是独角兽的概念。我们把它当作一种身体似马的但额上有直角的动物来定义。在给予“独角兽”一词以意义这个意义上说，这是一个完全好的定义。它定义了一个类。它对于动物学家来说并不是一个有用的类，因为在经验的意义上说，它是空的——它无元素——但这不是逻辑学家解决的问题。

至于谈到比较概念，情况便完全不同了。不像类的概念，它包含了一个逻辑关系的复杂结构；如果我们引进它，我们不能自由去拒绝或修改这个结构。亨普尔所说的四个要求必须被满足。因此，我们看到，存在着两条道路，在那里科学的比较概念都不是完全约定的：它们必须适用于自然的事实，以及它们必须符合关系逻辑结构。

现在我们转到“定量概念”。每一个定量的概念都有一对相对应的比较概念，在某一科学领域的发展中它通常作为走向定量的第一步而起作用。在我们已引用的实例中，轻于或等重的比较概念容易引导到能测量和能用数字表示的重量概念。我们将讨论定量概念的性质，为什么它们如此有用，在哪些领域它们可以被应用，以及是否存在着一些领域，在那里它们不能被应用。这后一点在科学方法论中是极为重要的，并且由于这个理由，我们将极详细地讨论它。但在着手处理这个问题之前，我将做出初步的一般论述，它使我们讨论的课题更清楚一些。现在我就来讲这个问题。

首先，我们必须强调，定量和定性之间的区别并不是性质上的区别，而是在我们的概念系统中的区别。我们可以说，如果我们用语言来表示概念系统的话，这种区别是在我们语言中的区别。我这里用的“语言”一词，是逻辑学家所用的，并不是在这种意义上使用的：英语是一种语言而中文是另一种语言。我们有物理学的语言、人类学的语言、集合论的语言等。在这个意义上说，一种语言由词汇规则、造句规则、从这些句子做逻辑演绎的规则以及其他规则组成。出现在科学语言中的概念种类是极为重要的。我要搞清楚的就是定性与定量的区别是语言之间的一种区别。

定性语言限于谓词（例如“草是绿的”）；而定量语言引进所谓函子符号，即有数值的函数符号。这是重要的，因为认为自然界有两种特征：质的和量的，这种观点流传很广，特别是在哲学家中间更是如此。有些哲学家坚持说，由于现代科学的注意力越来越限制于量的特征，所以现代科学忽视自然界的质的方面，从而给出了一幅完全被歪曲了的世界图景。这个观点是完全错误的，如果我们引进性质地位的区别，则我们可以看出这个观点是错误的。当我们注视自然界，我们不能问：“这里我所看到的现象是定性的现象还是定量的呢?”这不是一个正确的问题。如果什么人用一定的词语来描述这些现象，定义这些词语，并向我们给出它们的运用规则，则我们可以问:“这些词是定量的语言还是准定量的语言，定性的语言?”

另一个重要观点是，在引进定量概念时约定起了非常大的作用。我们绝不应小看这种作用。另一方面，我们必须小心谨慎，不要过分估计这种约定的方面。人们并不常常这样做，不过有少数哲学家已经这样做。在德国，雨果·丁格尔是一个例子。他采取了一种我认为是错误的、完全约定主义的观点。他说，所有的概念，甚至科学的规律都是约定的事情。依我的观点，这走得太远了。彭加莱在这个极端激进的意义上也曾被人指责为约定主义，但我想，这是没有正确理解他的著作。他的确常常强调约定在科学中起的重要作用，但他同样很好地觉察到起作用的经验因素。他知道，在创立科学系统时，我们并不总是自由地做出任意选择;随着我们发现自然界的事实，我们必须使我们的系统适应于自然界的事实。自然界提供了处于我们不能控制的状态的因素。彭加莱只在这个意义上可以被称为约定主义者，就是他是一个比起先前的哲学家更强调约定的伟大作用的哲学家。他并不是极端的约定主义者。

在我们着手研究测量在发展定量概念中的作用之前，我们必须提及，有一个比较简单而又比较基本的定量方法——计数法。如果我们不首先有计数的能力，我们将不能测量。计数除了包括非负整数外，不包含什么别的东西。我之所以说“非负整数”而不说“正整数”，因为如果我们取广泛充分的意义上的计数，则零也是计数的结果。给出一个有限的类——比如说这房间的所有椅子的类——计数是我们借以决定类的基数的方法。我们数这些椅子——1、2、3 等——直至数完，数到 20。假定我们要数一数在一房间中钢琴的数目，我们四周环视，没看到钢琴，于是我们说其基数为零。这可以看成是计数的退化情况。在某些情况下，零是一个整数并可以作为基数运用于一个类中。在这种情况下，我们通常称它为空类。

同样的计数程序给予我们有限的连续事件的基数。我们数出在暴风雨中我们所听见的雷声的次数或时钟敲打的次数。似乎这类计数在历史上早于同时事物类（如房间中的椅子）的计数。事实上，儿童最先学计数也是这个途径。他在房间中走着，当他说出数目字时，他正在触及每一张个别的椅子。他计数的是什么呢？实际上是触及的事件的系列。如果你要一个小孩去数一数远距离的一组树木，他会觉得很难办到，因为对他来说，他难逐一触及这些树，指点这些树木，做出这种触及程序的一种形式。但是，如果他在计算指点着的事件中很小心，确信他指点着每棵树一次并只有一次，则我们说，在树的数目和指点事件的数目之间存在着一个同构。如果这些事件的数目是 8，则我们将同样的基数归给远距离树木类的基数。

一个比较大的小孩或成年人可以不用指点就能数清这些树木。但是，除非它是小的数目，例如 3 或 4，那可以一瞥便辨认出来，他集中他的注意于第一棵树，然后另一棵树，等等。这个程序仍然是数连续事件的程序。用这种方法获得的基数实际上是类的基数，这一点可以做出形式证明，不过这里我们不做详细讨论。这个观点是这样：在计算一个客体类时，我们实际上是数了某种其他的东西——事件的一个系列。我们因而在一种同构（事件与客体之间的一一对应）的基础上进行推理并得出结论，事件的基数就是类的基数。

一个逻辑学家常常去寻找有关这样简单事物的如此复杂的情况！甚至计数，这个所有定量方法中的最简单者，在分析之下也转变成并非如它初次表现出来那样简单的东西。但是一旦我们能够计数，我们就能运用规则于测量工作中，如同在第六章中解释的那样。

第六章

定量概念的测量

如果自然事实用定量的概念——带数值的概念——来加以描述，则我们必须有找到这些数值的步骤。这些步骤的最简单者，就如同我们在上一章看到的，乃是计数。在这一章中，我们将考查一下比较精确的测量过程。计数只提供我们用整数表述的值，而测量超出整数，它所提供的不仅是能用有理数（整数与分数）表示的值，而且是能用无理数表示的值。这使它有可能运用强有力的数学工具，如计算机。结果是，科学方法论在效率上极大增长。

我们必须搞明确的第一个重要观点乃是，为了给出诸如“长度”“温度”等词语的意思，我们必须有一套测量过程的规则。这些规则不是别的，不过是告诉我们怎样为一定的物体或过程指定某种数目，以至于我们可以说，这些数目表示了这物体的量值。我们举出温度概念，连同五大规则图式作为关于这个过程怎样做的实例。这些规则阐明测量温度所依据的程序。

这些图式的头两条规则与我们在上一章中讨论的定义比较概念的两个规则是同样的。而现在我们把它看作定义定量概念的规则，这个定量的概念我们称作数量 M。

关于数量 M 的规则 1 说明经验关系 E。这规则说明，如果在客体 a 与 b 之间有关系 E_M 成立，则这两客体的数量 M 的值相等。其符号形式为：

$$若\ E_M(a, b),\ 则\ M(a) = M(b)$$

规则2说明经验关系L_M。这个规则说，若在a与b之间有关系L_M成立，则对于a的数量M之值小于对于b的数量M之值。其符号形式为：

$$若\ L_M(a, b),\ 则\ M(a) < M(b)$$

在讨论我们的图式的其他三个规则之前，我们来看看这两个规则是怎样首次运用于前科学的温度比较概念，然后用定量程序来加以处理。设想我们生活于发明温度计之前，我们怎样决定两物体等温或一物体热于另一物体？我们用手触摸每一个物体。如果其中一个不热于另一个并且反之亦然（关系E），我们说它们是等温的。如果感到a不及b热（关系L），我们说a不热于b。但这是主观的方法，非常不精确，关于这个问题在不同观察者之间很难取得一致。某人可能觉得a热于b；另一个人可能触及同样两个物体而认为相反情况为真。热感觉的回忆是如此含糊，使一个人不能决定一个物体摸上去的感觉是否比三小时前摸上去的感觉热一些。由于这些理由，建立“等温”（E）关系与“不热于”（L）关系的主观方法对于一般规律的经验研究来说是很少有用的。我们所需要的是确定温度的客观方法——这是一种比热感觉精确的而且不同的人们通常都会取得一致的方法。

温度计提供的正是这样的一种方法。假定我们想要测定在某一容器中水的温度的变化，我们置一水银温度计于水中。当水被加热，水银膨胀并在水银管中升起；当水冷却，水银收缩并且下降。如果管子上刻有记号以指示水银的高度，则水银柱高于还是低于某个记号这件事是很容易看出来的，以至于两个观察者不大可能对此有分歧。如果我今天观察到水银柱在记号之上，则我记起昨天它低于这个记号无论如何是不困难的。我可以以极大的信心宣称，温度计指示出今天温度高于昨天。容易看出，对于数量 T（温度）有怎样的关系 E_T 与 L_T，能被这种仪器定义出来。我们只是将温度计与物体 a 接触，直至这种检验液体的高度不再发生什么变化，然后刻记液体的高度。我们以同样的方式将温度计运用于物体 b。关系 E 用这种液体升到同样的高度来定义。a 与 b 之间的关系 L 是这样建立的：当温度计运用于 a 时，比它运用于 b 时，其液体处于一个较低点。

头两条旨在定义温度 T 的规则可以符号地表述如下：

规则 1：若 E_T（a，b），则 T（a）$=T$（b）

规则 2：若 L_T（a，b），则 T（a）$<T$（b）

必须注意，为了确立这两种关系 E 与 L，在水银管上刻有数值的刻度是不必要的。然而，如果我们要运用温度计来指明温度 T 的数值，明显地，我们所需要的就不止这两个规则。

我们的图式剩下的三个规则提供了必需的附加条件。规则 3 告诉我们什么时候给我们要量度的数量指定一个选择好的数值，这个数值通常是零值。这是通过指明一容易识别的、有时容易重现的状态，并告诉我们给处于这种状态的客体指定选择好的数值来达到这一点。例如，在摄氏温标中，当处于结冰状态时，规则 3 为水指定零值。以后，我们将补充有关的条件限制，在这些条件下，这规则成为充分的。现在我们把它当作已经成立而接受下来。

规则 4，常称为单位规则，它通过指明另一个容易辨认、容易重现的客体状态，给某一客体指定第二个选择好的量值。这第二个值通常是 1，但它还可以是任一个与规则 3 指定的数目不相同的数。在摄氏温标中它是 100。这个 100 派给了处于沸腾状态的水。一旦第二个值已经指定，我们就有了为温度规定单位的基础。我们将温度计放入结冰的水中，刻记下水银的高度，标记为零。然后置温度计于沸水中，标刻水银高度，记为 100。我们仍然没有一种刻度，但我们已经有了谈论单位的基础。如果水银从 0 标志升到 100 标志，我们便可以说温度升高 100 度。如果我们将较高的标志不记作

100 而记作 10，则我们会说温度上升了 10 度。

最后一步是规定刻度的精确形式。这是由规则 5 来做的。规则 5 是五个规则中最重要的一个规则，这规则指明经验条件 ED_M，在这规则下我们将会说数量（M）的值中的两个差相等。注意我们所讲的不是两个值，而是两个两值之间的差。我们需要指明这样的经验条件，在这些条件之下我们将会说这数量对于 a 以及对于 b 的任意两值之间的差等于另外两个值（比如说对于 c 和对于 d 的两个值）之间的差。这第五个规则有如下的符号形式：

若 $ED_M(a, b, c, d)$，则 $M(a) - M(b) = M(c) - M(d)$

这个规则告诉我们，如果由符号公式中“ED_M”表达的某些经验条件获得了四个量值。则我们可以说头两值之间的差等于其余两值之间的差。

在温度的情况下，经验条件涉及利用于温度计的试验物质的体积，在我们的实例中是水银的体积。我们必须这样来制造温度计，使任意的水银两体积 a 与 b 之间的差等于其他两体积 c 与 d 之间的差，刻度将会给出温度的等差。

如果温度计有一摄氏温标，则满足规则 5 的条件的程序是简单的。水银被限制于极细的管子一端的球状体里。管子的纤细并非必要的，但它有极大的实用价值，因为它使观察水银体积的极微小的变化变得容易了。玻璃管子必须小心制造使它的内直径是均匀的，其结果，在水银体积上的同样的增长可以作为沿管子的标志之间的相等差来进行观察。如果我们记当温度计接触 a 物体和 b 物体时标志之间的距离为“$d(a, b)$”，则规则 5 可以符号地表达如下：

若 $d(a, b) = d(c, d)$，则 $T(a) - T(b) = T(c) - T(d)$

现在我们应用规则 3 和规则 4。温度计被置于结冰的水中，并且以“0”来标记管中水银的高度，再将温度计置于沸水中，并以“100”来标记其水银高度。根据规则 5，管子现在在 0 和 100 标记之间被刻记 100 个等空间间隔。这些间隔可以继续刻记在 0 以下直至达到水银冻结的那一点。这种刻记也可在 100 之上继续进行直至水银沸腾与蒸发的那一点。如果两个物理学家以这种方式制造他们的温度计并同意由五个规则指定的所有程序，则当他们测量同一物体的温度时，将会达到一致的结果。我们将这种一致表述为两个物理学家运用了同样的温标。这五个原则为应用刻度的数量规定唯一的刻度。

物理学家们怎样决定精确的刻度标志以用于数量测量？他们的决定部分是约定的，特别是包括选择规则 3、规则 4 中的点的决定。长度单位，米，现在被定义为在真空中氪原子发出的某种射线的波长的 1656763. 83 倍。质量或重量单位，千克，以保存于巴黎的千克原器物体为基准。至于讲到用摄氏温标测量的温度，为了方便，给冰冻的水和沸腾的水定为 0 与 100。在华氏温标以及所谓绝对温标即开尔文温标中，选择了其他的物质状态为 0 点和 100 度。然而，所有这三种刻度本质上都是依据同样的规则 5 的程序，因而可以看作本质上相同的刻度形式。测量华氏温度的温度计和测量摄氏温度的温度计恰好以同样的方法构造；只不过是分度的方法不同。由于这个理由，由一温标的值换算为另一温标的值是件简单的事情。

如果两个物理学家对于他们的第五规则采取了完全不同的程序，比如说，某个物理学家将温度与水银体积的膨胀相关联，而另一个物理学家将温度与铁棒的膨胀相关联或者与通过某种装置的电流热效应相关联，则他们的温标在形式上将会是很不相同的。的确，两个温标可以在规则 3 与规则 4 所涉及的范围尽可能一致。如果每个物理学家都选择冰冻的水和沸水的温度作为决定他们的单位的两点，则当他们测量冰水和沸水的温度时肯定是一致的。但当他们将他们各自的温度计运用于一盘温水时，他们很可能得到不同的结果，并且不可能有一种简单的方法将一温标换算为另一温标。

建立在两种不同标度形式上的规律将不会有同样的形式，一种标度可以导致能用非常简单的方程式来表述规律，而另一种标度可能导致要求非常复杂的方程式来表述规律。正是这后一点使得第五规则程序的选择比起规则 3 和规则 4 那种较为任意的特征来显得特别重要。一个科学家选择这样的程序，其目的就是为了尽可能简化物理学上的基本规律。

在温度的情况下，正是绝对温标即开尔文温标导致热力学规律的最大限度的简单化。摄氏或华氏温标可以被看成是绝对温标的变种，不同的只是分度，并且容易转换成绝对温标。早期的温度计用酒精与水银之类的液体做试验物质，这些液体像常压下的气体一样，温度的变化会改变它们的体积。后来发现，无论用什么物质，可以建立粗略的等刻度形式，但当制造出比较精密的仪器时，这些等刻度之间的细小区别就会被观察出来。我的意思不仅是说当加热时，物质以不同的速率膨胀，而且是说刻度形式自身依其是用水银做试验物质还是用氢气做试验物质而有某种不同。最后，科学家选择绝对温标作为导致最简单的规律的温标。令人惊奇的事实是，这种绝对温标形式不是由特殊的试验物质的性质来说明。氢气以及任意其他一种气体的温标比起水银温标要更接近于绝对温标，但绝对温标又不完全与任何一种气体温标相同。有时人们谈论依据“理想气体”的温标，但这仅仅是说说而已。

当然，在实际应用上，科学家继续使用含水银或具有极为接近绝对温标的温标的其他试验液体的温度计。然后他们依一定的修正公式，将依据这些温标得到的温度变换为绝对温标的温度。绝对温标允许热力学规律以尽可能简单的方法来描述，因为它的值表达了能量的数值而不是不同物质的体积变化。如果运用其他的温标，包含温度的规律将会是比较复杂的。

直至我们已经表述了测量某些数量的规则为止，我们都不能真正说我们知道了用某种定量的数量来表示什么意思。明白这一点是重要的。人们可能认为科学首先提出定量的概念，然后寻找测量它的方法。但定量概念的提出实际上来自测量过程。直至温度计发明之前，对于温度的概念，不能给出一个准确的意思。爱因斯坦在导致相对论出现的讨论中强调了这一点。他主要是讨论时间与空间的测量。他强调指出，如果不指明用以测量这些概念的仪器手段与规则，我们不能精确地弄明白，用“等时”“（在空间上的）等距”“在不同地点发生的两事件的同时性”以及诸如此类的概念来表示什么意思。

在第五章中，我们看到，为规则 1 与规则 2 而采用的程序有约定的和非约定的两个方面。类似的情况对于规则 3、规则 4 和规则 5 也成立。为这些规则决定程序，有一定的选择范围；在这范围内，这些规则是约定的事情。但它们又不完全是约定的。为了决定哪一种约定能与自然事实不相冲突地做出，事实的知识是必要的，并且为了避免逻辑的不一致，又必须接受不同的逻辑结构。

例如，我们决定水的冰点为我们温标的零点，那是因为我们知道，无论何时我们将温度计的球部放入冰水中，温度计的水银体积将永远是一样的。如果我们发现，当我们用来自法国的冰水，温度计升到一个高度；而当我们用丹麦的冰水，温度计升至一个不同的高度；或者，随着我们使其冰冻的水的数量不同，而温度计的高度有异，则对于运用这三个规则，冰水不是一个合适的选择。

类似的经验要素明显地进入标记 100 的沸水选择中。所有的沸水的温度都是同样的，这是一个自然事实，而不是约定的事情。（我们假定我们已经建立了规则 1 与规则 2，因而我们有方法来测量温度的相等性。）但这里我们必须引进限制条件。沸水的温度在同一地方是同样的，但在高山上，那里大气压力减小，它在比山脚下的沸腾温度较低的温度下沸腾。为了运用水的沸点来满足规则 4 的要求，我们必须在一定的高度上运用沸水，或者当它不在这个高度时提供一个修正的因子。严格地说，甚至在指定的高度上，我们必须借助气压计确信，我们有某种指定的大气压力，或者这里也必须提供一个修正因子。这些修正都依赖于经验事实。它们不是约定地、任意地引进的因素。

为运用决定我们的标度形式的规则 5 规定经验的标准，我们寻找将会给出最简单的、可能的、规律的形式。这里再次有一个非约定的方面进入规则的选择中，因为自然的事实决定我们寻找简化的规律。最后，作为我们标度的值的数字的运用，蕴涵着一个非约定的逻辑关系的结构，因为我们不能做到抛弃它们而不陷入逻辑矛盾的混乱之中。

第七章

广 延 量

我们在第六章中已经讲到，温度的测量要求五个规则的图式。在物理学中，是否存在可用较简单的图式来加以测量的概念呢？有的，被称为“广延量”的许多数量是可以借助于三规则图式来测量的。

三规则图式运用于这样的场合，在那里两个事物可以以某种方法联合或结合产生一新事物，而对于这个新事物，数量 M 的值等于被联合的两事物的 M 值之总和。例如，重量是一个广延量。如果我们将一个 5 磅物体与一个 2 磅物体放在一起，联合物体之重量等于 7 磅。温度并非这样的量。不存在这样一个简单的操作，运用它我们能将一个比如说有 60 度温度的物体与一个有 40 度温度的物体结合起来，产生一个有 100 度温度的物体。

将广延量结合起来的操作，对于不同的量来说极不相同。在最简单的场合，这种操作仅仅是将两物体放置在一起，胶合在一起，或者捆在一起，或者正好将它们一个紧挨一个地放置着，如同两个砝码放于同一个天秤盘上。日常生活充满着实例。放在书架上的一排书的宽度是这些书的单个的宽度之总和；我们取下一本书读了 10 页，同日稍后的时间里，我再读了 10 页，总合起来，我们已读了 20 页。我灌水入澡盆，发现水太热，于是我加了冷水；倒入澡盆中的水的总体积乃是通过水龙头的热水与冷水量的总和。联结与某种广延量有关的事物的精确程序，常常得不到明确的陈述。这是一种冒险的实践并可能引起极大的混乱与误解。因为事物可以用许多不同的方法来加以联合，所以重要的事情并不在于假定联合的方法已被认知，而在于明确地陈述出来和清楚地定义出来。一旦这件事情完成了，这个数量便可用引进三规则图式来加以测量。

第一个规则规定所谓加的原理或“加和性”原理。它说明，当一联合客体由两个组分构成时，这客体的某一数量的值乃是这两个组分的这种数量的值的算术和。任何适用于这规则的数量被称为“加和数量”。重量是一个熟悉的例子。联合操作在这种场合下只不过是将这两个物体放在一起并作为单一物体而称量它们。我们将客体 a 放在秤盘之上并观察它的重量。我们再以客体 b 代 a 放在秤盘上并注意它的重量。然后我们将这两个客体一齐放入秤盘中。这个新的客体的确不过是将 a 与 b 放在一起，它具有的重量就是 a 与 b 的重量的算术和。

如果读者首次遇到这个规则，他会想，我们竟然提及这样的三个规则。那是一件奇怪的事情。但在科学方法的逻辑分析中，我们必须使一切事情都明晰，包括像人在街道上这样的理所当然而无须说什么话的事情。当然，没有人会设想，如果一个 5 磅的石子放在秤盘上的一个 7 磅石子的旁边，秤盘会指示总重量为 70 磅或 3 磅。我们认为联合重量肯定是 12 磅，这是理所当然的事。但是可以想象，在其他世界上，重量的数量并不是按如此方便的加法的方式行动。所以我们必须引进这个加和规则来使重量的加和清楚明白。这个加和规则是，如果联合两个物体并把它当作一个物体来称一称它，其总重量将会是其组成部分的重量的算术和。

类似的规则必须引进到所有的广延量。空间长度是另一个熟悉的例子。某一物体有直边 a，另一物体有直边 b。我们将二物体放置在一起，使两边首尾相接并在一直线上。新的物理实体——由 a 与 b 合成的直线——具有的长度等于 a 的长度与 b 的长度之和。

长度加和规则的早期的表述通常是很不令人满意的。例如，有些作者说，若两线段 a 与 b 相加，新线段的长度由 a 的长度与 b 的长度加起来而得到。这是表述这个规则的最贫乏的方法，因为在同一句子中“加”一词在两种完全不同的方式中使用。“加”字首先用以特殊的途径将两个物理客体放置在一起而联结起来的意思，然后用于算术上的加法运算的意思。这些作者明显地没觉察到这两个概念是不相同的，因为当他们将这规则符号化时，他们把它写成：

$$L(a+b)=L(a)+L(b)$$

有一些在其他方面我很赞赏的作者，作了这种笨拙的公式表述，这种公式表述将“加”字的同样的双重运用带进符号中来。第二个符号“+”表示算术运算，而第一个“+”号则完全不是算术运算。你不可能将两条线在算术上相加。你加的并不是线而是表现两线长度的数目。线并非数目，它是物理空间的形状。我曾经经常强调，算术相加与组成物理结合操作的相加是必须区别开来的。如果我们跟随亨普尔（他曾写过有关广延量的长度的文章）给物理联合操作引进一个特别符号即小圆圈“○”，就能使我们在心中保持这种区别，这就提供了一种比较满意的方法使长度加法规则符号化：

$$L(a\circ b)=L(a)+L(b)$$

长度的联合可图示如下：

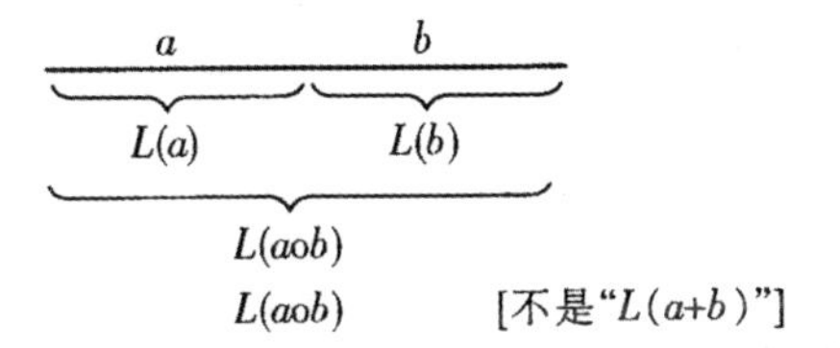

虽然在重量的情况下，完全不存在两物体怎样一起放在秤盘上的问题，但在长度的情况下这个问题是存在的。假定二线段放置如下：

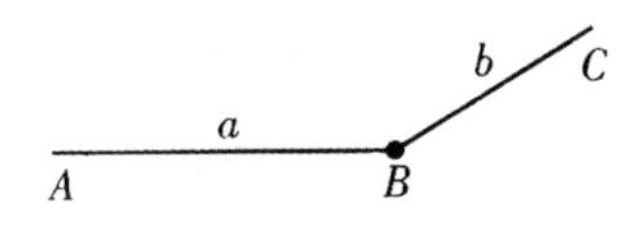

它们首尾相接，但并不在一直线上。A 点与 C 点之间的距离并不是 a 与 b 的长度的总和。因而我们必须始终小心谨慎，精确地说明联合操作是什么意思。

我们现在可以将一般加法原理符号化，对于任意广延量 M，这加法原理写作：

$$M(a \circ b) = M(a) + M(b)$$

在这个陈述中，符号“○”指示出结合 a 与 b 的特定的程序。如果我们称这个规则为我们的三规则图式的第二规则而不称为第一规则就会更好些。第一规则是比较简单的，它是相等规则，它和测量温度的五规则图式中的第一规则是一样的。它指明我们用以定义数量相等的程序。在重量的场合下，我们说两物体有同样的重量，如果当它们置于天秤的两端，天秤保持平衡。

第三个规则相应于温度图式的第四规则。它指明数量的单位值。它通常通过选择一个客体或一容易再现的自然过程，然后用这客体或过程来定义单位值的办法来实现。前面我已提及两个例子：米，依据于某些类型的光的波长而定；千克，依据于巴黎的一个国际原器来定。而米与千克在测量的米制系统中乃是长度与重量的标准单位。

总而言之，我们对任何广延量的测量的图式由下列三大规则组成：

1. 相等的规则
2. 相加的规则
3. 单位的规则

由于这图式比前面讨论过的五规则图式简单一些，为什么它不能普遍地应用呢？的确，回答是：对于许多数量，不存在提供一个相加原则的基础的结合操作。我们已经看到，温度是非加和性的数量。音高和物体的硬度乃是另外两个例子。对于这些数量，我们不可能找到加和性的结合操作；这样的数量被称为“非广延量”或“内涵的数量”。但无论如何，在物理学中存在着一大批加和性的数量，对于所有这些数量，上述的三元图式提供了测量的充分的基础。

许多科学家和科学哲学家将“广延量”与“加和量”当作同义词使用，但也有一些作者将它们区别开来。如果我们做出这样一种区别，就应该依这种方法来做。如果我们能够想象出一种看来是结合的自然操作那样的操作，并由这些操作能将数量划分出刻度，则这一数量是广延的。如果我们随后发现，对于选择了的刻度以及选定的操作，加和原则成立，则我们称这一数量为加和的数量以及广延的数量。我们可以说，它是加和—广延数量。但如果加和原则不成立，我们称之为非加和的广延数量。

几乎所有物理学的广延数量都是加和的，但也有例外存在。一个著名的例子乃是在狭义相对论中的相对速度。在经典物理学中，沿一直线的相对速度在下述意义上是加和性的。如物体 A，B，C 以同一方向运动于一条直线上，而 B 相对于 A 的速度是 V_1，C 相对于 B 的速度是 V_2，则在经典物理学中，C 相对于 A 的速度 V_3 简单地等于 $V_1 + V_2$。如果你沿着正在向正西方飞行的飞机的中央通道向前走去，你相对于地球的西向速度是什么呢？在相对论之前，这将会用飞机速度加上你在飞机中向前行走的速度来做简单的回答。今天，我们知道相对速度是非加和性的，必须运用一个特别的公式，在这公式中光速是其中的一个项。当速度相对于光速来说很小，它们可以当作加和性来掌握；但当速度极大，这公式就必须应用，在那里 c^2 是光速：

$$V_3 = \frac{V_1 + V_2}{1 + \frac{V_1 V_2}{c^2}}$$

例如，想象一下宇宙飞船 B 沿直线轨道越过行星 A 以相对速度 V_1 运动，宇宙飞船 C 飞行于同一方向，以速度 V_2（相对于 B）越

过宇宙飞船 B。什么是宇宙飞船 C 相对于行星 A 的速度 V_3？若宇宙飞船速度 V_1 与 V_2 都很小，则在公式右边线下的那个加到 1 上的分数之数值，是如此地小以至于可以忽略不计。于是我们从 V_1 与 V_2 的简单相加中获得 V_3。但如果这些宇宙飞船以极大速度飞行，光速 C 变成一个要考虑的因子。V_3 对于 V_1 与 V_2 的简单加和有重大的偏离。如果你研究这个公式，你会发现，宇宙飞船的速度无论怎样接近光速，两速度之和不可能超过光速。因而我们得出结论，在狭义相对论中，相对速度是广延的（因为能指出一种联合操作），但不是加和的。

广延—非加和性的数量的另一个例子乃是角的三角函数。假定你有一个夹在一金属片 A 的两直边 L_1 与 L_2 之间的角 α（见图 7—1），另一片金属片 B 在边 L_3 与 L_4 之间有角 β。我们通过将这二角放置在桌子顶端使之结合在一起，使它们的顶点恰好重合，而 A 的 L_2 与 B 的 L_3 的一部分重合。L_1 与 L_4 之间的角 γ 明显的是联合角 α 与角 β 的结果。因此，我们可以说，当角以这种方式结合，并以惯常的方法测量之，它们的值是加和的。角 γ 有一个值，其值等于 α 与 β 的值之和。但如果我们取角的三角函数如每个角的正弦为要考虑的数量，则这些值是非加和的。如果我们愿意，可以称正弦数量为广延的（因为我们有一个联合操作），但不是加和的。另一方面，我们可以决定我们不愿意将正弦叫作广延量，因为联合操作并不是真正联合正弦。联合了角，但这和将正弦结合在一起是很不一样的。从这后一种观点看，正弦并非广延的。

我们发现，我们为决定一个数量是不是广延的而提出的标准并非精确。正如你记起的，我们说过，如果我们对于一给定数量可以想出一种对于我们来说看来是自然的联合操作的那种操作，则我们称这操作为广延的。某人会说，对于他来说，将二角边靠边地放置在一起的操作，完全是一种联合正弦的自然方法。则对于他来说，正弦乃是非加和的广延量。其他的人会说，这对于联合角来说，完全是一种好操作，但这并非对正弦的联合。对于这个人来

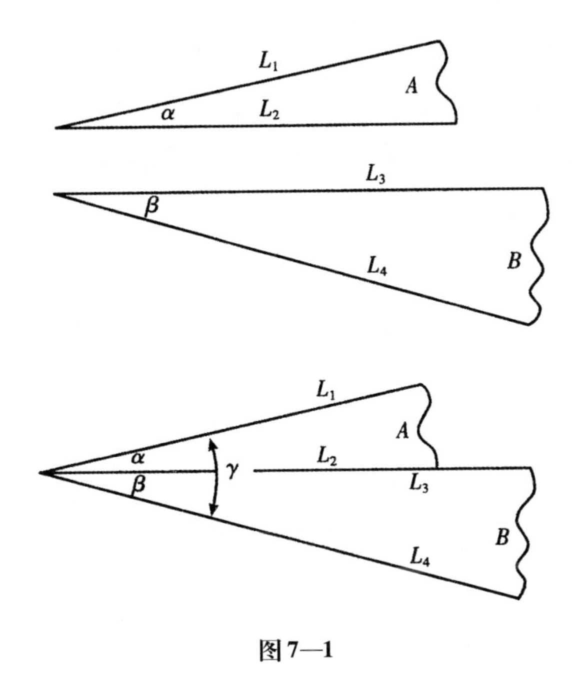

图 7—1

说，正弦并非是广延的。换言之，存在着这样的边界情况，在那里一数量是广延的还是非广延的是一个主观上的事情。因为广延而非加和的数量相对地如此之少并且甚至是成问题的（其所以是成问题的，因为我们可以不愿意接受所提出的操作为合理的联合操作），所以许多作者将“广延的”与“加和的”当作同义词来使用就是很容易理解的。无须去批评这样的用法。对于这些作者，“广延的”一词被运用于这样的数量，只当存在着这样的联合操作，对于它们加和原则成立，正如它对于长度、重量，以及物理学的许多普通的数量来说都成立一样。

现在说一说对时间间隔与空间长度的测量问题是适当的，因为在某种意义上说，这两个数量是物理学的基础。一旦我们能测量它们，许多其他的数量都能被定义。即使不能准确地定义其他数量，起码也可以用运用空间距离或时间的概念的操作规则引进这些数量。例如，你们记得，在测量温度的规则中，我们用了在管子中水银体积的概念和水银柱长度的概念。在那个实例中，我们预设我们已经懂得如何度量长度。在测量许多其他的物理量中，同样涉及空间长度以及时间持续的测量。在这个意义上，长度与持续性可以看作是原始的数量。在第八章和第九章中，我们将讨论测量时间与空间的程序。

第八章

时　　间

是哪一类联合操作可用于联合时间间隔呢？我们立即面临着严重的困难。我们不能像处理空间间隔那样，准确地说，像处理表现空间间隔的固体边界那样的方法来处理时间间隔。不存在时间的硬边线可以被我们放在一起形成一直线。

考虑这样两个间隔：从打响第一枪起直至最后结束的某个战争的期间以及从第一声霹雳到最后的某个暴风雨的持续时间。我们怎样可能将这两个持续时间连接起来呢？我们有两个分离的事件，每一个都带有一定的时间长短，但没有方法可以将它们带到一起。的确，如果两事件已经在时间上接连在一起，我们可以认识到这个事实，但我们不能像我们能移动物理客体的边界那样来移动事件的时间。

我们能够做的至多也不过是将这两个时间间隔描述到概念的标度上。假定我们有一从时点 A 跑到时点 B 的事件 a，以及从时点 B 跑到时点 C 的第二个事件 b（见图 8—1）。b 的始点就是 a 的终点，所以两事件在时间上是相连的。我们不是推动它们进入这个地位——这是它们自己出现的。从 A 点到 C 点的时间长度现在可以被认为是 a 与 b 联合的结果，并不是用物理的方法将长度联合，而是用概念的方法，即用我们注意这个状态的方法。概念操作用符号“○”表示，它使我们可以将测量时间长度 T 的加和规则表述如下：

$$T(a \circ b) = T(a) + T(b)$$

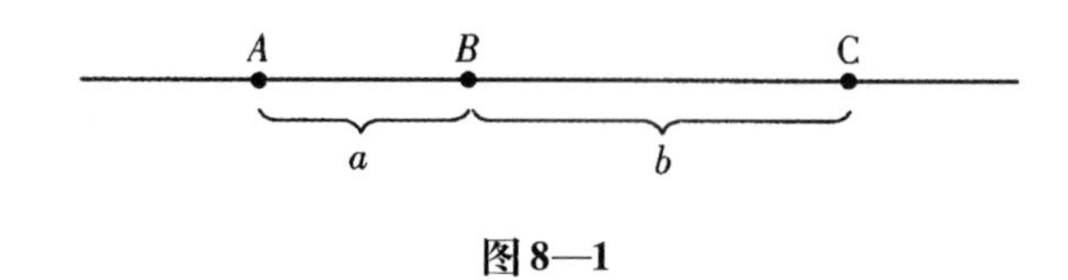

图8—1

换言之，如果我们有两个事件，其一刚好开始于另一事件结束之时，则总事件的时间长度乃是两个事件的时间长度之算术和。这并不如空间长度加和规则那样强有力，因为我们只能将它运用于碰巧在时间上毗邻的事件，而不是任何一对事件。以后，当我们提出了测量时间的三规则图式后，我们将有可能测量非毗邻事件的联合时间长度。现在我们只寻找将会提供加和规则基础的联合操作。我们在发生时间毗邻事件时寻找这种联合操作。

为了完成我们的图式，我们进一步需要两个规则：相等的规则和定义单位的规则。这两个规则通常建立于某种类型的周期过程：摇荡着的摆，地球的转动等。每一个时钟不过是创造出这种周期过程的装置，在某些时钟中，它由摆来完成；而另一些时钟则用平衡轮来完成这个过程。日规用太阳越过天空的周期性运动来测量时间。几千年以来，科学家用一日的长度来作他们的时间单位，这是依据地球的周期转动。但由于地球的自转速率缓慢地改变着，1956年达成了一个国际协定，将地球绕日旋转的时间单位定在某一特定的年号里。秒定义为1900年的1/31556925.9747。这个协议于1964年放弃了，因为将秒定在铯原子的周期振动率的基础上将会得到极大的准确性。“周期性”的概念在定义时间单位上如此之重要，在我们研究相等规则和单位规则怎样建立在它的基础上之前，我们必须充分弄明白这个概念。

我们首先必须清楚地区别“周期性”的两个含义，其一是比较弱的，另一个是比较强的。在弱的意义上，一个过程若反复出现，它则是周期性的。脉搏的跳动是周期性的，摇荡的摆是周期性的，但在弱的意义上史密斯先生离开他的房子外出也是周期性的。当史密斯先生在世时，这件事一再发生了几百次，在弱的意义上，它一再明显重复就是周期性。有时周期的意思是不同相位的总循环以同样的周期顺序重复出现。例如，一个摆，从它的最低点摆到右边的最高点，下降经过它的最低点，上升到它的左边的最高点，然后降至最低点，整个循环如此一再重复。这不只是一个事件，而是一连串事件的重复发生。但为了将过程称作周期，这种说明并不是必要的。如果过程的一个相不断重复，这已经是足够了。这样的一个过程就是在弱意义下的周期的过程。

当某人说一过程是周期的，他常常是在比较强的意义来意指它的：除了它是弱的周期之外，还要求一定相位的连续出现的间隔相等。对于史密斯先生离开他的房子外出来说，这个条件明显地不被满足。某些日子他可能待在家里许多小时；而在另一些日子，他可能一小时内离开房子好几次。相反，一个制造得很好的时钟的平衡轮的运动在强的意义上是周期的。在这两种周期性之间明显有极大的不同。

我们应该选择哪一种周期性做测量时间的基础呢？开始我们倾向于回答，明显地我们必须选择强意义上的周期。我们不能依据史密斯先生从他的房子走出来作为测量时间的根据，因为那是太无规则的。我们甚至也不能依据脉搏来测量时间，虽然脉搏跳动比史密斯先生外出更接近于强意义下的周期，但它仍然不够规则性。如果一个人做了剧烈的奔跑或者发了高烧，他的脉搏的跳动就比平时加快。我们所需要的是这样一个过程，它是在可能最强的方式下是周期性的。

但这个理由有某种错误。我不能知道一个过程在强的意义上是周期性的，除非我们已经有了一个确定时间相等间隔的方法！我们试图用我们的规则来建立的恰恰正是这种方法。我们怎样逃脱这种恶性循环呢？我们只有完全免除对强意义下的周期性要求才能逃脱这种恶性循环。我们被迫放弃了它，因为我们还没有基础来认识它。我们站在朴素物理学家的立场研究测量时间的问题，甚至还没有相等时间间隔的前科学概念的有利条件。这个朴素的物理学家没有任何关于时间测量的依据，他在自然界中正寻找一个将会提供这种依据的可观察的周期过程。由于他没有方法测量时间间隔，他也就没有方法去发现一个特定的过程是还是不是强意义上的周期。

这就是我们必须要做的。首先我们寻找一个弱意义上的周期过程（它可以也是强意义的周期过程，不过我们还无法知道它。）然后，我们取在一个开始正好是另一个结束的意义下的连续的两个时间间隔为我们的联合操作，而我们断言，按照我们的加和规则，总时间间隔的长度乃是两个组成部分的间隔的长度之算术和。我们可以运用这个规则来选择周期过程。

为了完成我们的图式，我们必须寻找相等的规则和单位规则。任何被选择过程的一个周期都可以当作我们的单位时间。在图 8—2 中，这些周期被图示为时点 A，B，C，D，E，…之间的长度 a，b，c，d，…我们说，每一个这样的段落具有一个单位的长度。某些人可能反对："但周期 b 比周期 a 长一些。"我们回答："我们不知道，你所谓'长些'指的是什么意思。我们正在试图制定测量时间的规则，以便我们能给出'长些'一词的意思。"

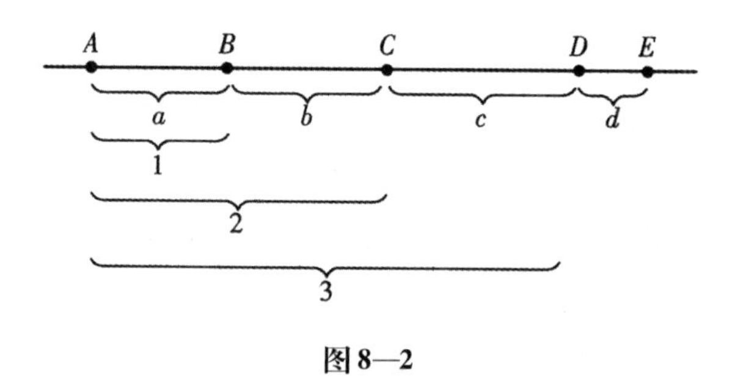

图 8—2

现在我们已经指明我们的单位（它不过是被选择过程的每个周期的长度），我们的加和规则便提供我们测量时间长度的基础。这个规则告诉我们，从 A 到 C 的时间间隔是 2，从 A 点到 D 点的时间间隔是 3，等等。我们现在能测量任何时间间隔，虽然我们将我们的程序建立在弱周期过程。当我们要测量的事件发生后，我们不过是数一数我们的单位周期出现的次数。这个数目就是事件的时间长度。相等的规则是明显的。它说明，若两个时间间隔都包含周期过程的基本周期的同样的数目，则这两个时间间隔（它们可以在时间上是远远分离开的）相等。这就完成了我们的三规则图式。我们有一个相等规则、一个加和规则和一个单位规则。在这个图式的基础上，我们有一个测量时间的方法。

这里可能有一种反对的意见。这样的图式真的能建立在任何弱周期过程的基础上吗？例如，它能否建立在史密斯先生离家外出的基础上呢？出人意外的回答是：是的。但是，等一会我将会说明，如果我们选择某些其他的过程，物理规律是比较简单的。现在理解这个问题的重要之点是，一旦我们建立了测量时间的图式，即使这个图式建立在像史密斯先生外出这样的不规则的过程之上，我们就已获得了一种方法来确定一个周期过程是否和另一个周期过程相等。

假定我们已经采取周期过程 P 作为我们测量时间的基础，我们现在可以将 P 与另一个周期过程 P′相比较，来看看它们是不是“等价的”。例如，假定我们所选择的周期过程 P 乃是某种摆的摆动，我们要将它与一个较长的摆的摆动 P′相比较。考虑到两个摆的周期不相等的事实，我们怎样比较这两者？我们在一个较长的时间间隔里数一数两个摆的摆动，我们会发现，某短摆的 10 次摆动与长摆的 6 次摆动相一致，这种情况每一次都发生在我们进行的重复试验里。我们还不能处理周期的分数，所以我们必须借助于摆动的整数来比较它们。但我们可以观察到，这种一致是不精确的，在短摆摆了 10 次之后，长摆已经开始了它的第 7 次摆动。我们用放长时间间隔，例如用短摆的 100 个周期来提高我们比较的精确性。经过每次重复试验，我们发现，在这一段时间间隔里，长摆有 62 个周期。用这种方法，我们能够提高我们比较的精确性，到达我们所要求的程度。如果我们发现一定数目的过程 P 的周期总是对应着一定数目的过程 P′的周期，则我们说，这两个周期性是等价的。

存在着周期过程的很大的一个类，其中这些周期过程在这个意义上彼此等价，这是一个自然的事实。这是我们不能先验地知道的。我们通过观察这个世界才发现它。我们不能说这些等价过程是强周期的，但我们能够比较它们其中任意两个并发现它们是等价的。所有的摇荡着的摆和钟表中平衡轮的运动及太阳越过天空的表观运动等一样，都是属于这一类。在自然界中，我们发现一个巨大的过程的类，在那里当我们用前段已解释过的方法比较它们当中的任意两过程时，它们被证明是相等价的。据我们所知，只有一个这样的大类。

如果我们决定将我们的时间尺度不建立在属于这一大类等价过程的周期过程上，而建立在例如脉搏跳动的过程上，将会发生什么情况呢？其结果将会是很奇怪的。不过我们想要强调的是，将脉搏跳动选作时间测量的基础并不会导致任何逻辑矛盾，这并不意味着在这基础上测量时间是"错误的"。

设想我们生活于测量概念发展的极早期。我们没有像时钟这样的测量时间的装置，所以我们没有办法确定在不同的生理环境下脉搏跳动有怎样的不同。我们首次探索着提出测量时间的操作规则，我们决定用我们的脉搏跳动作为测量的基础。

一旦我们将我们的脉搏跳动与其他自然界中的周期过程进行比较，我们发现，我们曾认为是均匀的所有各种过程都变成不均匀的了。例如，我们发现，在我感觉良好的日子里，太阳越过天空要多少次脉搏跳动，而当我发烧时，太阳越过天空就要更长的时间。我们感到很奇怪，但在我们在这基础上对世界的描述中，这是没有逻辑矛盾的。我们不能说，作为我们时间单位的基础，摆是"正确的"选择而我的脉搏是"错误的"选择。这里不包含正确与错误的问题，因为在这两个场合里没有逻辑的矛盾。这仅仅是在世界的简单描写和世界的复杂描述之间进行选择。

如果我将时间建立在我的脉搏基础上，我们必须说，自然界中所有的周期过程都有不同的时间间隔，它依赖于我做什么以及我感觉如何。如果我在某一时间里快跑然后停止奔跑并用我的脉搏来测量这些自然过程，我们发现，当我跑步时以及在跑步后一段短时间里，世界上的事物都慢下来了。几分钟后，它们再次转入正常。你必须记住，我们假定自己处于我们已经获得任何有关自然规律的知识以前的时代里。我们没有物理教科书来告诉我们这个或者那个过程是均匀的。在我们物理学的原始系统中，地球的转动、摆的摆动等都是非常不规则的。当我健康时，它们有一种速度，而当我发烧时，它们有另一种速度。

这里我们有名副其实的选择，这不是正确的测量程序和错误的测量程序之间的选择，而是建立在简明性基础上的选择。我们发现，如果我们选择摆作为时间的基础，则比之我们选择脉搏跳动，其结果的物理规律系统将会极大地简化了。如果我们用我们的脉搏，情况就够复杂的了。不过如果我们选择史密斯先生离家外出；那的确情况将会更坏，除非史密斯先生像伊曼努尔·康德那样，据说每天早晨康德进出他的房子准确地在同一时间，以至于村里的居民按照他在街上的出现来校准他们的时钟。不过不存在着凡人的运动可以作为测量时间的合适基础。

的确，我用"合适"来表示导致简单的规律意义上的方便的意思。当我们将时间测量建立在摆的摆动的基础上，我们发现整个宇宙的行为带有极大的规则性并可以用极简明的规律来加以描述。当读者学习物理学时，他们可能还没有发现这些规律的简明性，但它们在相对意义上是简明的。如果我们选择脉搏跳动作为时间单位，它们将会是比较复杂的。物理学家对新规律的简单性经常表示出惊讶。当爱因斯坦发现他的广义相对性原理时，他为这样的事实表示出惊讶，即这样一个相对简单原理统治着所有它所适用的现象。如果我们将时间测量系统建立在不属于相互等价过程的极大类的过程中，这种简单性将不会出现。

相反，我们的脉搏跳动，属于等价过程的极小类，唯一的其他元素，乃是与心跳有生理联系的我们身体中的事件，左腕的脉搏与右腕的脉搏是相等的。但除去与心跳相联系的事件，在自然界的任何地方都很难找到其他的过程与我的脉搏相等。因而与一个包括行星运动、摆的摆动等的非常广阔的类相比，我们这里有了一个相等过程的极小类。因此，从这个大类中选择一个过程作为时间测量的基础是合适的。

由于我们还没有涉及测量的高度准确性，我们选择这些类中的哪一个是没有多大关系的。一旦我们做出了选择，我们可以说我们已经选择的过程是在强意义下的周期的过程。的确，这只是定义的问题。但是现在，与它相等价的其他过程都是强周期过程，它们成为强周期的方式不是平凡的，也不只是定义的事情。我们做经验的试验并通过观察发现，它们在它们的时间间隔里展示出极大的均匀性的意义上是强周期的。结果，我们能够以一种相对简单的方式来描述自然过程。这就是我通过多次重复来强调它的一个重要观点。我们作为时间测量基础的过程选择无所谓正确或错误。任何选择都是逻辑可能的。任何选择将会引导到自然规律的连贯集合。但如果我们将测量时间建立在诸如摆的摆动过程的基础上，我们发现这会导致比用其他过程测量时间所导致的更为简单的物理学。

历史上，我们对时间的生理感觉，我们关于规则性的直觉，参与关于采取什么过程作测量时间的基础的早期的选择中。太阳看来是有规则地升起与下落，所以日晷成了测量时间的方便手段——例如比云的运动方便得多。用类似的方法，早期文化发现了将时钟建立在流沙时间或滴漏时间或其他粗糙地等价于太阳运动的基础上的过程是方便的。但基本的观点仍然是：借助于方便和简单性来做出一种选择。

第九章

长　　度

现在，让我们从时间概念转入物理学的另一个基本概念：长度，并比以前所做的更严密地去检查它。你们会记得，在第七章中，我们看到长度是一个广延量，可以借助于三元图式来加以量度。规则 1 定义相等性：如果某一条刻记在一直线上的线段与另一条刻记在另一直线边上的线段的两个端点，能移动到恰好同时重合，则这两线段等长。规则 2 定义加和性：如果我们连接二线段于一直线上，则它们的总长度为它们分开的长度之和。规则 3 定义单位：我们用一直边选择一根尺，记下这条边的二点，选择这二点之间的线段为单位长度。

在这三条规则的基础上，我们现在能够运用习惯的测量程序。假定我们要测量一长边，例如篱笆的边 c 的长度。我们有一测量尺，在其上我们的单位长度 a 用 A 与 B 端点刻记。我们将尺并排于 c 放在置 a_1 位置上（见图 9—1），于是 A 与 c 的一端点 c_0 相重合，并在 c 上刻记与量尺另一端 B 相重合的点 c_1。然后我们将尺 a 移动到邻近位置 a_2，并在 c 上刻记下 c_2 点，等等，直至我们达到 c 的终点。假定尺的第十个位置 a_{10} 是这样的，它的端点 B 粗略地与 c 的终点 c_{10} 相一致。令 c_1，c_2，…，c_{10} 为 c 的刻记线段，由规则 3 我们有：

$$L(a)=L(a_1)=L(a_2)=\cdots=L(a_{10})=1$$

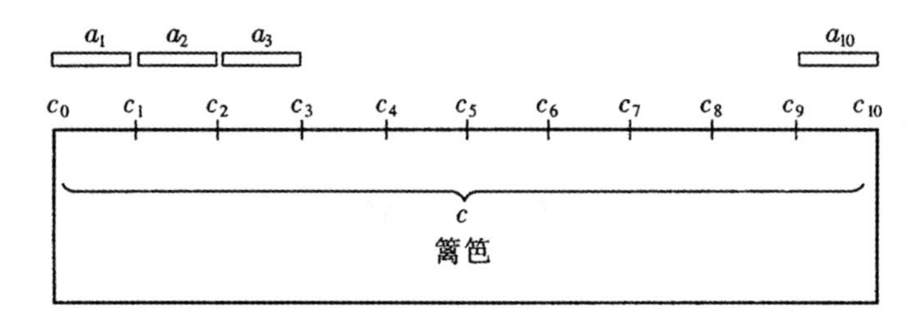

图 9—1

因此，由相等的规则 1，则有：

$$L(c_1)=1,\ L(c_2)=1,\ \cdots,\ L(c_{10})=1$$

由加和的规则 2：

$$L(c_1 \circ c_2)=2,\ L(c_1 \circ c_2 \circ c_3)=3,\ \cdots$$

因此，

$$L(c)=L(c_1 \circ c_2 \circ \cdots \circ c_{10})=10$$

这个程序是测量长度的基本程序，只产生作为被测的长度数值的整数。通过将单位长度划分为 n 等份（英寸按传统的二进法划分：首先分为两部分，然后为 4、8，等等。米是十进地被划分：首先分为 10 份，然后 100，等等），就明显提高精确程度。依照这种方法，我们通过试错法，能够建立辅助的测量标尺，其刻记的线段为长度 d，使得 d 可以沿着单位边长 a 放置 n 个相邻的位置，d_1，d_2，…，d_n（见图 9—2）。

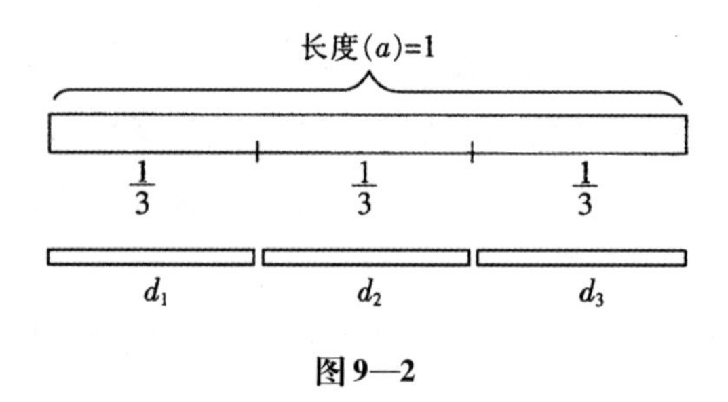

图 9—2

我们现在可以说：

$$n \times L(d) = L(a) = 1$$

故，$L(d) = \frac{1}{n}$

用这些刻在 a 上的部分线段，我们现在能够比较精确地测定给定边线的长度。当我们再次测量篱笆的长度 c 时，在前面的例子里，现在可以得出的长度不是10，而是比较精确的10.2。用这种方法，将分数引进测量，我们已不限于整数。一个被测的值可以是正有理数。

重要的事情是要明白，通过在测量中做出这些精心的改进，我们可以引进越来越小的分数，但我们永远不能达到非有理数。另一方面，在物理学中，一个数量的可能数值的类通常都被认为是包含所有实数的（或特定区间里的所有实数），它如同包括有理数一样包括无理数。然而这些无理数是在稍后于测量的某一阶段上被引进来的。直接的测量只能给出被表达为有理数的值。但当我们表述定律并借助于这些定律的帮助进行计算时，则无理数被牵连进来了。它们在理论的脉络中引进，不是在直接测量的脉络中引进。

为了将这个问题搞得比较清楚，考察一下表述直角三角形斜边平方等于其他两边平方和的毕达哥拉斯定理。这是一个数学几何学的定理，不过当我们将它运用于物理线段时，它也变成一个物理学的定律。假定我们从一木板中切出一有单位长度边长的正方形，毕达哥拉斯定理告诉我们这个正方形的对角线的长度（见图9—3）乃是2的平方根。2的平方根是一个无理数。它不能用依据于我们的测量单位的直尺来精确测量，无论我们刻记在尺上的分数的细分有多么小。但是，当我们运用毕达哥拉斯定理计算对角线的长度时，我们间接地得到一个无理数。用类似的方法，如果我们测量圆形木盘的直径并发现它是1，我们计算出圆盘的圆周长为无

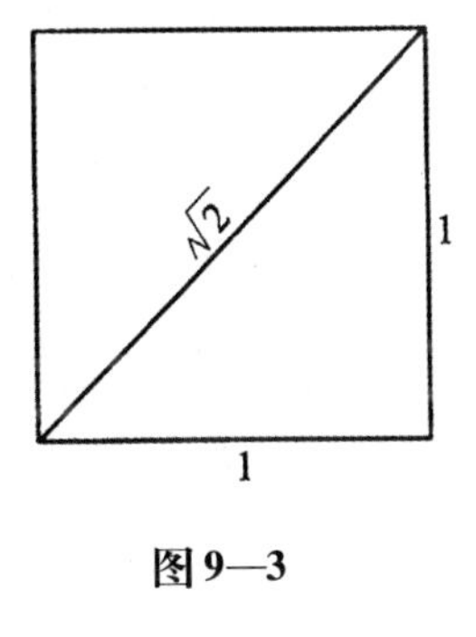

图9—3

理数 π。

由于无理数总是计算的结果，从来都不是直接测量的结果，在物理学中是否可能完全抛弃无理数，而只用有理数来工作呢？这当然是可能的，不过这将是一个革命性的变革。例如，我们将会不再能用微分方程进行工作了，因为这样的方程要求实数的连续性。物理学家尚未发现有足够重要的理由来做出这一转变。但是，真的，在量子物理学中走向离散性的趋势正在开始。例如，电荷只有当其总数为最小电荷的倍数时才能被测量出来。如果我们取这最小电荷为单位，所有的电荷值都是整数。量子力学仍然不是完全离散的，但它离散到这样一种程度，以至于有些物理学家开始思考这样的可能性，即所有物理量，包括空间和时间的数量，都是离散的。不过这只是一种思辨，虽然这是一个很有趣的思辨。

在这样的物理学中，哪一类规律将会是可能的呢？每一种数量可能都有一种最小值，而所有较大的数量将会表达为这些基本数值的倍数。人们曾经提议，称长度的最小值为“空子”（hodon），时间的最小值称为“时子”（chronon）。离散的时间将会由不可想象的微小跳动所组成，如同电子钟的秒针的运动一样，它从一秒跳到下一秒。在任何跳跃中间的间隔里，没有任何物理事件会发生。

离散空间可以由图 9—4 中表示的这类点所组成。在图中的连线指示出这些点是“邻近点”（例如，*B* 与 *C* 是邻近，*B* 与 *F* 不是邻近），在习惯的连续几何学中，我们会说在 *B* 与 *C* 之间有无限个点；而在离散几何学中，如果物理学采用这个空间观点，我们将必须说在 *B* 与 *C* 之间没有中间点。没有任何种类的物理现象可以占有 *B* 与 *C*“之间”的位置。例如，一个电子必须是网络上的一个点，绝不会在图中的其他任何地方。长度将会定义为联结两点的路程最小的距离。我们可以规定任何两邻点之间的距离是 1。于是 *ABCDG* 的路程的长度将会是 4，*AEFG* 路程是 3。我们将会说从 *A* 到 *G* 的距离是 3，因为这是从 *A* 到 *G* 的最小路程的长度。所有的长度将会表达为一整数。物理学并没有建立任何这类实际系统，虽然许多有启发性的线索已经做出了。有些物理学家已经思考着这些最小数量的大小。

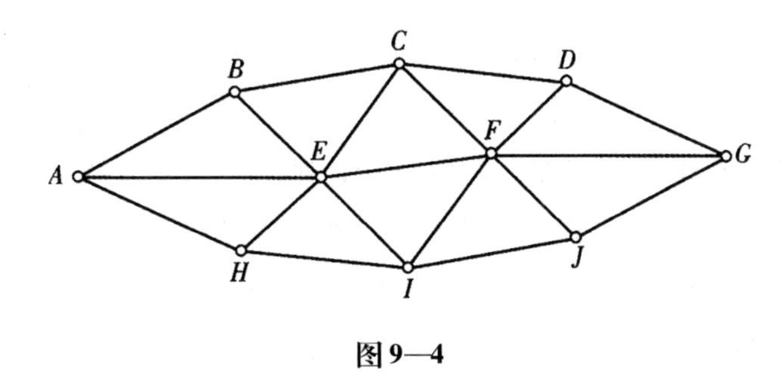

图 9—4

在将来的某个时候，当关于空间和时间以及其他物理量知道得更多了，我们可能发现所有这些都是离散的。物理规律将会唯一地与整数有关。当然，它们会是极大的整数。例如每一毫米有几十亿最小单位。一个量所呈现的各个数值之间彼此是如此接近，以至于在实际上我们可以当作我们已有了实数的连续统。实际上，物理学家可以如以前一样继续使用微积分和将规律表述为微分方程。现在我们至多只能说，有些物理学的特征能够通过采用离散标度而被简化，而另一些将会变得更复杂。我们的观察从来没有指明两个值是否一定要作为有理数或作为无理数来表达，所以这里的问题完全是看怎样方便的问题——对于阐明某种物理规律，是离散的数目标度还是连续的数目标度最有用？

在我们描述怎样测量长度时，有一个极为重要的问题还未曾考虑——我们将用什么种类的物体来做我们的标准测量尺呢？对于日常的目的，取一铁标尺，或甚至木尺也足够了，因为这里不必要极准确地测量长度。但，如果我们寻找极高精确性，我们立刻遇到我们关于周期性问题所遇到的同样的困难。

你们记得，我们将我们的时间单位建立在等周期的周期过程的基础上有着明显的问题。这里，我们将我们的长度单位建立在“坚硬物体”的基础上也有类似的问题。我们倾向于设想，我们需要一个将永远准确地保持同一长度的物体，就像以前我们需要一个带有永远同一的时间间隔的周期过程一样。我想，非常明显，我们不愿意将我们的长度单位建立在橡皮尺或蜡做的尺子的基础上，那是容易变形的。我们假定我们需要一把硬尺，一把它的形状或大小不改变的尺。也许我们按这种方法定义“坚硬性”：如果尺的任意两刻度之间的距离在时间过程中保持不变，则这把尺是坚硬的。

但是，我们用“保持不变”一词确切地表示什么意思？为了说明这一点，我们将必须引进长度的概念。除非我们有一长度的概念和测量长度的含义，否则说在尺的两点之间距离在事实上保持不变又是什么意思？如果不能确定这点，我们怎样能够定义坚硬性？当我们在提出一个时间测量系统之前要寻找一种方法来识别一个强周期过程时，我们发现自己陷入一个循环中。现在我们陷入了同样的循环中。我们怎样再一次地逃出这个恶性循环呢？

逃出这个恶性循环的方法类似于我们逃出测量时间的循环：运用相对的概念来代替绝对的概念。我们可以无循环地定义一物体相对于另一物体的“相对坚硬性”概念。以一物体 M 和另一物体 M' 为例，为了简单起见，我们假定每一个物体有一直边。我们可以将这些边放在一起并比较刻在它们上面的点（见图 9—5）。

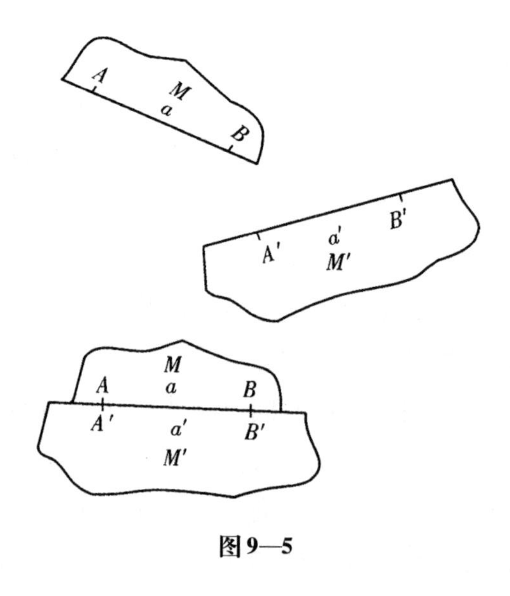

图 9—5

考察一下 M 上的 A 和 B 点，它确定了线段 a。类似地，在 M' 上有两点 A'、B'，确定了线段 a'。我们说，线段 a 与线段 a' 是叠合的，如果两边彼此并排地靠在一起，以至于 A 点与 A' 点重合、B 点与 B' 点重合。这是我们为确定线段 a 与 a' 一致的操作程序。我们发现，无论何时我们做这个实验，这两点都重合，所以我们得出结论，若我们在将来任何时候重复这个实验，其结果很可能都是一样的。附带说，假定每一次做实验，发现所有以这种方法刻在 M 上的线段都与刻记在 M' 上的相应线段相一致，则我们说，M 与 M' 彼此相对说来是坚硬的。

重要的是，要认识这里并不包含循环性。我们不能也不是谈论 M 的绝对刚性；我们不能说，M 在长度上永远保持常数。但是，说两物体彼此相对说来是坚硬的，这个说法是有意义的。如果我们选择 M 做一测量标尺，我们发现刻在 M' 上的线段保持其长度不变。如果我们选择 M' 作为测量标尺，M 上的线段保持不变。我们这里有的是相对刚性的概念，即一物体相对于另一物体的坚硬性的概念。

当我们检查世界上的不同物体，我们发现许多彼此之间相对说来是不坚硬的。例如，考察一下我的两只手。我将两只手合拢在一起，使手指尖的点两两相合。我再次合拢起来，手指的位置改变了，同样的两点不再相合，所以我不能说我的手彼此是保持坚硬性的。如果我们比较两个蜡做的物体，或一个铁物体和一个软橡皮物体，情况也是一样。它们彼此相对而言不是坚硬的。但是，正如我们发现世界上包含有在周期性上相等的过程的很大一个类一样，我们同样遇到自然界的另一个幸运的偶然的情况。我们经验地发现，存在着一个非常广大的物体的类。这些物体彼此是近似地相对坚硬的。任何两块金属——铁、铜等——是彼此相对坚硬的；石头物体，甚至木头只要它经过很好的干燥而不是未干的，情况也是如此。我们发现大多数固体物质都是如此，这些物质做成的物体彼此相对而言是坚硬的。的确，如果我们弯曲它们或加热引起它们膨胀，等等，则它们不是坚硬的。但只要没有不正常环境的干扰，这些物体的行为，就其有关长度这一方面而言，是极为规则的；当我们将它们相互做一粗略比较，我们发现它们是相对坚硬的。

我们会记起，在我们讨论周期性时，我们看到，没有什么逻辑理由迫使我们将我们的时间测量建立在属于相等过程的大类的周期过程的基础上。我们选择这样的过程只是因为这种选择会引起使我们的自然规律大为简化的结果。这里也有类似的选择。没有什么逻辑的必然性决定我们将长度测量建立在一个为数众多相对坚硬物体的类的元素的基础上。我们选择这些物体，因为这样做是比较方便的。如果我们选择一橡皮尺或蜡尺为我们的长度单位，我们会发现，对于我们的标准来说，世界上有很少的物体是相对坚硬的。因而，我们关于世界的描述，变得极为复杂。例如，我们将必须说，铁的物体经常改变着它们的长度，因为每一个时候我们用柔韧的码尺去测量它们，我们都获得不同的数值。的确，没有什么科学家会愿意被这些复杂的物理规律烦扰。而为要描述这样的自然现象，这些规律是必须设计出来的。另一方面，如果我们选择金属棒作为标准长度，我们就会发现，在世界上有很大数目的物体当我们测量它时是坚硬的，从而有很大的规则性和简单性引进了我们关于世界的描述中。

的确，这些规则性是从现实世界的性质中导出的。我们可能生活在这样一个世界上，在那里铁的物体彼此相对说来是坚硬的，铜的物体彼此相对说来也是坚硬的；但铁物体对铜物体说来并非坚硬的。这是没有逻辑矛盾的，这是一个可能世界。如果我们生活在这样一个世界并发现这世界包含大量的铜和铁，那么，在这两者之间我们选择哪个作为测量的合适基础？每一种选择都有缺点。如果其他金属也有类似的情况，我们将会很困难做出抉择。幸而，我们生活在一个情况并非如此的世界。所有的金属彼此说来是坚硬的；因此我们可以取任何一种金属作为我们的标准。当我们这样做的时候，我们发现其他金属物体都是坚硬的。

正因为将我们的长度测量建立在金属而不是建立在橡皮尺的基础上，将我们的时间测量建立在摆的基础上而不是建立在脉搏跳动的基础上是如此明显地称心如意，就使得我们倾向于忘记在我们的标准选择中存在着一个约定的因素。这个因素正是我在我的论空间的博士论文[①]中强调的，后来赖辛巴赫在他的论空间和时间的书中也强调了这个问题。说这种选择是约定的是在这个意义上说的，即不存在逻辑上的理由禁止我们选择橡皮尺以及脉搏跳动，只不过要付出提出一种极度复杂的物理学来处理极不规则的世界这个代价罢了。的确，这并不意味着选择是任意的，并不意味着这个选择和那个选择一样好。这是一个极有力的实践领域，由于选择钢尺和摆，世界才成为它现在那样。

一旦我们已经选择好测量标准，例如选了一把钢尺，我们就面对着另一种选择。我们可以说，这把特殊的尺的长度是我们的单位，不管它的温度的变化、磁的变化，等等，或者我们可以引进依赖于这些变化的修正因子。第一个选择明显地给出了简单的规则，但如果我们采取了这种选择，我们就再次面临着奇怪的结果。如这把尺被加热并用于测量，我们发现世界上所有其他物体都缩小了。当这把尺冷却，世界上其余的东西再次膨胀。我们被迫表述所有这类稀奇古怪的事情和复杂化了的规律，但这不会发生逻辑矛盾。就是因为这个理由，我们可以说这是一种可能的选择。

第二个程序就是引进修正因子。我们不规定两个刻度之间的线段永远取所选择的长度 l_0（如 1 或 100），而现在规定它只在这把尺处于我们所选取的“常温” T_0 时才有正常的长度 l_0，而在其他温度 T 里，线段的长度由下列方程给出：

$$l = l_0 \left[1 + \beta \left(T - T_0 \right) \right]$$

这里 β 是一常数（被称为“热膨胀系数”），它是这把尺的物质的

---

① 即《空间——及其在科学理论中的贡献》（*Der Raum. Ein Beitrag zur Wissenschaftslehre*）（耶拿：耶拿大学版，1921；柏林：Verlag von Reuther & Reichard，1922）。

特征量。对于其他条件，类似的修正以同样的方式引进。这些条件，如磁场的存在，是会影响到尺的长度的。物理学家宁愿要这个比较复杂的程序——引进修正因子——由于同样的理由他们选择金属尺而不选择橡皮尺——这个选择导致自然规律的巨大简单性。

第十章

导出量和定量语言

对于某些数量，如空间长度、时间长度以及质量，当测量规则已经给出时，在这些“原始”数量的基础上，我们可以通过定义引进另外一些数量。这些就叫作“被定义的”或“导出的”数量。导出量的值总是可以借助于它的定义，从包含于定义中的原始数量的值中间接地确定的。

但是，在某些情况下，可以制造出一种仪器来直接地测量这些数量。例如，密度通常认为是一种导出量，因为它的测量依据于原始数量长度和质量的测量。我们直接测量物体的体积和质量，然后规定它的密度为质量被体积除得到的商。但是，借助于比重计可以直接测量液体的密度。比重计通常是带有一支细长柄子的浮体，像一支温度计。柄上刻有指示这装置浸入被检验液体中的深度的刻度。液体的近似密度直接由这个刻度的读数确定。因此，我们发现原始数量与导出数量的区别必须不要看作是基本的，它宁可说是建基于物理学家在进行测量中采用的实践程序上的。

如果一个物体是不均匀的，我们就必须讲及“平均密度”。人们倾向于说，这一物体在任一给定点上的密度须由质量除以体积的商的极限来表述，但由于物质是离散的，极限的概念在这里不能运用。在其他导出量的情况下，极限迫近是必要的。例如，考虑一个物体沿一轨道运动，在时间间隔长度 Δt 里，它走了一空间长度 Δs。我们现在定义它的“速度”，即另一个导出量，为商 $\Delta s/\Delta t$。如果这速度不是常数，则我们只能说在这段时间间隔里的“平均速度”是 $\Delta s/\Delta t$。什么是这物体在这间隔里在一定时点的速度呢？这问题不能用将速度定义为距离被时间去除这一简单的商来做回答。我们必须引进当时间间隔迫近于零时这个商的极限的概念，换言之，我们必须运用微积分中叫作导数的东西。代替简单的商 $\Delta s/\Delta t$，我们有导数：

$$\frac{ds}{dt}=\text{limit}\ \frac{\Delta s}{\Delta t},\ \text{当}\ \Delta t\to 0$$

这称之为物体的“瞬时速度”，因为它表达了在一特定时点的速度而不是经过一定间隔的平均速度。的确，这就是导出量的另一个例子。和密度概念一样，它也可以借助于一定的仪器直接地被测量出来。例如汽车的速度计提供了汽车瞬时速度的直接测量。

极限的概念也用来定义加速度的导出量。我们有速度 v 以及这一速度的改变量 Δv，它产生于从一时点到另一时点。如果时间间隔是 Δt 而速度的改变量是 Δv，则加速度或这速度的改变率乃是 $\Delta v/\Delta t$。这里，我们必须再次把这叫作在时间间隔 Δt 里的“平均加速度”。如果我们要求做到比较精确并谈论在给定时点上的“瞬时加速度”，我们必须抛弃两个有限值的商而写成下面的导数：

$$\frac{dv}{dt}=\text{limit}\ \frac{\Delta v}{\Delta t},\ \text{当}\ \Delta t\to 0$$

因此，瞬时加速度同样是 s 相对于 t 的二阶导数：

$$\text{a}=\frac{dv}{dt}=\frac{d^2 s}{dt^2}$$

有时，一个物理学家会说在一物理客体的某一定点上的密度乃是它的质量对于它的体积的导数，但这只是一种粗略方式的说法。他的陈述严格说来不能成立，因为虽然空间与时间（在今日的物理学看来）是连续的，但在物体中质量的分布却不是连续的——起码在分子或原子的层次上是不连续的。由于这个缘故，我们不能严格地讲作为导数的密度。在这极限概念可以运用于真正连续数量的意义下，密度不是一个导数。

在物理学中，还有许多其他的导出量。要引进它们，我们不必如同前面讨论过的引进原始数量所做的那样，制定复杂的规则。我们只需定义这些导出量是怎样能够从可以直接测量的原始数量中演算出来。

对于原始数量和导出量，有一个使人困惑的问题有时产生出来。为了搞清这个问题，想象一下，我们有两个数量 M_1 与 M_2，当我们检查 M_1 的定义或告诉我们怎样测量它的规则，我们发现数量 M_2 已被包括于其中。当我们转到关于 M_2 的定义和规则时，我们发现 M_1 被包括于其中。开始，这给人以程序循环的印象，但这循环通过所谓连续迫近的方法是容易避免的。

你会记得，在前一章中我们研究了定义测量标杆的长度方程。在这方程中出现一个热膨胀的修正因子，换言之，温度包含在用于测量长度的规则集里。另一方面，你也会记得，在我们测量温度的规则中，我们诉诸长度，或者宁可说诉诸用在温度计里的一定试验液体的体积，而体积是借助于长度来确定的。所以看来这里我们有两个数量：长度与温度。对于它们的定义，每一个依赖于另一个，这看上去像是一个恶性循环，但事实上并不是。

排除这个循环的一种方法如下：首先，我们引进长度概念是不考虑热膨胀修正因子的。这个长度概念并没有给予我们以极高准确性的测量，但如果不要求极高的准确性，这个概念就已经足够了。例如，如果一铁杆用于测量，在正常的条件下，热膨胀是如此之小，致使测量相当准确。这就提供了空间长度的第一个概念 L_1。我们现在可以运用这个概念于温度计的构造中。借助于铁的测量标杆，我们沿着含试验液体的管子刻上刻度，因为我们能够以相当高的准确性来构造这些刻度。当我们在这些刻度上测量温度时，我们也获得了相当高的准确性。按照这种方法，我们引进第一个温度概念 T_1。现在，我们可以运用 T_1 来建立一个精确的长度概念 L_2。我们这样做是借助于将 T_1 引进定义长度的规则。精确长度概念 L_2（因铁杆的热膨胀而做了修正的）对于为我们的温度计构造一个更精确的刻度是有效的。这当然就引导到 T_2——一个温度的精确概念。

在长度和温度的情况下，刚才所描述的程序将会提高这两个概念的精确度到这样一点，在那里错误极小。在其他情况下，在连续精练导致对于我们的目的来说有足够精确的测量之前，有必要来回穿梭几次。必须承认，我们从未达到一种绝对完善的方法来测量每一个概念，但是，我们能说，我们重复这个程序越多（开始用两个粗糙的概念，然后借助于一个概念来精炼另一个概念），我们的测量就变得越准确。用这种连续逼近的技术，我们从最初看来好像是恶性循环中逃脱出来。

我们现在将要着手处理哲学家们提出来很久的问题：测量能运用于自然界的所有的方面吗？世界上有某些方面或者甚至有某些类型的现象原则上是不可以测量的，这是可能的吗？例如，有些哲学家可能承认在物理世界中所有的事物是可以测量的（虽则某些哲学家甚至否认这一点），但他们认为，在精神世界里，情况并不是这样。有些人甚至走得这样远，他们坚决主张，作为精神的所有事物都是不能测量的。

持这种观点的一个哲学家可以争辩如下："感觉的强度或身体痛苦的强度或我记忆起过去事件强烈的程度原则上是不能测量的。我可以感觉到我对某一事件的记忆比我对另一事件的记忆强烈，但对于我，不可能说某一事件的记忆强烈到 17 度而另一事件的记忆强烈到 12.5 度，因而，记忆的强度的测量原则上是不可能的。"

在回答这个观点时，让我们先考虑一下关于重量的物理量。你捡起一块石头，它是重的，你将它与另一块比较轻的石头来加以比较；如果你检验这两块石头，你将会不要求任何数目字也不寻找可计算的任何离散单位。这种现象自身并不包含数目字，只包含你个人的重量感觉。但是，正如我们在前一章所看到的，我们是通过提出一套测量程序来引进有数字的重量概念的。正是我们将数字加给自然界。现象自身展示的只是我们观察到的质。所有的数，除了可以与离散客体相联系的基数之外，都是当我们设计测量程序时由我们自己带来的。

我想，对于我们原来提出的哲学问题，就采取这种办法来回答。在任何现象领域，如果你发现有足够的顺序，使你能做出比较，并说：在某些方面，一个事物在另一事物之上，而这另一事物又在其他一些事物之上，则原则上存在着一种测量的可能性。正是在现在，你可以设计出一套规则。通过它可以将数字用有效的方法派给这些现象。正如我们已经看到的，第一步是寻找比较规则；然后，如果可能就寻找定量的规则，当我们将数目派给现象时，并没有什么立足点来问这些是不是“正确”的数目。我们只不过设计规则，这些规则指明这些数目怎样被分派出去。从这观点出发，没有什么东西原则上是不可测量的。

甚至在心理学中，事实上我们也在做测量。感觉的测量是在19世纪引进的，也许读者记得在后来称之为心理物理学领域的韦伯—费希纳感知律。被测量的感觉首先使之与某种物理的东西相联系，然后制定确定感觉强度的规则。例如，做出皮肤承受不同重量的压力感觉的测量，做出音高的感觉或声音强度的感觉的测量，等等。人们处理音高的测量——这里我们说的是感觉的测量，不是声波的频率的测量——就是去构造一个刻度，这个刻度建立在这样的单位之上，这个单位就是在音高上能觉察出来的最小的差别。S. S. 史蒂文斯曾经提出另一程序，它建立在被试者对某一音高的识别上，被试者感觉到这个音高准确的是在另外两个音高的中间。因而，按照不同的方法，我们已能够为某些心理量设计出测量刻度。所以，运用定量的方法于心理现象原则上是根本不可能的，这种说法当然是不成立的。

在这一点上，我们将评论一下测量程序的界限。的确，测量是科学的基本程序，这是毫无疑问的。不过同时我们应该小心，不要过高估计它的作用范围。详细阐明测量程序并不总是能给我们以一个概念的完整意思。我们越是研究一门发展了的科学，特别是像物理学这样一门充分发展了的科学，我们就越觉悟到这样的事实：一个概念的总体含义是不能由测量程序给出的，甚至最简单的概念也是如此。

作为一个实例，我们考虑空间长度，用一把硬尺测量长度的程序只是在某种不太长也不太短的中间数值的范围里才能用得上。它可以运用于也许其长度小到例如毫米或毫米的分数，但不能运用于千分之一毫米。极小的长度不能这样量度。我们也不能运用测量标杆去测量地球到月球的距离。甚至从美国到英国的距离在没有建筑连接这里到英国的桥梁以前，也不能采取这样的程序进行测量。当然，我们继续谈论这个国家到英国之间的空间距离意味着是这样的一个距离，如果这两国之间的地球表面是固体，则能够用测量标尺来测得距离。但这表面并非固体。所以甚至在这里，我们也必须设计另外的测量长度的程序。

这样的一个程序如下，借助于一个测量杆，我们确定了地球上的某个距离，例如在 A 点与 B 点之间的距离（见图 10—1）。以这个 AB 线为基础，我们在不运用测量杆的情况下，能确定 B 点到遥远 C 点的距离。借助于测量仪器，我们测量两角 α 与 β，物理几何

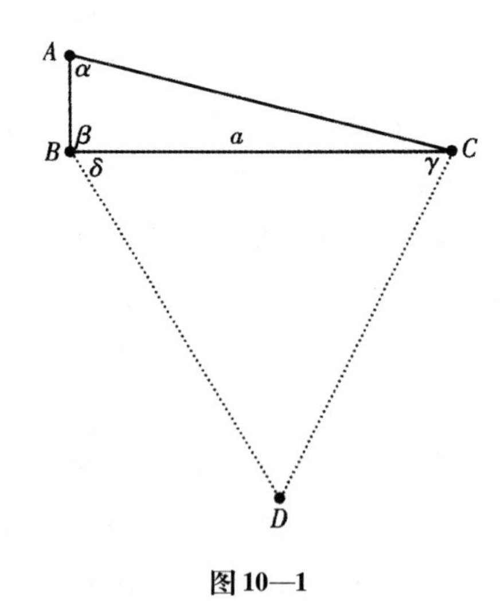

图 10—1

定理使我们能计算出线 a 的长度，它就是 B 点与 C 点之间的距离。知道这个距离，并测量角 δ 与 γ，我们能够计算出从 B 点到一个甚至更遥远 D 点的距离。因而，借助于所谓“三角测量”的过程，我们能够测量巨大网络的距离并用这种方法绘制巨大地区的地图。

天文学家也运用三角测量来测量从地球到我们银河系内较近星球的距离。当然，用地球上的距离做基线太短了，所以天文学家用地球轨道上的一点到对面的一点的距离做基线。对于我们银河系内距离非常大的诸恒星，或对于测量到其他星系的距离来说，这种方法是不够精确的。但对于这样大的距离，可以用其他的方法。例如，一个恒星的固有亮度可以由它的光谱来确定，将它与从地球上观察到的恒星亮度相比较，可以将它的距离估计出来。有各种各样的方法来测量那些不能直接用测量杆来测量的距离。我们观察某些数量，然后在将这些数量与另一些数量联系起来的规律的基础上，我们进行了间接估量距离。

在这一点上，产生了一个重要问题。如果有一打不同的方法来测量某个物理量，例如长度，则代替一个单一的长度概念，我们是否说有十二个不同概念呢？这就是由物理学家和科学哲学家 P. W. 布里兹曼在他的经典著作《现代物理学的逻辑》（麦克米兰公司，1927）中表达出来的观点。布里兹曼强调这样的观点：所有定量的概念都必须由包含于测量它的程序中的规则来定义。这有时被称为一个概念的“操作定义”。但是，如果我们有许多不同的长度的操作定义，按照布里兹曼的意见，我们就不能讲唯一的长度概念。如果我们讲了，我们就必须放弃关于概念由明确的测量程序来定义的观念。

在这个问题上我的观点如下：我想，最好将物理概念看作是处在用不断加强的方法被阐明的过程中的理论概念，而不看作完全由操作规则来定义的概念。在日常生活中，我们做出关于自然界的各种观察。我们用诸如“长”“短”“热”“冷”这样的定性的词以及用诸如“较长”“较短”“较热”“较冷”这样的比较词来描述这些观察。这些观察语言依一定操作规则与物理学的理论语言相联系。在理论语言中，我们引进诸如长度与质量那样的定量概念，但我们必须不要将这样的概念看作已明确地定义了的，宁可说，这些操作规则，与所有理论物理的假说结合起来，为给出部分的定义服务，或者更确切地说，给出定量概念的部分解释。

我们知道，这些部分的解释并不是最终的、完全的定义，因为物理学经常用新的定律和新的操作规则来加强巩固它们，看不见这个过程的终结——物理学远非具有一个完备的程序集合——所以我们必须承认，我们只有所有理论词语的部分的、不完全的解释。许多物理学家将像“长度”这样的词语包括在观察词汇中，因为它们能够用简单的、直接的程序来量度。我宁愿对它们不作这种分类。事实上，在日常的语言中，当我们说“这桌子的这个边的长度是30 英寸”，我们是在可用简单的测量杆程序来做完全定义的意义上来使用“长度”一词。但这只是长度概念总意义的一小部分。它是这样一种意义，只运用于测量杆技术能被运用的某种中间数值的范围，它不能运用于两个星系之间或两个分子之间的距离。但明显的，在这三种场合，我们在心中有着同一个概念。不说我们有许多长度概念，每一个由不同的操作程序定义，我宁可说我们有一个长度概念，部分地由整个物理学系统来定义，包括用于测量长度的所有操作程序的规则。

对于质量定义，同样是正确的。如果我们将它的意义限制到诉诸平衡天秤的定义，我们便只能将这个词运用于一个小小的中间数值范围。我们不能讲月球的质量或一个分子的质量，甚至也不能讲一座山或一间房子的质量。我们必须区分一大批不同的数量，每一个都有它们自己的操作定义。在两种不同的测量质量的方法都能运用于同一物体的情况下，我们将必须说，在这种情况下，这两个量碰巧具有同一个值。照我的观点看，所有这些将会导致一种过分复杂的说话方式。看来最好采取大多数物理学家所用的语言形式并承认长度、质量等是理论概念而不是用一定的测量程序作明白定义的观察概念。

这个探索不过是一个选择一种高效率语言的偏爱问题。并不刚好只是有一种构造科学语言的方法，存在着几百种不同的方法。按照我的观点，我只能说，这种定量的数量的研究有着许多优点。我并不总是坚持这种观点。有时，同意许多物理学家的观点，我承认诸如长度与质量这样的概念是“可观察的”——观察语言中的词语。但我越来越多地倾向于扩大理论语言的范围并将这些词语包含在这种语言中。以后我将要更详细讨论理论词语。现在，我只需要指出的是，按我的观点，测量的各种程序不应想象为在某种最终的意义上来定义这些数量。它们仅仅是我所谓的“对应规则”的特殊场合。这些对应规则服务于将观察语言的语词与理论语言的语词联结起来。

第十一章

定量方法的优点

定量概念并不是自然界给出的，它们产生于将数目运用于自然现象的实践中。这样做有什么好处呢？如果定量的数量是自然界提供的，我们将不会问这个问题正如我们不会问颜色有什么优点一样。自然界可以没有颜色，但在世界上找到它们是很愉快的事。它们不过是自然界的一部分。关于它们，我们不能做什么事。关于定量概念，情况就不一样了。它们是我们的语言的一部分而不是自然界的一部分。引进它们的正是我们，因此，问为什么我们要引进它们这个问题是合理的。为什么我们要不怕所有的麻烦为了得到能在数字刻度上测量到的数量而设计复杂的规则和假设？

我们都知道答案。没有定量方法（它首次由伽利略以精确的方式引进。当然，其他人更早地用过这种方法，但他首先给出了明确规则），伟大的科学进步，特别是近几个世纪来的科学进步是不可能发生的。这件事已经说了许多次了。物理学企图引进定量概念，在任何地方都是可能的。在最近几十年，科学的其他领域也走了同样的道路。我们不曾怀疑过这是有益的，不过极详细精确地认识其优点在哪里是很好的。

第一个优点（虽然这只是一个较小的优点），就是提高了我们的词汇的使用效率。在量的概念引进之前，为了描述一客体在该数量上的各种可能的状态，我们必须运用许多不同质的名词或形容词。例如没有温度的概念，我们必须讲诸如“非常热”“热”“暖”

“不暖”“凉”“冷”“非常冷”等，所有这些就是我们曾经讲过的分类概念。如果我们有几百个这样的词，对于某些日常的目的来说，也许温度这个定量概念就没有多大的必要了。我们不讲“今天是95度”，我们有很好的形容词来表明这种温度，而对于100度我们也将会有另外的形容词，等等。

这将会发生什么毛病？首先，在我们的记忆上这将是极度困难的。我们不仅将要懂得大量的不同的形容词，而且也必须记下它们的顺序，以便我们立刻知道某一个词在程度上高于还是低于另一个词。但如果引进单一的温度概念，它将物体状态与数目联系起来，我们便只有一个词需要记忆，数量的顺序立刻就由数序来提供。当然，我们必须事前记住这些数目字，但一旦我们已经做到了这一点，我们便能够运用这些数目于任意的定量的数量。否则，我们对于每一个数量将必须记住不同的形容词集，而在每一种场合我们也将必须记住它们的特别顺序。这些就是定量方法的两个小优点。

最主要的优点，正如我们在上一章已经看到的，乃是定量概念使我们可以表述定量的规律。这些规律无论作为解释现象的方法还是作为预言新现象的工具都具有比较强大的威力。甚至用了丰富的定性语言（在那里有数以百计的定性形容词压在我们的记忆中），即使要表达最简单的规律也是极端困难的。

例如，假定我们有一个实验状态，在那里我们观察到某一数量P依赖于另一个数量M，我们将这个关系绘制成图11—1的曲线，在这个图的水平线上，数量M取值x_1，x_2，…，对于M的这些值，数量P取值y_1，y_2，…，我们将对应这些值的点画到图上之后，我们试图通过这些点画出相应的平滑曲线。也许它们适合画一条直线，在这种情况下，我们说P是M的线性函数，我们将它表达为$P = aM + b$，这里a与b是在给定状态下保持为常数的参数。如果这些点适合画一条二次曲线，我们有一个二次函数。也许P是M的对数，或者它是一个比较复杂的函数，必须用几个简单的函数来表示。当我们已决定这个最有可能的函数之后，我们通过重复观察来检验我们是否已经发现了一个函数，它表现了联结两数量的普遍规律。

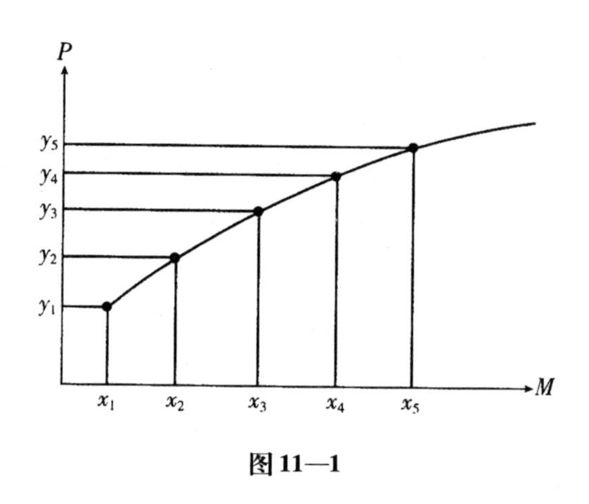

图 11—1

在这种情况下，如果我们没有定量的语言将会发生什么情况呢？假定我们有了一套比今天的英语丰富得多的定性语言，在我们的语言中，我们没有诸如“温度”这样的字眼，但对于每一种质，我们有 50 个形容词，所有都整齐地排列着。我们的第一个观察将不是 $M = x_1$，而代之曰：我们正在观察的那个客体是……，这里用了关于 M 的 50 个形容词中的一个。而且，代替 $P = y_1$，我们将会有另外的一些句子，在那里我们用了关系到性质 P 的 50 个形容词之一。严格地说，两个形容词不会对应于我们图中轴上的点——我们不可能有足够的形容词来对应于线上所有的点——而宁可说是对应于沿着每条线的间隔。例如，一个形容词可能关系到包含 x_1 的一个间隔。沿着 M 轴的 50 个间隔，对应于我们的关于 M 的 50 个形容词，可能有模糊的边界，它们甚至可能在某种程度上相重叠。在这种语言里，我们不能表达一个简单的规律，比如说 $P = a + bM + cM^2$。我们必须精确地阐明我们关于 M 的 50 个形容词中的每一个怎样与关于 P 的 50 个形容词的某一个相对应。

比较具体地说，假定 M 讲的是热的性质，P 讲的是颜色，则联结这两种质的一个规律可以由 50 个形如下面的条件语句集合所组成："如果这客体是非常、非常、非常之热（当然，我们可以找一个形容词来表达它们），则它是鲜红色的。"实际上，在英语中，我们有很多关于颜色的形容词，但这几乎是唯一的、有那么多形容词的质的领域。至于物理学中大多数的量，是极为缺乏定性语言的形容词的。一个用定量语言来表达的规律，比起我们企图将同样的规律表现于定性词语中所要求的笨拙表达式要简短得多和简单得多。代替简单的、紧凑的方程，我们将会有成打的"如果……则"语句，每一个语句将一个某一类的论断与一个另一类的论断配合起来。

然而，定量规律的最重要的优点，并不在于它的简短，而在于它的应用。一旦我们有了数量形式的规律，我们就能引进我们称之为数学的演绎逻辑的强有力的部分并以这种方法做出预言。当然，在定性的语言中，演绎逻辑也可以被用于做出预言。我们可以从前提"这物体将会是很、很、很热"演绎出预言"这物体将会是鲜红的"。但这个程序和作为数学的一部分的、强有力的、有效的演绎方法相比较，将会是很笨拙的。这就是定量方法的最大的优点，它使我们有可能在运用数学函数的形式中表达规律，而运用数学函数可以以最有效和最精确的方式做出预言。

这些优点是如此之巨大，以至于今天没有人会提议物理学家放弃定量语言而转向前科学的定性语言。但是，在科学的早期，当伽利略计算圆球滚下斜面的速度以及摆的周期时，有许多人可能会说："所有这些会带来什么好处呢？它在日常生活中怎样帮助我们呢？我与小球体沿轨道滚下的遭遇从不相干。真的，有时我剥豌豆，豌豆从倾斜的台面上滚下去。但计算它们的精确的加速度的价值是什么呢？这些知识有何实际用途呢？"

今天，没有人以这种方式谈论问题，因为我们都用了成打的复杂仪器——汽车、冰箱、电视机——如果物理学不是作为定量科学而发展起来的话，我们知道这些仪器是不可能的。我有一个朋友，他曾持一种哲学的态度，即认为定量科学的发展是令人遗憾的，因为它导致生活的机械化。我的回答是这样：如果他希望坚持这样的观点，他可以永不乘坐飞机或汽车，永不使用电话，抛弃定量科学就意味着抛弃作为现代技术产物的所有这些方便。我相信不会有很多人想去抛弃它。

在这一点上，我们遇到了虽然有某些不同的，但却是对定量方法的一种有关的批评。定量方法真的能帮助我们理解自然界吗？的确，我们能够用数学的语言来描述现象，做出预言，发明复杂的机器，但这是否是获得对于自然秘密的真正洞察的较好的方法呢？最伟大的德国诗人歌德对定量方法做出这样的批评，认为它比对自然界的直接的、直观的研究较为低级。读者可能只知道他是一个戏剧和诗歌的作家，但实际上他对自然科学的某些部分是很有兴趣的，特别是在生物学和颜色理论方面。在颜色理论方面，他写了很多书；有时，他认为这些书比他所有的诗歌作品的总和还要重要。

歌德的著作的一部分是详细论述颜色的心理效应的，这些著作是系统的描述并且是非常有趣的。歌德在观察他的经验上是非常敏锐的。就是由于这个原因，他非常胜任于讨论我们的情绪是怎样受着我们周围的颜色的影响。的确，每一个室内的装饰家都知道这种效应。室内有许多黄色和红色是刺激性的，绿的和蓝的颜色有宁静的效应。当我们为卧室和起居室选择颜色时，我们要记住这些心理效应。歌德的书也提及颜色的物理理论，其中有一个回顾历史的章节，在那里他讨论了以前的理论，特别是牛顿的理论，他原则上不满意牛顿的整个研究。歌德坚决主张光的现象，在其所有的方面，特别是在颜色的方面，必须只在最自然的条件下被观察。他的生物学工作使他得出结论，如果你要找出橡树或狐狸的真正特性，你必须在它们的自然习性上来观察这种树和狐狸。歌德将这个概念转移到物理学中，一个人观察暴风雨，最好是在暴风雨到来的时候跑出外面并仰望着天空。对于光和颜色的观察也是如此。人们必须按照它们在自然界中产生的那样——阳光透过云层照射出来的方式来观看它。当太阳出来时，天空中的颜色发生怎样的变化。歌德通过这样做发现了某些规律性。但是，当他在牛顿的名著《光学》中读到来自太阳的白光实际上是所有光谱颜色的复合时，他发怒了。

他为什么发怒呢？因为牛顿并没有在自然条件下做出他的观察。相反，他在室内用三棱镜来做他的著名实验。他将他的实验室弄黑，在窗板上开一小缝（见图 11—2），这小狭缝只允许一狭窄的阳光光束进入黑房。当这些光线透过三棱镜，牛顿观察到，光线投到屏幕上，是一幅不同颜色的图像，从红色到紫色的图像。他称这个图像为光谱。通过测量在三棱镜上的折射角，他得出结论，对于不同的颜色，这些角是不相同的：红色的折射角最小，紫色的最大。这些导致他设想，三棱镜并不产生颜色；它仅仅是将包括在太阳光原始光束中的颜色分离开来，他还通过其他实验来确证这个假设。

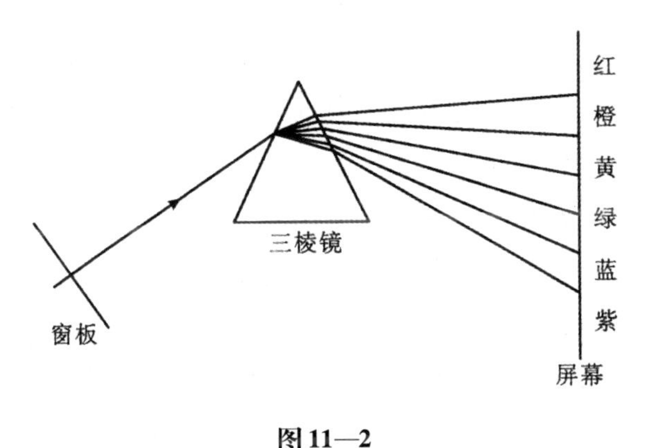

图 11—2

歌德对于牛顿的物理学的一般研究提出了几个反对的意见，这可以用这个实验来证明。首先，他说，要试图理解自然，我们必须更多地依靠我们的感官所接受的直接印象而不是更多地依靠理论分析。因为白光呈现于我们的眼前是完全简单的和无色的，我们必须这样来接受它，而不是将它描写成由不同颜色组成。对于歌德来说，在人工的、实验的条件下观察自然现象例如观察阳光也同样是错误的。如果你要了解阳光，你必须不要弄黑你的房子，并通过狭缝来收缩光束。你必须走到广阔的天空下，注视所有引人注目的颜色现象，把它们看作在它们的自然环境中所呈现的那样。最后，他怀疑定量方法的用处。他承认，对角、距离、速度、重量等做精确的测量然后依据这些测量的结果做出数学计算对于技术的目的可能是有用的。但是他深深地怀疑，如果我们想要获得真正洞察自然的方法，这是否是最好的研究方法。

当然，今天我们知道，在牛顿的分析的、实验的和定量的方法上与歌德的直接的、定性的和现象论的方法之间的论战中，前者不仅在物理学中赢得胜利，而且今天在其他的科学领域包括社会科学领域中，也赢得了越来越多的地盘。特别是在物理学中，现在十分明显，近一世纪的伟大进步如果没有定量的方法是不可能的。

另一方面，我们也不应该忽视像歌德的直观方法对于发现新事实和提出新理论，特别是在相对新的知识领域里发现新事实和提出新理论所具有的伟大的价值。歌德的艺术想象与他的细心观察相结合，使他有可能在植物和动物有机体的比较形态学中发现重要的新事实。其中许多发现被认为是导向达尔文进化论的重要步骤（伟大的德国物理学家和生理学家赫尔曼·冯·赫尔姆霍茨于 1853 年在一篇论歌德的科学研究的论文中说明了这个问题。赫尔姆霍茨高度赞扬了歌德在生物学方面的工作，但他批评了他的颜色理论。在这篇论文的 1875 年跋中，他指出当时歌德的许多假说，已为达尔文的理论所证实①）。

指出下面这一点是很有意思的：约于 19 世纪中叶，哲学家阿瑟·斯科彭豪尔写了一篇小论文论视觉与颜色。在这篇论文中，他

---

① 歌德的《颜色理论》是一本三部头的著作，1810 年在德国出版。第一部的英译本，由查理士·依斯特拉克译出，于 1840 年在伦敦出版。赫尔姆霍茨的论文《论歌德的科学研究》首次出现于他的《通俗科学主题演讲集（第一集）》（纽约：Logmans，Green，1881）中，并重印于他的《通俗科学演讲集》（纽约：Dover，1962）中。对于歌德的类似的批评。见约翰·廷德尔的一篇演说《歌德的“颜色理论”》，刊于他的《新残篇》（纽约：Appleton，1892）中。还可参见沃纳·海森堡的 1941 年的演讲《从现代物理学看歌德和牛顿关于颜色的学说》，见《核科学的哲学问题》（伦敦：Faber & Faber，1952）。

采取了这样的立场，即认为在他们的历史争论中，歌德完全正确而牛顿完全错误。斯科彭豪尔不仅谴责数学在科学中的运用，而且也谴责数学证明的技术。他引证毕达哥拉斯的著名定理的证明为实例，称它们为“老鼠夹子的证明”。他说，这种证明是正确的；无人能反驳你，而说它是错的。但这是一种完全人为的推理方法。的确，每一步是有说服力的，而在证明的结论上你有这样的感觉，你已经被夹在老鼠夹子上了。数学家强迫你接受这个定理，但你并没有获得真正的理解，好像你已经被引进迷宫一样，你突然走出迷宫并且对自己说：“是的，我在这里，但我真正不知道我怎样到了这里来。”在数学的教育中关于这个观点还有某些东西要说的。关于我沿着证明的道路上每一步做些什么以及为什么我们要采取这些步骤，对于这些的直观理解，我们将给予更多的注意。不过所有这些都是随便说一说而已。

当我们用数来描述这个世界时，我们是否如某些哲学家所相信的那样，丧失了某些东西呢？为了给出这个问题的清晰回答，我们必须在两种语言状态之间做出清楚的区别：一种语言是实际上不考虑它所描述的客体的某种质的，而另一种语言看来好像不考虑某种质而实际上并不是这样。我确信，在这些哲学家们的思想中的许多混乱起源于不能做出这种区别。

这里我们在非常广泛的意义上使用“语言”一词，它涉及任何一种方法，运用这种方法能传送有关世界的信息，这些方法包括词、图画、图示等。让我们来考虑一种忽略掉它所描述的客体的某些方面的语言。你在一本杂志中看到纽约市中心——曼哈顿的黑白照片，也许解说词写着：“纽约市高层建筑物的空中轮廓，见于西边。”这个图片在黑白图片语言中传送了关于纽约市的信息，你了解到关于这些建筑物的大小和形状的某些东西。这张图片类似于当你站在照相机所放的位置并向纽约看去所得到的直接目视印象。当然，这就是你立即理解这张图片的原因。这不是普通意义下的语言。这是就它传达了信息这个比较广义的语言。

图片仍然不够详细。它没有厚度的尺寸，它没有告诉你关于建筑物的颜色。这并不意味着你不能做出关于厚度和颜色的正确推论。如果你看到一张樱桃的黑白照片，你假定这个樱桃或许是红的。但这只是一种推论，照片本身并没有传送樱桃的颜色。

现在我们转而研究这样的情况，在那里质看来在语言中被忽略了，但实际上并没有忽略掉。考察一张乐谱，当你首次看到乐谱时，也许你像小孩一样会问道："这里的这些奇怪的东西是什么？这里有五条线延伸开来横跨过这页纸，上面画有黑点，有些黑点带上尾巴。"

人们告诉你说："这是乐章，是非常优美的曲调。"

你表示反对："但我不能听到任何音乐。"

这些乐谱并没有用例如像唱机那样的方法来传达曲调，这当然是对的，这里没有听见什么。但在另一种意义上，这乐谱传达了音高和每一个音调的持续时间，它并不是用对小孩有意义的方式来传达，甚至对于一个成年人来说，这曲调也不能直接呈现出来，直至他在钢琴上弹了它或者请某人为他弹唱；但曲调的音响蕴含在乐谱中这是毫无疑问的。当然，转换的钥匙是需要的。这里必须裁定这些乐谱怎样转换成声音。但如果规则已知，我们就可以说，音响的质——它们的音高、持续时间，乃至强度变化——都已在乐谱中给定。一个训练有素的音乐家甚至能够一看符号便在他的心中直接"听"到曲调。我们这里明显地有一种不同于黑白照片的语言状况。照片确实是忽略了颜色，乐谱看来忽略了声音，但实际上并没有。

在普通的语言中，我们如此习惯于词以至于我们忘记了它们并不是自然的标记。如果你听到"蓝"这个字，你立刻想象出蓝色。作为一个小孩，我们就已形成一个印象，即我们语言的颜色词实际上是传送颜色的。另外，如果我们读到物理学家关于一定的强度和一定的频率的电磁振荡的陈述，我们并没有立即想象出它所描述的颜色。但是，如果你知道转换钥匙，你便能够确定恰当准确的颜色，甚至是比你听到颜色的字更加准确的颜色。如果你亲自用分光镜进行工作，你便可以知道这种颜色与这种频率相对应。在这种情况下，物理学家的陈述会直接告诉我们，他所说的是青蓝色。

转换钥匙可以以各种不同的方式来制定。例如，可见光的频率度数可以记录在图表上，紧密相应于每种频率的英语颜色词书写在每种频率后面，或者代替颜色词，图表有包含实际颜色的小方块。在每一种场合下，当你听到物理学家的定量陈述时，你可以借助于这种转换钥匙精确地推论出他所描述的是什么颜色。运用他的传送方法，质，在这种场合下是颜色，它全然没有丧失。这里的情况类似于音乐乐谱；存在着一把钥匙来确定最初看来从乐谱中省略掉的这些质。不像黑白照片，在那里一定的质实际上被忽略掉了。

定量语言的优点是如此地明显，以至于人们感到奇怪，为什么有这么多的哲学家批评它在科学中的运用。在第十二章中，我们将讨论这种批判态度的某些理由。

第十二章

语言的魅力观

我有一个这样的印象，某些哲学家反对强调定量语言的科学地位的一个理由，是我们关于前科学语言的词（我们在儿童时期所学到的词）的心理关系与我们对于我们后来在物理语言中碰到的这些复杂化了的概念的心理关系是很不相同的。儿童怎样能够相信一定的词实际上可以说是运载他们所谈论的质，这是可以理解的。我不希望某些哲学家受到不公平待遇，但我怀疑这些哲学家在他们对科学词和符号的反应中，有时犯了小孩常常犯的同样错误。

在 C. K. 奥格登与 I. A. 理查兹写的著名著作《意义的意义》[①]中，有许多被作者称为“词的魅力”的很好的例子，其中有些是很逗人发笑的。许多人持有一种语言魅力观，这种观点认为，在某些词（当然，只有那些他们熟悉的词!）和它们的意义之间，存在着某种神秘的自然联系。实际的情况是，在我们的文化演变中，“蓝”字表示一定的颜色，这只不过是历史上偶然的事情。在德国这种颜色被称作“blau”。在其他语言中，其他声音与这种颜色发生联系。对于小孩子来说，认为一个他们在自己祖国语言中习惯了的“蓝”字是自然的字，其他的指示蓝颜色的字是完全错误的或必定是奇怪的。当他们长大，他们可能变得比较宽容，并且说：“其他的人们

---

① C. K. Ogden and I. A. Richards, *The Meaning of Meaning* (London: Kegan Paul, Trench, Trubner, 1923); (8th rev. ed.; New York: Harcourt, Brace, 1946); (New York: Harvest Books, 1960)。

可以用‘blau’，但他们用这词表示实际上是蓝色的事物。”一个小孩想，“a house”是一间房子，“a rose”是一朵玫瑰花，所有的就是他所指的东西。后来他知道在法国，陌生的人们称房子为“maison”。当他们意指一所房子的时候，为什么他们说“maison”呢？因为那是一所房子，为什么他们不称它为“a house”呢？人们告诉他，说“maison”在法国是习惯，法国人讲它讲了几百年了；他不应为此而谴责他们或者认为他们太愚蠢。这孩子终于接受了这个意见。这些陌生的人们有奇怪的习惯。让他们用“maison”一词来表示实际上是房子这种东西吧。放弃这种宽容态度并获得一种认识，认为在一个无论什么词和它表示的意思之间并没有什么本质的联系，对于许多成年人来说如同对于小孩子一样看来是比较困难的。当然，他们从来不公开说英文字是正确的字，其他各种语言的字是错误的，不过，儿童时代的魅力观仍保留在他们的脑海中，并且常常出现在他们的论述中。

奥格登和理查兹引用一句英国谚语：“神就是神”。这明显地意味着神真正是神明，因而他就叫作神。虽然人们可能有某物就是所谓的某物这种感觉，但事实上这句谚语并没有说出什么东西。它明显地是一句空话。不过人们在明显激动地以强烈的口吻重复它的时候，实际上认为它表达了某种对神的本性的深刻洞察。

语言魅力观的一个较精致的例子包含于库尔特·里兹勒的《物理与实在：亚里士多德在一次国际科学会议上关于现代物理的讲演，第679届奥林匹克运动会，剑桥，公元1940年》[①]。作者想象，亚里士多德在我们的时代返回地球并发表了他关于现代科学的观点——这也就是里兹勒的观点。我想只有里兹勒才有这种观点。

亚里士多德从高度赞扬现代科学开始他的演讲。对于现代科学的伟大成就，他充满着敬佩。然后，他补充说，为了说实话，他也必须提出一些批评的意见。这里我们感兴趣的正是这些评论。在里

① 库尔特·里兹勒的书于1940年由纽黑文耶鲁大学出版社出版，出版社允许引用这本书。

兹勒这本书的第70页上，亚里士多德对聚集在一起的物理学家说：

> 今天对于黑人来说是冷的，而对于爱斯基摩人来说是热的，你们用你们温度计上的50°读数来调解了这个争论。

里兹勒在这里想说的是，在日常生活的定性语言中，关于像“热”和“冷”这些词，我们并没有取得一致的意见。如果一个爱斯基摩人从格陵兰到达温度为50度的地方，他会说“这是一个相当炎热的日子”。一个黑人从非洲来，到了同一个地方，他会说“这是一个寒冷的日子”。这两个人在“热”和“冷”的意义上没有取得一致。里兹勒想象有个物理学家告诉他们：“让我们都忘却那些词并用温度的语言来说话，则我们能够取得一致的意见。我们都会同意，今天的温度是50度。”

再往下面引证：

> 你们为通过消除……来获得客观真理而感到自豪。

我请求读者猜一猜里兹勒认为物理学家消除了什么。我们可以期望，这个句子是这样继续下去的：“……通过消除‘热’和‘冷’这些词……”的确，物理学家除了从物理学的定量语言中消除这些词之外，并没有从其他什么地方消除这些词。在日常生活的定性语言中，他们将依然需要这些词。真的，为了描述他所看见的东西，甚至对于物理学家来说，定性语言也是不可缺少的。但里兹勒并没有说出我们所期望说的东西。他继续写道：

> ……通过消除黑人和爱斯基摩人……

当我首次读到这一段时，我想他说的和刚才说的稍有不同，并且他的意思是，物理学家消除了黑人和爱斯基摩人的说话方式。但情况并不是这样。里兹勒意指某种更深刻的东西。后面他将这问题弄得十分明白：在他的观点看来，现代科学消灭了人。它忘记了并否定了所有人类知识主题中最为重要的主题——人本身。

> 你们为通过消除了黑人和爱斯基摩人来获得了客观真理而感到自豪。我同意你们所达到的成就的重要性，也同意如果你们不消灭黑人和爱斯基摩人你们就不能建立你们的神奇的机器。什么是实在和真理呢？你认为真理与确实性是一致的。但明显的，真理与存在，或者你们喜欢说，真理与被称为“实在”的东西有关。真理可能有高度的确实性，正如数学中的真理有高度的确实性一样，不过，它却只有低度的“实在性”。你的50°是什么呢？因为它对于黑人和爱斯基摩人是真理，所以你称它为客观实在。你的这个实在性对于我来说，看来是极其贫乏和空洞的。它是将被称为温度的性质与你的水银膨胀联系起来的关系。这个实在性不依赖于黑人和爱斯基摩人。它与黑人和爱斯基摩人都没有关系，只与匿名的观察者有关。

在后面某个地方，他写道：

> 的确，你知道，热和冷说明了50°与黑人或爱斯基摩人的关系。

他在这里说的是什么意思，我并没有太大的把握，也许他的意思是，如果黑人和爱斯基摩人要明白用50°来表示什么意思，那就必须用“热”和“冷”的词向他们做解释。

> 你说，观察系统必须加以扩大，扩大到包括发生在黑人或爱斯基摩人内部的物理事件。

这就是物理学家对于下列这种指责的回答。这种指责是："你是否忽视了爱斯基摩人和黑人各自感到的热和冷的感觉?"里兹勒看来认为物理学家会做这样的回答："不！我们没有忽视这些感觉。我们也描述作为有机体的黑人本身以及爱斯基摩人，我们将他们作为肉体系统（生理系统和物理系统）来分析他们。我们寻找他们里面发生的事情，以这种方法，我们便可以解释为什么他们经受着不同的感觉，正是这种感觉导致他们将同样的一天描述成'热'的或'冷'的。"这一段继续写道：

> 摆在你面前的有两个系统，其温度梯度是相反的，一个是冷的系统而另一个是温暖的系统。但这些冷和暖，仍然不是冷和暖。在你的系统中，黑人和爱斯基摩人是用物理的和化学的事件的复合物来描述的；他们已不再是他们自己那样的存在，他们是匿名的观察者所讲的那样，是用可测量的量之间的关系来描述的事件的复合物。我觉得黑人和爱斯基摩人在你们的图景中被描述得很贫乏。你对包含于这样一个系统中的巨大的复杂情况负有责任。

这里，里兹勒谈到人的系统；谈到当你试图物理地分析它时，它的确是极复杂的有机体。他继续写道：

> 不！先生们，你们将这些符号看作是同样的，但你们从来没有将冷描写成为冷，暖描写成为暖。

最后在这里，至少暴露出一点儿词的魅力！物理学家将那些真正不表现任何质的人为符号看作是一样的。这是不幸的事，因为物理学家不能描述成为"冷"的冷。称气温为"冷"会给我们传达实际感觉，我们都会发抖，会想象出有多冷。或者说"昨天，天气酷热"，这会给我们关于热的真实感觉。这就是我对里兹勒所说的东西做的解释。如果读者希望做出比较温和的解释，他可以自便。

在后面，里兹勒的亚里士多德做了另一个有趣的陈述：

> 让我转向我的观点。实在是物质的实在，你并不知道你的温度计指示50°所描述的事件背后的物质，但你知道黑人和爱斯基摩人喜爱……

里兹勒的意思是，你知道黑人和爱斯基摩人喜爱什么。因为他们是人，你也是人，所以你具有他们那样的共同感觉。

> ……问一问他们，问一问你自己，问一问你的苦和乐、你的行为和所受的约束，你便知道实在是什么意思。这些事物是具体的。你知道它是什么。

他觉得，只有当我们谈及苦和乐、热和冷时，我们才能够达到真正的实在。一当我们转到物理符号、温度以及诸如此类的一边时，实在性就变得淡薄了。这就是里兹勒的判断。我确信，这不是亚里士多德的判断。亚里士多德在思想史上是伟大的人物之一。在他的时代他最为尊敬最为关心科学。他亲自做经验的观察和实验。如果他能看到从他那个时代到我们今天的科学发展，我相信他将会热情地赞同思想和语言的科学方法。真的，他很可能会成为今日的科学家的领袖。我想，里兹勒将这些观点归到亚里士多德头上是十分不公正的。

我假定，很可能里兹勒的意思只是说科学不应如此排他地集中于定量概念，以致它忽略了自然界的所有不适合用数学符号做简洁描写的方面。如果这就是他所指的一切，则我当然会同意他的观点。例如，在美学的领域里，在发展定量概念方面还没有多大进步。但我们总是很难预先说，在那里引进数量测量就将会是很有用的。我们应该将这个问题留给那个领域的工作者。如果他们发现一种有用运用它的方法，他们会将它引进的。在他们做这事之前，我们不应该对这种努力感到泄气。当然，如果语言用于美学的目的——不是作为对美学的科学研究，而是为了给人以美的享受——则定量语言是不适宜的，这是没有问题的。如果我们需要在给朋友的信中或者在一篇抒情诗中表达我们的感情，自然我们要选择一种定性的语言。我们需要一些对于我们是如此熟悉的词，以便直接唤起各种意义和联想。

有时科学家甚至忽略他们正在研究的现象的一些重要方面，这样做是正确的。但这常常是劳动分工的问题。一个生物学家完全在实验室里进行工作，他在显微镜下研究细胞，做化学分析，等等。另一个生物学家走到自然界当中去，观察植物怎样生长，在什么条件下鸟儿结巢，等等。这两个人有不同的兴趣，但他们用他们各自的方法所获得的知识全都是科学的一部分，都不应假定其他的一种工作是无用工作。如果里兹勒的意图仅仅是告诫我们，科学应该小心谨慎，不要遗漏了某些东西，那人们会跟他走的。但如果他的意思是说，正如他看来已经说的，科学的定量语言实际上忽略遗漏了某些质；则我想他错了。

让我们从欧内斯特·内格尔写的关于里兹勒的书的书评中引一段话：“物理学的理论不是太阳与恒星以及具体事物的各方面活动的代用品，但为什么有些人可以合理地期望从话语中感觉到温暖呢?”①

你们看，内格尔甚至以比我们所要做的更不宽容的方式来阐明里兹勒的意思。他可能是正确的，但我并不非常有信心。内格尔认为，里兹勒批评物理学家的语言并不是在较强的意义下直接运载像在有色图画中实际包含的颜色那样的质。同样，我们能够通过喷香水的办法——携带实际的香气，而不是仅仅给它命名——来传送有关气味的信息。也许里兹勒的意思是（内格尔这样理解他）语言应

① 《哲学杂志》1940 年第 37 期，第 438—439 页。

该在这个强的意义下传送质，以至于能实际上将质带给我们。他看来想使一个像“冷”那样的字携带某种实际上的冷质。这样一种观点应该是语言魅力观的一个实例。

第三篇　空间的结构

第十三章

欧几里得平行公设

在物理学中，几何的性质是科学哲学的一个极为重要的课题——因而是一个我有特别兴趣的课题。在这课题上，我写了我的博士论文，虽然自此以后我在这课题上发表的东西很少，但它却是我做了大量的思考的课题。

为什么这个问题这么重要呢？首先，它导致了对现代物理学结构的基础——时空系统的分析。而且，数学几何和物理几何是获得知识的两种基本不同的方法的范例。这两种不同的方法就是：先验的方法和经验的方法。如果我们清楚地理解这两种几何的区别，我们将会获得有关知识理论的重要方法论问题的有价值的洞察。

让我们首先考虑数学几何的性质。当然，我们知道，几何学是一个被人们提出来的最早的数学体系。对于它的起源，我们知道得很少。使人惊奇的是，在欧几里得时代，它已经是如此很好地被系统化了。欧几里得几何的公理特征——从基本的公理和公设中导出定理——自身便是一个精致卓著的成就；在置数学系统于精确形式中的最现代的方法中，它仍然起着基本的作用。这样的程序在欧几里得的时代就已经得出来，这是很惊人的。

欧几里得的一个公理，即平行公理，在许多世纪内引起数学家们极大的疑惑。我们可以将这个公理陈述如下：对于任意的平面，在其上有一条线 L 以及不在 L 线上的一点 P，在平面上过 P 点有一条而且只有一条线 L' 平行于 L 线（两条线在一平面上，如果它们没有公共点，定义为平行）。

这个公理看来如此明白，以至于直到上一世纪，还没有人怀疑它的正确性。关于它的争论中心不是它的真理性问题，而是是否有必要作为一个公理。它和其他欧几里得公理相比，看来不够简单。许多数学家相信它可能是一个定理，能够从其他公理中推导出来。

从其他公理中推导出平行公理的无数尝试都做过了，而有些数学家甚至宣布他们已经成功。今天我们知道，他们都错了。在那个时候，要在每一个这样的假想推导中看出漏洞是不容易的，因为它们通常被建立在诉诸直觉的基础上——如在中学几何课程中，它们仍然被建立在诉诸直觉的基础上一样。我们画了一个图。大家公认，这个图是不精确的。这里没有理想的线——我们画的这些线有厚度，因为粉笔画在黑板上或墨水画在纸张上——但是这个图形帮助我们想象。它帮助我们“看到”我们想要证明的真理。伊曼努尔·康德将这些直觉研究的哲学很好地加以系统化。要知道，这不是我们关于物理图形的感觉印象，而是我们对几何图形的内在直觉。关于这个问题，康德是非常清楚的。人们绝不能确信在黑板上的两个线段相等或者被假定作为一个圆的粉笔线真正是一个圆。康德认为，这样的图形对于我们只是作为第二位的心理帮助。但他想，我们的想象力（他称之为 *Anschauung*，即直觉）是没有漏洞的。如果我们在心中而不仅是用眼睛清楚地看到一个几何真理，则我们以完全的确实性看到它。

作为一个康德主义者，我们将怎样研究两线不能有多于一个公共点的陈述呢？我们在心中想象这个情况。这里是交于一点的两条线，它们怎么可能会在其他地方相交？很显然，它们是不能的，因为随着我们从这些线的交点上离去，这些线远远地分离开来。因此，两直线或者其所有点都是公共点（在这场合，它们重合为一条单一的线），或者它们至多只有一个公共点，或者可能没有公共点，这些是十分清楚的。康德说，这些几何学的简单真理，我们立刻就看到了。我们直觉地掌握了它们的真理。我们不是必须依靠图形这个事实导致康德假定，我们对于用直觉方法察觉的真理可以完全信赖。以后我们将再回到这个观点上来，我们这里提及它，只是要帮助读者明白这样一种方法，19 世纪初的一些科学家用这种方法来考虑几何学。即使他们从未读过康德的著作，他们也有同样的观点。他们的观点是来自康德，还只不过是康德弄明确的文化气候的一部分，这事是无关紧要的。每一个人都假定存在着清楚、简单、基本的几何真理，这是不必怀疑的。从这些简单的真理（几何公理），人们一步一步走向某种导出的真理，即定理。

正如我们已经讲过的，某些数学家相信，他们能够从欧几里得的其他公理中导出平行公理。为什么在他们的证明中，其漏洞是这样难以被发现呢？回答建立在这样的事实上：在那个时候，不存在一种逻辑，它充分有力地为几何的证明提供严格的逻辑规则。在推导的某些地方，存在着诉诸想象的情况，有时非常明显，有时处于隐蔽的方式。只有在上世纪的下半叶，在提出了系统化的逻辑之后，才能得到在纯逻辑推导和带有基于直觉之上的非逻辑因素的推导之间做出区别的方法。这种新逻辑用符号来描述的事实提高了它的效能，不过这并不是绝对必要的。什么是必要的呢？第一，规则必须用完全精确的东西来陈述。第二，在整个推导中始终没有做出不能从前提中获得的陈述，或者不能从先前运用推理的逻辑规则得到的结果中获得的陈述。

在现代逻辑提出之前，没有一组足以对付几何学的规则的逻辑体系存在。传统的逻辑只处理一元谓词，但在几何学中我们处理的是多元素之间的相互关系。一个点处于一条线上或一条线处于一个平面上就是二元关系的例子，一个点处于其他两点之间乃是一个三元关系。我们会认为两线段的叠合是一个二元关系，但习惯上并不是取线段为原始实体，一个线段最好表达为一个点对。在这种情况下，两线段的叠合乃是一点对（point-pair）与另一点对之间的关系；换言之，它是点之间的四元关系。正如你看到的，几何需要一种关系逻辑。在我们考虑的那个时间里，这种逻辑并不存在。当获得了这种逻辑之时，平行公理的各种假想的证明的逻辑漏洞就被揭露出来了。在每一种论证的某一点上，诉诸依据直觉的而不是逻辑地从欧几里得的其他公理中导出的前提。在每一场合下，这些隐蔽的、直觉的前提原来是伪装形式的平行公理自身。如果不是这种情况，这将会是很有意思的。

这种等价于平行公理的伪装公理的一个例子如下：如果在平面上有一直线 L 与一曲线 M，如果 M 上所有的点与 L 有同样的距离，则 M 也是一根直线。这如图 13—1 所示，那里 a 是从 L 到 M 上所有点的距离。这个直观地看来是真实的公理，有时取作企图证明平行公理的心照不宣的假定。当假定了这一点时，平行公理真的就被证明了。但不幸的是，这个假定自身，除非我们假定平行公理为真或者其他等价于它的公理为真，否则便不能被证明。

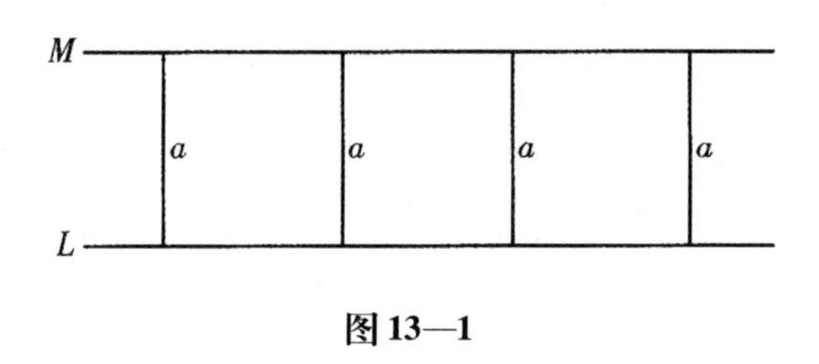

图 13—1

另一个平行公理的等价公理（虽然也许不像刚才所举的那个公理那样直觉地明白）是不同大小的几何图形可以相似的假定。例如，两个三角形如果它们有相等的角并且对应边成比例，则被说成是相似。在图 13—2 中，比 $a:b$ 等于比 $a':b'$，比 $b:c$ 等于比 $b':c'$。假定我首先用边 a，b，c 做一个较小的三角形，存不存在一个较大的三角形，它有同样的内角，而边长为与 a，b，c 有同样比例的 a'，b'，c'？看来很明白，回答是肯定的。假定我们要构造一个较大的三角形，使其边准确地等于较小的三角形的 2 倍，如图 13—3所示，我们可以很容易做到这一点。我们不过是用另一个同样长的线段来延长 a，并对边 c 也这样做，然后联结两端点。在对它做出某种思考以后，第三边的长度必定为 $2b$，而大三角形会相似于小三角形这件事似乎是非常清楚的。如果我们假定相似三角形公理，则我们可以证明平行公理；但，我们再一次假定了伪装形式的平行公理。真实的情况是，不引进平行公理或者其他与之等价的公理，我们不可能证明两个三角形的相似性。因此，运用关于三角形的公理等价于运用我们想要证明的真正公理——平行公理。

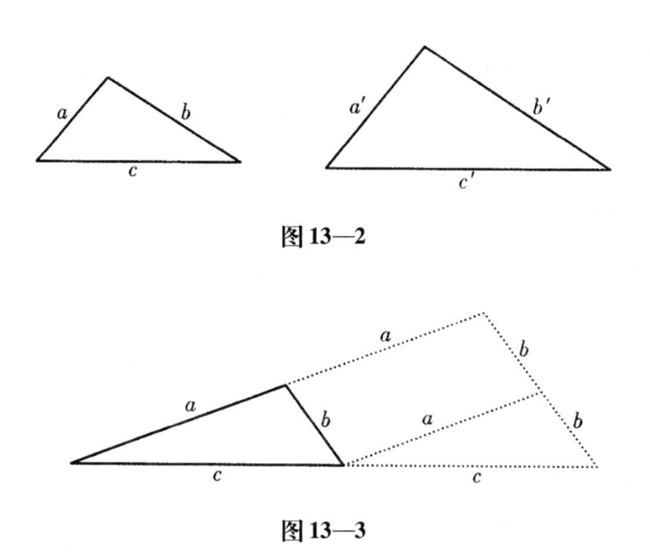

图 13—2

图 13—3

直至 19 世纪，才实际上运用严格的逻辑证明平行公理独立于其他欧氏公理，它不能从后者导出。证明这样的否定陈述（它断定做某事不可能）通常比证明肯定陈述更为困难。“这或那能够由某些前提推导出来”，这样的肯定陈述只要展开推导过程的逻辑步骤就可以得到证明。但怎样可能证明某些东西是不可推导的呢？如果你千百次企图推导它，都失败了，你可以放弃它，但这不是不可能性的证明。可能有其他人，也许用了未预料到的迂回方法，将会找到一个推导。不过，虽然很困难，关于平行公理的独立性的形式证明终于找到了。

探究出这个发现的推理被证明是 19 世纪数学上最令人兴奋的发展。如果平行公理独立于欧几里得的其他公理，则与平行公理不相容的陈述可以用来代替平行公理而不与其他公理发生逻辑矛盾。

由于尝试运用各种代替物，被称作非欧几何的新的公理系统产生了。对于这些带有与直觉如此矛盾的定理的奇怪的新系统，人们想些什么呢？它们是否被认为不过是一种无害的逻辑游戏，一种围绕着说明它们怎样能够无逻辑矛盾地拼合起来的游戏？或者它们是否被认为在它们可以运用于空间自身的结构的意义上是可能“真实”的呢？

在那个时候，后一种情况看来是如此荒唐，以至于甚至无人曾梦想要提出这个问题。事实上，当少数勇敢的数学家开始研究非欧几何时，他们对于发表他们的研究成果十分踌躇。现在，人们会嘲笑这件事并且会问：为什么发表一些数学系统定会引起反感呢？今天，对一个公理系统我们经常做纯形式的研究，我们不问它可以有什么解释和运用，只不过问这个公理系统在逻辑上是不是协调的，是否有某种陈述可以由此而导出。但这不是 19 世纪大多数数学家的态度。对于他们来说，几何系统中的一“点”意味着在自然界空间中的一个位置；这系统中的“直线”意味着普通意义下的一条直的线。几何学不被看作是逻辑学的练习；它是关于我们感觉到的围绕着我们的空间的一种研究，这空间不是数学家今天当他们谈及拓扑空间、度量空间、五维空间等所描绘的那种抽象意义上的空间。

卡尔·弗里德里克·高斯是一位伟大的数学家，也许是 19 世纪最伟大的数学家，正如任何人都知道的，他第一个发现一个在其中平行公理为一个与之不相容的公理所代替的无矛盾的几何体系。我们知道这一点并非来自他的任何出版物，而只是来自他写给一个朋友的信。在这封信里，他讲到正在研究这样一个体系并且由此推导出一些饶有趣味的定理。他补充说，他并不关心这些成果的出版，他害怕“愚钝的人们的喊叫”。读者会知道，在古希腊，愚钝的人（Boeotians）——皮奥夏（Boeotia）地区的居民——并不很受人尊重。我们可以将他的话翻译成现代的成语，即是说“这些乡下人会发笑并说我发疯了”。但用“乡下人”一词，高斯并不是指无学问的人，他指的是某些数学教授和哲学教授。他知道，他们会认为他认真地对待非欧几何是精神错乱。

如果我们放弃平行公理，用什么东西来代替它呢？对这个问题的回答，是现代物理学史上最为重要的问题之一，我们将在第十四章至第十七章中详细地研究这个问题。

第十四章

非欧几何

在搜寻一个公理来代替欧几里得平行公理时，有两个相反方向可供我们选择：

（1）我们可以说，在一个平面上，通过线外一点，不存在平行线（欧几里得曾经说，准确地有一条平行线）。

（2）我们可以说，存在着不止一条平行线（结果是，如果不止一条，则有无限条）。

第一个偏离欧几里得的命题，为俄罗斯数学家尼古拉·罗巴切夫斯基所研究，第二个命题由德国数学家乔治·弗里德里克·黎曼提出。在下表中，我将这两种非欧几何置于欧氏几何的相对的两边来强调它们怎样从相反的方向偏离欧几里得的结构。

几何的类型	平行线的数目	三角形内角之和	圆周对直径之比	曲率度量
罗巴切夫斯基	∞	$<180°$	$>\pi$	<0
欧几里得	1	180°	π	0
黎曼	0	$>180°$	$<\pi$	>0

图 14—1

罗巴切夫斯基几何独立地并差不多同时地由罗巴切夫斯基（他于 1835 年发表他的著作）和匈牙利数学家约翰·波里埃（他三年前发表自己的研究成果）发现。黎曼几何大约 20 年后才发现。如果你想要进一步研究非欧几何的科目，在英文方面有几本好书可以找到。一本是意大利数学家罗伯托·布诺拉写的《非欧几何》。它包括了波里埃和罗巴切夫斯基的两篇论文，并且按它们的原始的形式来阅读是很有趣的。我想从这里所采取的观点即涉及几何和空间的哲学来讨论非欧几何的最好的著作乃是汉斯·赖辛巴赫的《时间与空间的哲学》(*The Philosophy of Space and Time*)，1928 年第一次出版，不过现在才有英译本。如果你对历史观点感兴趣，有马克斯·詹默的书《空间的概念：物理学中空间理论的历史》。有时詹默的讨论有点形而上学的东西。我不能确定这些是他的观点呢，还是他讨论到的人们的观点；在任何情况下，它毕竟是少有的一本详细讨论空间哲学的历史发展的书。

让我们更严密地看一看两种非欧几何。在罗巴切夫斯基的几何学（专门地称为双曲几何学）中，有无数条平行线。在黎曼几何（被称作椭圆几何学）中，不存在平行线。不包含平行线的几何学是怎样可能的呢？我们通过一个模型便可理解这个问题，这个模型并不精确的是椭圆模型，不过是一个紧密地关系到它的模型——一个球面几何的模型。这个模型不过是一个球的表面，我们将这个球面看作是类似于一个平面。一平面上的直线这里被表达为球的大圆圈。用比较一般的话说，在任何非欧几何中，对应于欧氏几何中的直线的线是“测地线”，它们在两给定点之间的最短距离的意义上与直线具有同样的性质。在我们的模型中，即在球面上，两点之间最短的距离（即测地线）是大圆周的一部分。大圆周是曲线，可以用一平面过球心切割球体而获得。地球的赤道和子午线就是熟悉的例子。

在图 14—2 中，两根子午线画得垂直于赤道。在欧几里得几何中，我们期望这两根垂直于给定直线的线是平行线，但在球面上，这些线交于北极并且也交于南极。在球面上，没有两根直线，或者宁可说是两根准直线（即大圆周），是不相交遇的。于是在这里，我们有了一个容易想象的，其中不存在平行线的几何模型。

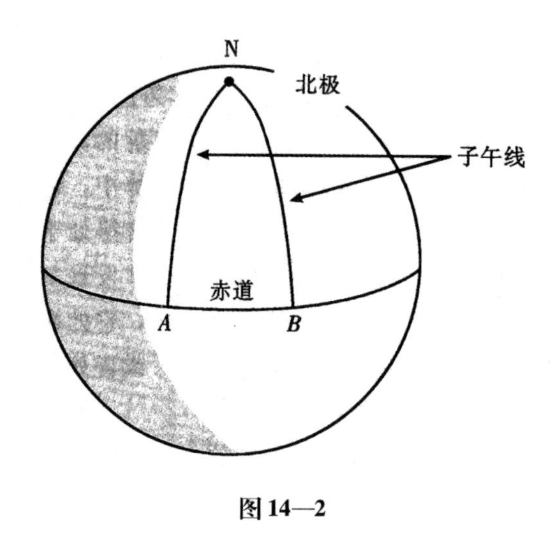

图 14—2

这两种非欧几何也可以用三角形三内角之和来加以区别。这个区别从空间结构的经验研究的立场来看是重要的。高斯第一个清楚地看到只有空间的经验研究能揭示出最好地描述它的几何的性质。一旦我们认识到非欧几何能够逻辑地协调，我们就不能再在不做经验检验的情况下，说这种几何在自然界中成立。不顾在他们时代盛行的康德偏见，高斯可能实际上已着手做了这类实验。

容易看出，检验三角形比检验平行线容易一些。被考虑为平行的线，直至它们被延长几万亿里也可能不相交，但测量三角形的角可以在一个小空间范围里着手进行。在欧几里得几何中，任何三角形内角和等于两直角，或 180 度。在罗巴切夫斯基双曲几何中，任意三角形内角和小于 180 度。在黎曼椭圆几何中，三角形内角和大于 180 度。

在椭圆几何中，借助于我们的球面模型，偏差 180 度的问题是容易理解的。考虑图 14—2 中三角形 *NAB*，它是由两条子午线线段与赤道形成的。在赤道上的两个角都是 90 度，所以我们已经有了 180 度的总数了。加上北极那个角，得到的总和大于 180 度。如果我们移动子午线直至它们彼此交于直角，则三角形每一个角将会是直角，而所有三角之和会是 270 度。

我们知道，高斯想做巨大的恒星三角形内角和的实验，并且有报告说他实际上在地球范围里，用德国三个山顶构成的三角形做了类似的实验。他是哥丁顿大学教授，所以据说他选择了靠近这个城市的一个小山丘和两个可从小山丘顶上看见的山顶。在运用概率理论于测量误差上，他已经做了重要的工作，而这将会提供一个机会来运用这个程序。第一步是在光学上从每一个顶点来测量角度，重复测量多次。通过取观察结果的平均值，在某些约束条件下，他可以决定每一个角的最可能的大小，从而决定这些角的总和的最可能的数值。从这些结果的离中趋势中，他于是可以计算出可能误差；这就是确定围绕平均值的一定间隔，使得处于间隔内的真值概率等于间隔外的真值概率。据说，高斯做了这些并发现三角形三内角之和并非精确的就是 180 度，但偏差一个如此小的数，它处在可能误差间隔之中。这样一个结果表明空间或者是欧几里得的，或者如果它是非欧的，则它的偏离极小，小于测量的可能误差。

即使高斯实际上并没有做这样一个实验，正如新近学术成就指出的那样，这个传说本身便是科学方法论历史上的一个重要里程碑。高斯无疑是第一个提出这个革命性问题的：如果我们对空间的几何结构做出一个经验的研究，我们会发现什么？没有其他一个人曾经想过要做这样一个研究。的确，试图通过经验手段来寻找 7 和 8 的乘积，这被看作是愚蠢的。想象我这里有 7 个篮子，每个含有 8 个球，我计算这些球许多次，多次得到 56，但偶然得到 57 或 55。我们取这些结果的平均值来发现 7 乘 8 的真值。法国数学家 P. E. B. 朱尔丹有一次开玩笑地提议，干这事的最好方法就是你自己不要亲自去数，因为你不是计算能手。能手是掌柜，他经常对数目进行相加和相乘。大多数有经验的掌柜如果被带到一起并被询问 7 乘 8 是多少，人们并不预期他们的回答之间会有多少偏离，但如果我们用比较大的数字，例如说 23 乘 27，这里就会有某种离中趋势。我们取他们所有的回答的平均值，按照做了回答的掌柜人数进行加权，在这个基础上，我们获得关于23与27乘积的科学估计。

对一个几何定理做经验研究的任何企图，对于高斯的同时代人来说，就像做这件事那样愚蠢。他们用看待算术那样的方法来看待几何学。他们相信，和康德的看法一样，我们的直觉不会引起几何学的错误。当我们在想象中“看”事物时，它是不可能有另外的样子的。某某人要测量三角形的内角——不是为了玩，也不是为了试验光学仪器的质量，而是寻找三内角和的真值——这看来是完全荒唐的。在经过一点儿欧几里得几何训练之后，所有的人都知道，这个总和必定是180度。据说，就是由于这个理由，高斯没有发表他做这样一个实验的事实，甚至他也不认为这样一个实验是值得做的。尽管如此，作为对非欧几何继续进行思辨的一个结果，许多数学家开始认识到这些奇异的新几何提出了一个名副其实的经验问题。高斯本人没有找到一个结论性的回答，但他却为在非康德轨道上思考自然界空间结构的整个问题提供了强大的推动。

为了更清楚地看到各种非欧几何彼此是怎样相区别的，让我们再一次考察球面。正如我们已经看到的，这是一个帮助我们直观地理解黎曼空间中平面的几何结构的方便模型（这里黎曼空间指的是所谓椭圆空间，“黎曼空间”一词还有更普遍的意义，以后我们将说清楚这个问题）。

我们必须小心，不要过分扩展黎曼平面与球面之间的类比，因为在黎曼空间中平面上任意两直线只有一个公共点，而在球面上对应于直线的线（大圆周），总是相交于两个点。例如，考察一下两条子午线，它们相交于北极和南极。严格说来，只当我们将自己限制于不包含像北极与南极这样的相对点的球面的一部分时，我们的模型才对应于黎曼平面。如果整个球面是我们的模型，我们必须假定黎曼平面上的每一点都用两个相对点来表现于球面上。在地球上从北极出发走到南极，对应于在黎曼平面中，从一点出发，在平面上沿直线行走，转回同样的一点。在黎曼空间中，所有的测地线具有同样的有限长度并且是封闭的，像一个圆周。这个事实与我们的直觉有极大的偏离，也许是这一类几何的发现迟于罗巴切夫斯基几何的原因。

借助于球面模型的帮助，我们容易看出，在黎曼空间中，一圆周与它的直径的比总是小于 π。图 14—3 表示在地球上有一圆，以北极为中心。它相应于黎曼平面的一个圆，它的半径不是线 *CB*，因为它并不在作为我们模型的球面之上。其半径是圆弧 *NB*，直径是弧 *ANB*。我们知道，这个圆周与线段 *ACB* 之比为 π。因为圆弧 *ANB* 比 *ACB* 长，非常清楚，这个圆周周长与 *ANB*（在黎曼平面上的圆的直径）之比必定小于 π。

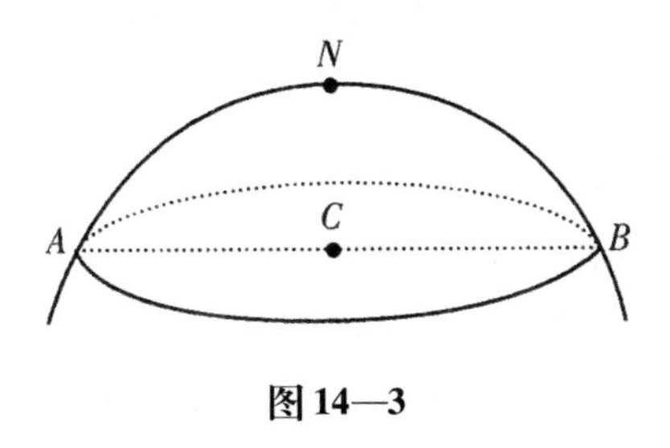

图 14—3

并不容易看出，在罗巴切夫斯基空间中，正好是另外的情况，圆周对它的直径的比必定大于 π。也许我们能够借另外的模型的帮助，使它形象化，这个模型（示于图 14—4）不能用于整个罗巴切夫斯基平面——当然不能用于三维的罗巴切夫斯基空间——但它可以用于罗巴切夫斯基平面的有限的部分。这个模型是个马鞍形表面，类似于两山之间的峡谷，*A* 是一山顶，*C* 是峡谷，*B* 是另一山顶。我们试图将这个表面形象化。有一条曲线，也许是一个轨道，经过峡谷远的那一边上的一点 *F*，升高走过峡谷经过点 *C*，然后走下峡谷近我们的一边经过 *D* 点。这个表面的马鞍形部分，包括点 *C*，*D*，*E*，*F*，*G*，可以被认为是一个罗巴切夫斯基平面中的结构模型。

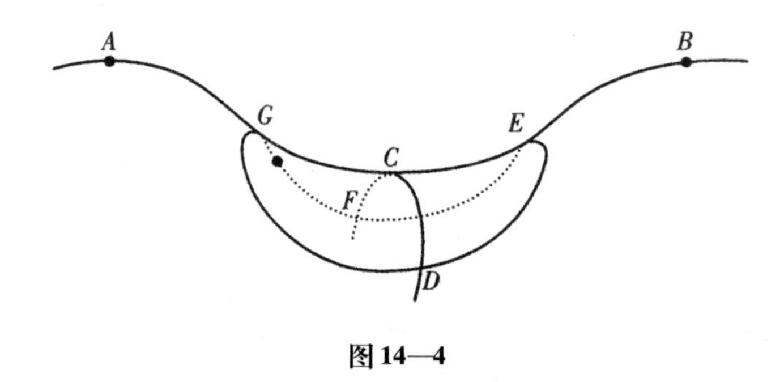

图 14—4

在这个模型中，一个圆有什么样的形式呢？假定这一圆的中心是 C。曲线 $DEFGD$ 表示一个圆周，即从中心 C 到所有的点是同样的距离。如果你站在点 D 上，你会发现你自己低于圆心；如果你沿圆周走到 E，你发现你自己高于这个中心。不难看出，这条对应于罗巴切夫斯基平面中一个圆的波状线必定是长于在欧氏平面上的以 CD 为半径的圆。因为它比较长，这个圆的圆周对它的直径（弧 FCD 或弧 GCE）必定是大于 π。

一个比较精确的模型，即在所有的测量中精确地对应于罗巴切夫斯基平面的一部分的模型，可以用某条被称为曳物线的曲线（图 14—5中的弧 AB）并使之绕 CD 轴旋转而构成。这样旋转产生的表面，被称为伪球面。也许你看过这种曲面的巴黎石膏模型。如果你研究这样一个模型，你可以看到在它表面上的三角形三内角的总和小于 180 度，并且在它表面上的圆周，周长与直径之比大于 π。在这样一个表面上，圆越大，这种比对 π 的偏离也越大。我们不应认为，这意味着 π 不是常数。π 是欧几里得平面上的圆周与直

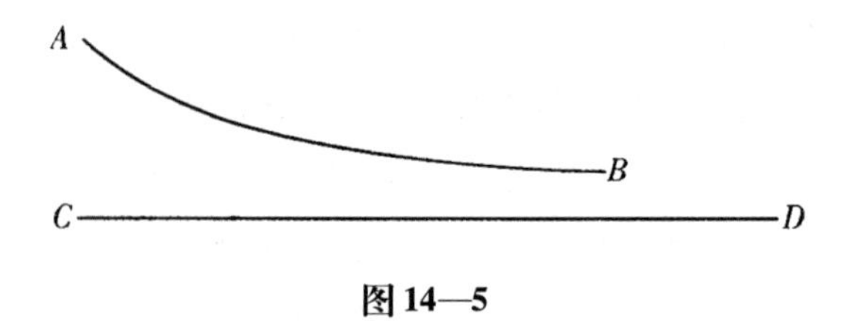

图 14—5

径之比，这个事实不因存在着非欧几何而改变，在非欧几何中，圆周与直径之比是变数，它可以大于 π 也可以小于 π。

所有的曲面，无论是欧氏的还是非欧氏的，在任意一点上都有一个被称之为曲面在该点的“曲率度量”的度量。罗巴切夫斯基几何可以用这样的事实来表征：在任何平面上任意一点，这平面的曲率度量是负的常数。存在着无数的不相同的罗巴切夫斯基几何。每一种用一个一定的固定参数（一个负数）来表征，这个负数就是在这种几何中一平面的曲率度量。

你可能反对说，如果它是一个平面，它就不能有曲率。但“曲率”是一个专门术语，这里并不能按通常的意义来理解。在欧几里得几何中，我们度量一线在任一点上的曲率是取它的“曲率半径”的倒数。可以说，“曲率半径”表示与线在论及的点上无穷小部分相符合的某个圆周的半径。如果一曲线差不多是一条直线，则曲率半径是很长的；如果这线是比较曲的，则半径是短的。

我们怎样测量一曲面在给定点上的曲率度量呢？我们首先测量这一曲面上相交于这一点的并伸展于两个所谓“主方向”上的两条测地线在该点上的曲率。其中一个方向给出了测地线在这一点上的最大曲率，而另一方向给出了最小的曲率。我们于是定义曲面在这一点上的曲率为两测地线曲率半径的倒数的乘积。例如，考虑一下图 14—4 所示的峡谷，我们怎样测量这个曲面在点 C 上的曲率呢？我们看一看一条测地线，即弧 GCE，它是凹形（曲面上看起来陷进去的）曲线；而与这条曲线成直角的测地线，即弧 FCD，是凸形曲线，这两条测地线给出了这曲面在点 C 上的最大曲率和最小曲率。当然，如果我们从下面仰望这个曲面，则弧 GCE 表现为凸的，而弧 FCD 呈现为凹的。我们从哪一面来看这曲面，哪一边我们要看作是凸的哪一边看作是凹的，是全然没有关系的。依约定，我们称一边为正另一边为负。这两个曲率半径倒数的乘积 $\frac{1}{R_1R_2}$，给出我们关于马鞍形表面在 C 点上的曲率的度量。在马鞍表面任一点上，一曲率半径为正的而另一曲率半径为负的。因而，这两曲率半径倒数的乘数，即这个曲面的曲率度量必定总是负的。

至于讲到完全凸面，如球面或蛋面，情况就不一样。在这样一个曲面上，在两个主方向的两条测地线都是以同样的方式弯曲。其中一条测地线可能比另一条更曲些，但两条曲线都以同样的方式弯曲。再者，我们是从这样一边来看这曲面从而称两个曲率半径为正，还是我们从另一边看它从而称两曲率半径为负，这是无关要紧的。它们的倒数的乘积总是正的。因此，在任何凸面上，如同球面一样，曲率的度量在任何点上都是正的。

用马鞍面模型表现的罗巴切夫斯基几何可以用这种方式来表征：对于任意罗巴切夫斯基空间，存在着某一个负值，它就是在这空间任意平面任意点上的曲率度量。用球面表示的黎曼几何可用类似的方式表征：对于任意的黎曼空间，存在着某一个正值，它就是在这空间任意平面任意点上的曲率度量。这两个空间都是常曲率空间。这意味着，对于任意一个这样的空间，在任意平面的任意点上的曲率度量都是一样的。

令 K 为曲率度量。在欧几里得空间，总有一个常曲率，即 $K=0$。在罗巴切夫斯基空间中，$K<0$；在黎曼空间中，$K>0$。这些数值并不是由几何公理所决定的。对 K 选择不同的正值，便有不同的黎曼空间；对 K 选择不同的负值，就获得不同的罗巴切夫斯基空间。除了参数 K 的数值之外，在所有的罗巴切夫斯基空间之中，所有的定理是完全类似的；并且在所有黎曼空间中，所有的定理也是完全类似的。当然，每一种几何的各定理之间，是非常不同的。

重要的事情是要认识到“曲率”，在它的本来意义和字面上的意义上，只能运用于非欧平面的欧几里得模型的曲面上。球面与伪球面都是在这个意义上的曲面。但“曲率度量”一词运用于非欧平面，并不表示这些平面在平常意义上的“弯曲”。推广“曲率”一词，使它运用于非欧平面，这是有道理的，因为黎曼平面的内部几何结构和欧几里得球面的几何结构是一样的；这对于罗巴切夫斯基空间平面的结构和欧几里得伪球面的结构，情况也是一样。科学家经常取旧词而赋予它更一般的意义。在 19 世纪的时候，这样做全然没有引起多大的困难，因为非欧几何只被数学家们研究着。当爱因斯坦将非欧几何运用于他的广义相对论时，麻烦就开始了。这里选择的课题超出了纯数学的领域而进入了物理学的领域，在那里它变成了现实世界的描述。人们希望了解爱因斯坦干的是什么，于是许多书写出来向门外汉解释这件事。在这些书中，作者们有时讨论到“曲平面”和“曲空间”。这是极不幸的、使人误解的讲法。他们本应该这样说：“存在着某一个度量 K——数学家称它为‘曲率度量’，但不要太注意这个词组——这个 K 在太阳内部是正的，而在太阳的引力场中是负的。随着我们远离太阳，负值 K 逼近于零。”

代替这种说法，通俗作家们说，爱因斯坦已经发现在我们的空间中，平面是弯曲的。这只能将门外汉搞糊涂了。读者问，说平面弯曲是什么意思。他们想，如果它们弯曲，它们就不应该叫作平面！这样讲述的弯曲空间，使人们相信，在空间中所有的东西都弄歪或弯曲。有时，关于相对论，这些书的作者甚至讲引力是怎样将平面弯曲，他们用真实感觉来描述它，仿佛它类似于某一个人弯曲一块金属片。这类想象导致了奇怪的结论，而有些作者则根据这些理由，反对爱因斯坦的理论。如果避免使用“曲率”一词，所有这些都会避免。

另一方面，引进一个与数学中已习惯应用的词完全不同的词是不容易做到的。因此，最好的做法就是接受“曲率”一词作为一个专门术语，但清楚地理解这一词是不应与旧的联想相联系，不要认为一非欧平面是被“弯曲”成为不再是一平面的。它不具有欧氏平面的内部结构，但它在一侧的结构精确地类似于另一侧的结构的意义上，是一个平面。这里我们看到，说欧几里得球面是黎曼平面的模型的危险。因为如果你考虑一个球面，你会想到里面与外面很不相同，从里面看，曲面是凹的；从外面看，它是凸的。在罗巴切夫斯基空间或黎曼空间中的平面都不是这种情况。在两种空间中平面的两侧都是同样的。如果我们从一侧离开这平面，我们所观察到的和我们从另一侧离开这平面所观察到的没有什么不同。但这平面的内部结构是这样的，它使得我们能够借助于参数 K，度量出它的"曲率"大小。我们必须记住，这是在专门术语上的曲率，它和我们在欧几里得空间中直觉理解的曲率大不相同。

另一个容易消除的专门术语上的混淆乃是关系到"黎曼几何"的两种含义（在本章的前面，我们提到了它）。当黎曼首次发明他的常数正曲率几何时，它被称为黎曼几何，以区别于较早的罗巴切夫斯基空间的几何，那里常数曲率是负的。后来，黎曼提出了一种带变量曲率的空间的普遍化的理论，这种空间还未被公理化地论述（非欧几何的公理形式，在那里除平行公理为新的公理所代替外，所有的欧几里得公理都保留，都限于常曲率空间）。在黎曼的普遍理论中，任何维数都可被研究，并且在所有场合，从一点到另一点曲率可以连续变化。

当物理学家谈及"黎曼几何"。他们指的是普遍化几何。在那里，旧黎曼几何和罗巴切夫斯基几何（今日称之为椭圆的与双曲的几何），以及欧几里得几何都是最简单的特殊场合。除了这些特殊场合之外，普遍化的黎曼几何包含了极多种类的不同曲率的空间。这些空间中有爱因斯坦在他的广义相对论采用的空间。

第十五章

彭加莱与爱因斯坦

亨利·彭加莱是法国著名的数学家和物理学家，同时写了许多科学哲学的著作，其中大多数著作是在爱因斯坦时代之前问世。他非常注意空间的几何结构问题。他的一个重要见解对于理解现代物理是如此重要，以至于在这里值得花时间详细地讨论它。[①]

彭加莱认为，假定物理学家将会发现现实空间的结构偏离欧几里得几何，于是物理学家将必须在这两者之间进行选择，他们将会或者接受非欧几何作为物理空间的一种描述，或者通过采取说明所有固体物质经历着某种收缩与膨胀的新规律来保卫欧几里得几何学。正如我们在前面几章所讲到的，为了用钢尺进行精确的测量，我们必须做出修正以说明钢尺的热膨胀和收缩。类似的，彭加莱说，如果观察表明空间是非欧的，物理学家可以通过在他们的理论中引进新的力来返回欧几里得空间，这种力，在特定条件下，会使固体膨胀与缩小。

也可以将新的规律引进光学领域，因为我们也可以用光线来研究物理几何。这种射线被假定为直线。读者会记得以山头为顶点的高斯三角形三边并不是由硬尺杆组成（其距离太大了），而是由光线组成。彭加莱说，假定发现这类大三角形三内角的总和偏离 180 度。代替放弃欧几里得几何，我们可以说这种偏离是由于光线的弯

① 彭加莱在这个问题上的观点，在他的《科学与假说》（伦敦：1905；纽约：多佛尔，1952）讲得最为明确。

曲。如果我们给光线的偏转引进新的定律，我们总可以用维持欧氏几何的方式来办这件事。

这是一个极重要的见解。以后，我将试图去解释彭加莱怎样说明它的意思以及它怎样被证实。除了这个深远的见解之外，彭加莱预言物理学家总是会选择第二条道路的。他说，他们将宁愿维持欧几里得几何，因为它比非欧几何更简单。当然，他不知道爱因斯坦将会立即假定这个复杂的非欧几里得空间。他也许只想到较简单的常曲率非欧空间，否则，他毫无疑问会想到物理学家会放弃欧几里得的可能性甚至更小。对于彭加莱来说，在有关固体物体和光线的规律上做出几种选择，这似乎是建立在这样的基础上，即它将保留那比较简单的欧几里得体系。恰好在几年之后，即 1915 年，爱因斯坦提出他的广义相对论，在那里采用了非欧几何。

理解彭加莱的观点是十分重要的；它帮助我们理解爱因斯坦放弃它的理由。我们将尝试用直观的方法来搞清楚它，而不是通过计算和公式，所以我们可以使它形象化。在这样做的时候，我们将运用一个伟大的德国物理学家赫尔曼・冯・赫尔姆霍茨在彭加莱写作有关这个论题的著作几十年之前就引来的设计。赫尔姆霍茨想要证明高斯关于空间的几何结构是一个经验问题的主张是正确的。他说，让我们想象一个二维世界，在那里二维的人们围绕着物体走来走去，并将这些物体推来推去。这些人们以及所有在他们的世界上的这些物体是完全扁平的，就像在爱德温・A. 阿博特的逗人发笑的幻想作品《扁平的国家》中的二维人物一样。他们不是生活在平面上，而是生活在球面上。这个球相对于他们自己的尺寸来说是巨大的；他们像蚂蚁那样大小，而球大得像地球。它是如此之大，以至于他们从来没有走完它周围的所有的路。换言之，他们的运动限制在球面的有限领域。问题在于，这些人物能否通过在他们的二维表面的内部的测量来发现他们是生活在平面里，还是生活在球面上，还是生活在其他的曲面上呢？

赫尔姆霍茨回答说，这是可能的，他们可以做出极其巨大的三角形，测量它的角。如果这些角的总和大于180度，他们就知道他们是处在有正曲率的表面上；如果他们发现在他们的大陆里每一个点都有同样的正曲率，则他们会知道，他们处在球面上或处在球面的一部分上（这个球是否完整是另外一个问题）。他们的整个宇宙是球面这个假说将会是合理的。的确，我们能够一眼就看出那是这样的一个平面，因为我们是站在它之外的三维生物。但赫尔姆霍茨搞清楚了：二维生物自身只要通过测量三角形的内角或圆对直径的比率（或者各种其他的量），便能计算出在他们的曲面上每一个地方的曲率度量。因此，高斯认为，通过测量便能确定我们的三维空间到底有正的还是有负的曲率，这个想法是正确的。如果我们想象我们的空间嵌进一个高维宇宙中，我们便可以说及我们空间的真实弯曲或我们空间的真实曲率，因为它对于四维生物来说将会表现为曲的。

我们必须稍稍更精密地来检查一下这个问题。假定二维生物发现，当他们用了自己的测量杆来测量三角形，在他们的大陆的每一点上，都对于同样大小的三角形来说有同样的正曲率。在这些生物中，有两个物理学家P_1与P_2。物理学家P_1坚持主张理论T_1，这个理论说，他们的同伴生物生活在其上的区域是球面的一部分S_1。他的同事，物理学家P_2，坚持主张理论T_2，这个理论说，这个区域是平面S_2。在图15—1中，这两个表面绘画于侧面。让我们假定，在S_1上有刚性的二维物体，例如生物与测量杆，它们在运动过程中不改变其大小和形状。对于每一个在S_1中的物体，在S_2中存在着一个相应的平坦的物体，后者是前者的投影，投影由垂直于平面S_2的平行线组成（在图解中，这些平行线由虚线表示）。如果在S_1上的一个物体从位置A_1移动到A'_1，它在S_2的影子物体从A_2移至A'_2。我们假定在S_1中的物体是刚性的，因而A_1的长度等于A'_1，但这意味着A'_2必须短于A_2。

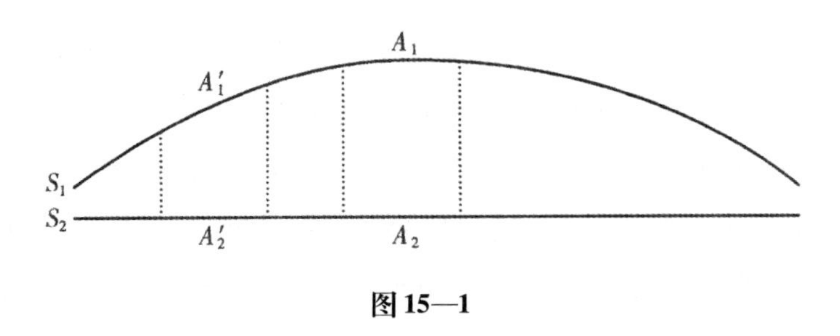

图 15—1

赫尔姆霍茨指出，当我们用一个测量杆尺来测量什么东西的时候，我们实际上观察的不是别的什么东西而是一系列点的符合。从我们在第九章开始时的关于篱笆边缘测量的描述中，这个问题是比较容易看到的。

让我们再一次来观察图 15—1。从 S_1 到 S_2 的射影叫作一一映射（如果 S_1 乃是一完全球面，一一映射就不能实现，但我们已经假定，S_1 只是一个球面的有限区域）。对于 S_1 上的所有点，在 S_2 中精确地存在相对应的点。因此，随着生物在 S_1 上运动，他们的测量杆尺和它们所要度量的东西之间观察点相符，S_2 上的影子生物在相应的影子物体上精确地做出同样的观察。因为在 S_1 中的这些物体被假定为刚性的，在 S_2 上的对应物体不是刚性的。它们必须经历着一定收缩和膨胀，如同我们在这图解中所指出的那样。

让我们转回到两个物理学家 P_1 和 P_2，他们关于他们的平直世界的性质持不同的理论。P_1 说，这个世界必定是球面的一部分。P_2 主张，它是平的，不过当这些物体运动时，这些物体以某种可预见的方式膨胀与收缩。例如，当它们向 S_2 的中心部分运动时，它们变长了一些。当它们离中心而去时，它们变得短一些。P_1 坚持主张，在曲面 S_1 上，光线是短程线；这就是说，光线沿着大圆的弧行进。这些弧投射到 S_2 成为椭圆的弧。为了捍卫他们的世界是平的理论，P_2 就必须设计出一种光学的理论，在那里光线以椭圆的轨道行进。

这两个物理学家，怎样能够决定这两种理论谁是谁非呢？其回答是：不存在做出这种决定的方法。物理学家 P_1 争论说他们的世界是球面的一部分，而且除了当然应该除去的诸如热膨胀、弹性膨胀之类的十分熟悉的现象（或者宁可说是这些现象的二维模拟）之外，物体并不经历着收缩与膨胀。物理学家 P_2 以不同的方式来描述同样的世界。他认为，世界是平直的，当物体在其表面上运动时，它们以一定的方式膨胀和收缩。我们，生活在三维空间中，能观察到这些二维世界，并看出它们是球形的还是平直的，但是这两个物理学家却被局限于他们自己的世界中。他们原则上不能决定哪一种理论是正确的。由于这个理由，彭加莱说，我们甚至不应该提出谁是正确的问题。这两种理论不是别的，不过是描述同样世界的两种不同方法而已。

物理学家在球面上描述他们的世界的不同的方式有无限多种，按照彭加莱的说法，他们选择哪一种描述方式，完全是一个约定的问题。第三个物理学家可以坚持某种古怪的理论，认为世界具有这样的形状：

〰〰〰〰〰〰〰〰〰〰〰〰〰

他可以通过引进只不过是比较复杂的力学规律和光学规律来保卫这个理论，这些规律会使所有的观察与这种理论相符合。由于实践上的理由，没有哪一个生活在这球面上的物理学家想要提出这样的一种理论。但，彭加莱坚持说，没有什么逻辑的理由说明他不能这样做。

我们可以想象彭加莱向相互竞争的物理学家们讲的一种二维模拟：“不必争吵了。你们不过是对同样的事实总体做出不同描述罢了。”读者可能还记得，莱布尼茨很早就曾为类似的观点做出了辩解。莱布尼茨宣称，如果在原则上找不到一种方法来裁决两种陈述，则我们不应该说这两种陈述有不同的意思。如果宇宙中所有的物体一夜之间其大小增长 1 倍，那么在明天早晨这个世界对于我们说来，看上去是不是有些奇异呢？莱布尼茨说，不会这样。我们自己的身体也增长 1 倍，所以找不到任何一种手段来探知这一变化。

类似地，如果整个世界向着一边行走 10 英里，我们不能探知它。因此，假定世界发生这样一种变化是毫无意义的。彭加莱采取了莱布尼茨的这种观点并将它运用到空间的几何结构中去。我们可以寻找到提议物理空间是非欧空间的经验证据，但我们总是能够保持那简单的欧氏空间，如果我们愿意为此而付出代价的话。正如我们所看到的，彭加莱并不认为，这些代价将会是太高了。

我们关于平直世界的考察需要搞清楚的并且我们将要运用于现实世界的两个基本论点是：第一，通过运用我们习惯的一般测量程序，我们会得到空间有非欧结构的结果。近来有些哲学家（例如雨果·丁格尔）不能看到这一点。他们认为，我们的测量程序运用了在欧几里得几何这个假定下制造出来的仪器；因此，这些仪器除了给我们提供欧几里得的结果外，不能给我们提供任何东西。这个论点当然是错误的。我们的仪器占着空间这样微小的部分，以至于关于我们的空间是怎样偏离欧氏几何的问题并不进入它们的建构中。例如，考察一下测量员度量角度的仪器，它包含有一个划分为 360 个等分的圆，但这是如此小的一个圆，即使空间偏离欧氏空间到高斯希望他能加以测量的程度（远大于相对论的偏离程度），对于这个圆的构造仍然不起作用。在空间的小范围里，欧几里得几何依然以极高的近似性而成立。这有时表达为：在小环境里，非欧空间具有欧氏结构。从严格的数学立场来看，这是一个极限问题。空间的区域越小，它的结构越逼近欧氏结构。但我们的实验室仪器占着空间的如此微小的部分，以至于可以完全忽略非欧空间对它们建构的任何影响。

倘若偏离欧几里得几何是如此之大，以至于小三角形（例如，画在设计人员的图纸上的三角形）内角之和明显地不等于 180 度，这事实当然可以借助于用普通途径制造出来的仪器来确定下来。假定生活在球面 S_1 上（见图 15—1）的人们割下一个圆盘子，将其圆周划分为 360 个等分，做一个量角器，如果这个量角器用于测量一个由两条半截的子午线和 1/4 截的赤道组成的三角形的内角，我们将会看到每个角是90度，从而三内角和是270度。

通过我们对二维世界的考察而得出的第二个基本论点是：如果我们找到非欧空间的经验证据，倘若我们愿意将支配固体的规律和光线的规律搞得复杂化的话，我们也能够保留欧几里得几何。当我们注意我们空间的一个表面，例如，注意蚂蚁在其上爬行的一个表面时，我们问这个表面是平面或是球面的一部分，还是其他形状的表面，这是有意义的。另一方面，如果我们论及宇宙空间，这是一个这样的空间，我们不能像将某种东西嵌入较高维数的宇宙中那样来观察它，因此要问空间是非欧的呢，还是我们的规律必须修改以保留欧氏几何呢，这个问题是没有意义的。这两种理论不过是同一事实的两种描述罢了。我们可以称它们为等价的描述，因为在这两个理论中，我们都准确地做出关于可观察事件的同样的预言。也许“观察上等价”会是一个比较合适的词组。这些理论在它们的逻辑结构上会是明显地不同的，但如果它们的公式与定律总是引导出关于可观察事件的同样预言，则我们可以称它们为等价理论。

在这一点上，把我们在这里用等价理论来表示什么意思以及这些词组过去有时表示什么意思这两个问题明确地区分清楚是很好的。两个物理学家偶然会提出两种不同的理论来说明同样的事实集合。两种理论都可以成功地解释这些事实的集合，但这些理论对于尚未做出的观察来说可能是不一样的。这就是，对于将来某个时候可以观察到的东西，这些理论包含有不同的预言。虽然这两种理论完全说明已知的观察，它们也将被认为是本质地不同的物理理论。

有时要设计出实验来区分两个并非等价的竞争着的理论是很不容易的。牛顿的引力理论和爱因斯坦的引力理论提供了一个经典的实例。这两个理论在预言上的不同是如此地小，所以必须设计出灵敏度高的实验和做出精确的测量以便它能决定哪一种理论做出最好的预言。当爱因斯坦后来提出他的统一场理论时，他说，他不能想象能判定这个理论和其他理论的决定性实验。他的理论不等价于先前的理论，对这一点他搞得很清楚，但他的理论表述得如此抽象，以至于他不能推导出任何在现时我们最好的仪器的精密度下能观察到的结果。他相信，如果他的统一场论将来被人们进一步研究，或者如果我们的仪器成功地证明了它，有朝一日做出一个决定性的观察是可能的。理解到这一点是非常重要的：如同我们这里所应用的那样，“等价理论”意味着比两种理论都说明所有已知的观察这件事更强一些。这里等价意味着两种理论在所有的场合下都引导到完全同样的预言，就像我们的平面图解中两个物理学家的理论一样。

在下面两章中，我们将会更详细地看到彭加莱对欧氏空间理论和非欧空间理论的观察等价的探讨怎样引导到相对论空间结构的深入一步的理解。

第十六章

相对论中的空间

如前面几章讨论的那样，按照爱因斯坦相对论，空间有一种结构，它在引力场中偏离欧氏几何的结构。除非引力场很强，这种偏离很难观察到。例如，地球的引力场是如此地弱，甚至用最好的仪器，要在地球附近探测到任何对欧几里得结构的偏离，也是不可能的。但是，当我们考虑比较强的引力场，例如，在太阳或比太阳质量更大的恒星周围的引力场时，则对欧氏几何的某种偏离是可以受到观察检验的。

写相对论的一些通俗读物和许多讨论这个主题的其他读物一样，有时包含着将人们引入歧途的陈述。这些著作有些地方可能说爱因斯坦的理论断言在引力场中的空间结构是非欧的。而另一些地方，甚至是在同一页上，则说按照相对论，杆尺在引力场中收缩（这不是有时我们称之为洛仑兹收缩的那一种收缩，这种收缩与运动着的杆尺有关；这里所讲的杆尺收缩是在引力场中处于静止的杆尺的收缩）。

这两种陈述是不能搞在一起的，这一点必须弄得非常清楚。不能说某一种陈述是错误的。在这一页上，作者是对的；在另一页上，作者也是对的。但是这两种陈述不应处在同一章中的两页上，它们分属不同的语言，而且作者应当决定他想要用这一种语言还是用另一种语言来谈论相对论。如果他想要用欧几里得的语言来谈论，说一个杆尺在引力场中收缩就是很合适的。但他不能同时讲到空间的非欧结构。另一方面，他可以选样采用非欧语言，但因而他就不能谈论收缩。每一种语言都提供谈论引力场的合理方法，但在同一章中将不同的语言混在一起，就会给读者造成极大的思想混乱。

大家可能还记得，在我们前面关于平直世界的讨论中，我们设想有两个物理学家，他们坚持关于他们世界的性质的两种不同的理论。这两种理论真正是等价的，所不同的只在于它们是描述同一事实总体的两种不同的方法，这已经是十分明显的事情了。同样的情况，也适用于相对论。一种描述，我们叫作 T_1，是非欧的。另一种是 T_2，是欧几里得的。

如果我们选择语言 T_1，即选择非欧语言，则力学和光学的规律仍然和爱因斯坦之前的物理学一样。除了诸如弹性膨胀与收缩（当外力压迫或打击它时），热膨胀，以及由磁化而引起的变化等之外，固体是刚性的。这些变形是经典物理学中的熟悉的部分，并通过对长度定义引进各种修正因子来加以处理。例如，可以确定一定的测量标杆做长度的标准单位。因为众所周知，当受热时杆尺膨胀，所以标杆只有当它有一定的“标准”温度 T_0 时，它才代表长度的单位。当然，标杆在任意给定的时间里有另外的温度 T，它不同于 T_0。因此，要确定标杆在温度 T 时的长度，标杆的标准长度 l_0 必须乘以在第九章中说明过的修正因子。在那一章中，这个修正因子表述为 $1+\beta(T-T_0)$，其中 β 值依赖于标杆的物质材料。因而，长度 l 的定义是：

$$l=l_0\left[1+\beta(T-T_0)\right]$$

必须以类似的方式考虑可能影响杆尺长度的其他力，但其中并没有引力。关于光的问题，语言 T_1 断言光线在真空中总是走直线的。它们不以任何方式为引力场所弯曲或偏转。另一种描述 T_2 保全欧氏几何，预设着非欧空间的观察通过修改经典光学理论和经典力学理论便得到了说明。

为了看看这两种描述怎样可能被运用于如爱因斯坦相对论所想

象的物理空间中的平面结构，我们来考察一下穿过日心的平面 S。按照相对论，观察试验（如果可行的）将表明，在太阳外边，这一平面上的三角形内角和小于 180 度。类似地，在太阳外边，对于这平面上的圆，其周长与直径之比大于 π。而在太阳内部的度量呈相反的偏离。

为了使这个平面的结构直觉地清楚明白，又为了看看这些结构怎样能够为竞争着的语言 T_1 和语言 T_2 所描述，我们运用欧氏空间的模型，它能够与刚才所述的非欧平面一一对应。这种模型是一定的曲面 S'，其结构我们这里加以描述。①

在坐标系 R—Z 中（见图 16—1），曲线 DBC 是以 Z 轴为准线的抛物线弧（这种曲线是这样产生的：用一动点这样运动，使得它对准线的垂直距离总是等于它离抛物线焦点 F 的距离）。V 是抛物线的顶点，距离 a 正比于太阳的质量。弧 AB 是圆弧，它的中心 E

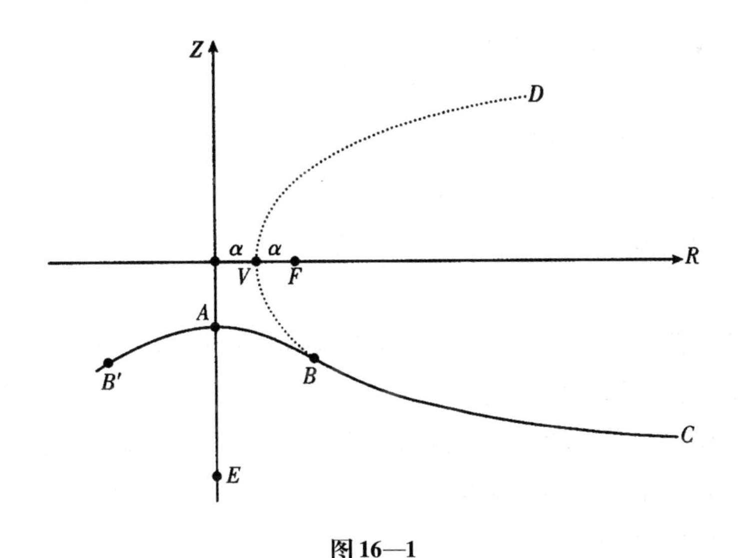

图 16—1

① 关于这个结构，参见 L. 弗兰姆《物理学的时代文献》，卷 17，第 448—454 页，莱比锡，1916；依据卡尔·施瓦茨希尔德《普罗伊西申科学院会议报告》，第 189—196、424—434 页，柏林，1916。

在 Z 轴上，它是这样布置的，使该弧平滑地转入抛物线，这意味着圆周在 B 点上的切线与抛物线在 B 点上的切线恰好重合（B 被称为曲线 ABC 的拐点）。假定这条平滑曲线 ABC 绕 Z 轴旋转产生一个类似于山丘样的曲面，这就是曲面 S'，它将会作为过太阳中心的非欧平面的欧几里得模型。

接近山丘顶点的那部分曲面 $B'AB$ 是球形的和凸的，它对应于太阳内的那部分平面。这里曲率是常数和正数（在讨论相对论的书中，这一点是很少指出来的，因为很少有物理学家关心像太阳那样巨大质量内部的空间的几何结构。但当太阳外的光线三角形已经验证之后，那就是一个重要的理论论点，并且我们将会在以后进行考察）。在球状山丘的顶点之外，曲面是凹的，像马鞍的表面那样。当然这个曲率是负的，但不像罗巴切夫斯基几何，它不是常数。离这山丘中心很远的地方，抛物线变得越来越像一条直线。只是在离曲面的球形部分不远的地方，曲率明显地不等于零。曲面的负弯曲部分对应于平面在太阳以外的部分。在紧靠着太阳的地方，它的负曲率远非是零。离太阳很远很远的地方，它逼近于零，它从来没有达到零，但在足够远的一点上，它实际上是零。在这个图中，曲率的数值极大地被夸大了。如果这个图的比例更为精密一些，则这曲线将会如此地接近于直线，以至于其曲率将不能测到。以后，我们将给出这个量。

理论 T_1 与 T_2（即非欧理论和欧氏理论）运用于通过日心的平面结构时，它们就可以被人们加以比较。这个比较和赫尔姆霍茨所做的那样，用弯曲的山丘般的表面做模型。以前，这说成是一欧几里得面；但现在它被用做非欧平面的模型，它的侧面 S_1 画在图 16—2中，在它的下面，直线 S_2 表示熟悉的欧几里得平面。如前一样，在 S_2 上所有的点由平行线（图示为虚线）从 S_1 投影到 S_2 上。我们要注意，如果标杆从位置 P_1 移到位置 P'_1，即从远离太阳的地方运动到十分接近太阳的地方，标杆并没有收缩，因为这事件是用非欧几何的语言来描述的。但是，如果依据平面 S_2 运用欧几

里得理论语言 T_2，那就必须说，当标杆从 P_2 运动到 P'_2 时，标杆收缩了。必须补充一些新的定律来陈述所有的杆尺，当它们被带近太阳之时，都在半径方向上经历着收缩，这方向指向太阳的中心。

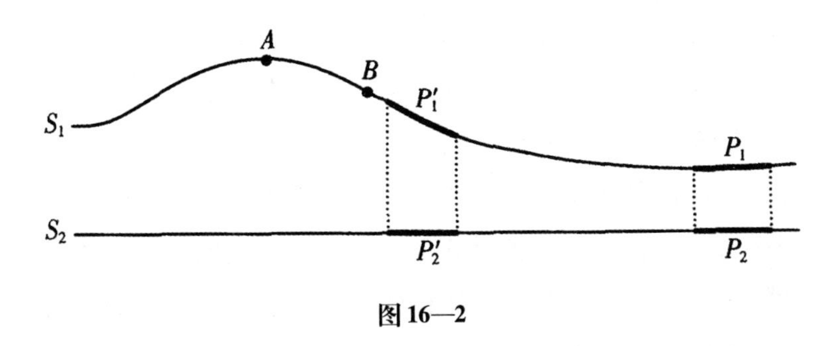

图 16—2

图 16—3 表明，不从横断面看，而是从上面看下来的情况。以 A 为圆心的圆形是太阳。标杆处于位置 P，令 ϕ 为标杆与径向的夹角。按照理论 T_2，标杆的收缩依赖于这个角并能为一般规律所涵盖。这个规律陈述，一根标杆在远离任何引力场时，其长度为 l_0，如果它被带到离物体 b 的距离为 r 的 P 处（温度以及其他条件保持不变），设 b 的质量为 m，标杆与半径方向成 ϕ 角，则它将收缩到下列长度：

$$l_0\left[1-C\left(\frac{m}{r}\cos^2\phi\right)\right]$$

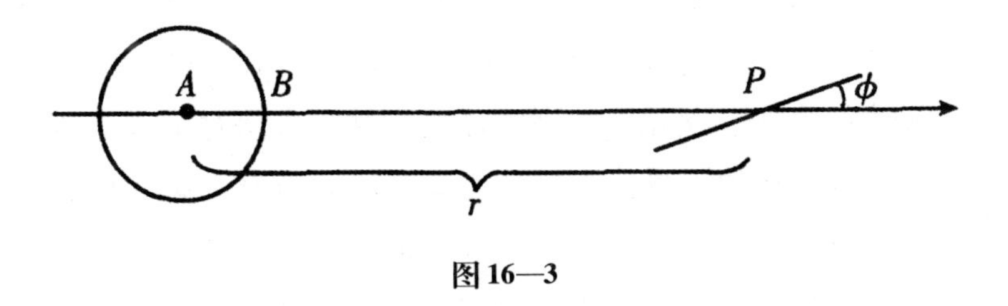

图 16—3

这里 C 是某个常数。因为这是一个一般规律，当用来做标准长度的测量杆尺已经确定时，我们必须考虑热的膨胀规律。因此必须将一个新的修正项插入前面确定长度的 l 方程中。因而这个规定是：

$$l = l_0 \left[1 + \beta \left(T - T_0\right)\right] \left[1 - C \left(\frac{m}{r}\cos^2\phi\right)\right]$$

令距离 r 不变，但改变 ϕ，如果标杆处在半径上因而 $\phi = 0$，则余弦是1，而“$\cos^2\phi$”从方程中消去。在这种情况下，其收缩达到了它的极大值。如果 ϕ 是一直角，余弦是零，整个修正项消失。换言之，当标杆垂直于半径方向时，它就不存在收缩。而在其他位置上，标杆收缩的数量在零与极大值之间进行变化。

常数 C 的值是非常小的。如果所有的数量用 *CGS*（厘米、克、秒）制进行测量，则 C 的值是 3.7×10^{-29}。这意味着在小数点后有28个零，然后跟着“37”。因而很明显，这是一个极小的数值。即使一个质量如同太阳那么大（1.98×10^{33}克），而 r 尽量的小到接近太阳表面，使 r 等于太阳的半径 *AB*（6.95×10^{10}厘米），其结果仍然很小。事实上，标杆接近太阳表面沿半径方向的相对收缩是：

$$C\frac{m}{r_0} = 0.0000011$$

图16—1与图16—2是极为夸张的，这是十分明显的。实际上，通过日心的平面结构和欧几里得平面是一样的；但这也存在着微小的偏离，正如我们后面将要看到的，有一个实验的程序来对这些偏差进行观察。

这里有一个重要观点需要理解，而这也是彭加莱强调的观点，这就是标杆在引力场中的性状可以用两种本质上不相同的方法来加以描述。如果我们引进新的物理规律，则欧氏几何可以保存下来；或者如果我们采取非欧几何，则物体的刚性可以保存下来。假定我们愿意在物理学规律上做出无论什么样的必要调整，则我们有选择我们希望给物理空间的无论什么样的几何的自由。这种调整不仅用于关于物理物体的规律，而且也运用于光学规律。

考察光线从远处恒星飞向地球时穿过太阳附近的轨道，这种调整运用光学规律就容易理解了。图16—4表明，地球在左边，而太阳在中央。当太阳不在所示的位置时，从恒星 S（它远离这页纸的右边）飞来的光线将沿直线 L_1 正常地抵达地球。但当太阳处在所示的位置时，来自恒星的光线在 C 点被偏转，因而它有轨道 L_2。恒星 S 是如此地遥远，使得光线轨道 L_1 与 L_2（即 C 点右边的那一部分）可被认作是平行的。但是如果一个天文学家测量恒星 S 与另一恒星 S'之间的夹角 α_2，他将会发现它有点小于角 α_1，而这个角 α_1 是他在另一季节里当太阳不在恒星 S 附近出现时测量到的。因而从地球看上去的恒星 S 的位置，表现为稍稍移向恒星 S'。的确，这是一个经验的观察，它实际上是爱因斯坦理论的一个基本的经验确证。

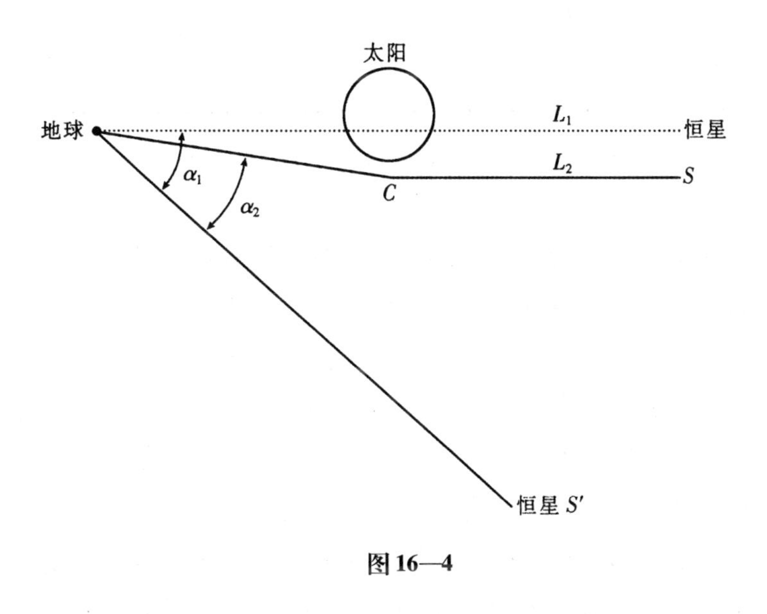

图 16—4

太阳的光线是如此地强，以至于在它旁边的星星只有在日食之时才能看见或照相。一部分这样的照片看上去像画在图 16—5 上的东西。恒星 S 的位置用一小点来指示。其他的恒星，包括恒星 S'，用其他点来表示。来自 S 的光线和来自 S'的光线之间的夹角由测量照相底片中 S 与 S'之间的距离来确定，然后将这个距离与在其他时间，即当太阳处在其他位置时这两颗星在相片中的距离相比较。这类历史性的试验，首次于 1919 年做出，并在以后许多次日食时重复做过。它们指示出在靠近太阳盘的星位上有微小的移动，这个移位确证了爱因斯坦关于光线行经太阳附近会被太阳的强大的引力场“弯曲”的预言。

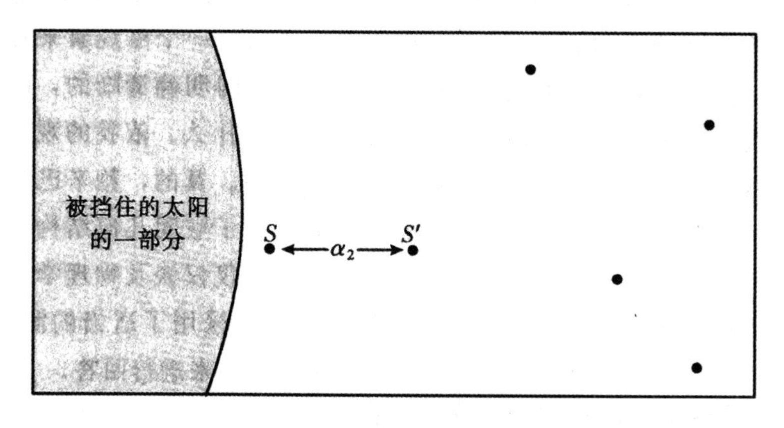

图 16—5

这种移位的首次测量由芬德利·弗罗因德利奇在柏林附近波茨坦的爱因斯坦塔上进行的。这个时候，我住在维也纳，我记得我在柏林会见了汉斯·赖辛巴哈，我们一起在这个塔底下看到弗罗因德利奇，他就在那里进行工作。他花了许多日细心地测量了大约 10 平方英寸的照相底片上的所有星位。在显微镜的帮助下，他对每一颗星的坐标做重复测量，而为了获得星位的最精密的可能估算，他取了这些测量数据的平均值。他不许他的任何助手做这项测量，他亲自做这件事，因为他认识到这个实验的伟大的历史重要性。结果，这种移位虽然很小，但终于被探测出来了，而这个实验被证明是对爱因斯坦理论的戏剧般的确证。

关于光线被引力场弯曲的情况类似于关于物理物体表观收缩的情况。这里我们必须再一次在解释经验结果的两种理论之间进行选择。在理论 T_2 中，我们保住欧几里得的几何，但我们必须设计出能描述光在引力场中弯曲的新的光学定律。另一方面，在理论 T_1 中，我们采用非欧几何，保住关于在真空中光线不被引力场所弯曲的经典论断。这将在下一章进行解释。

在我们询问什么是几何结构空间之前，彻底地弄明白这个选择的性质是十分重要的。我相信，这个问题的模棱两可以及彭加莱和其他人回答它的各种省略式说法，导致人们对他们的见解做出某种曲解（赖辛巴赫就是一例）。彭加莱说，物理学家在欧氏几何和任何形式的非欧几何中间，可以做出自由的选择，因为彭加莱说，选择是一个约定的问题，他的观点以约定论而著称。依我的观点，彭加莱的意思是，在物理学家决定运用哪一种方法来测量长度之前，他已做出了这种选择。在做出这种选择之后，他于是会校准他的测量方法，使得这种方法会引导到他们选择的几何类型。一旦接受了一种测量方法，空间结构问题就变成一个由观察来处理的经验问题。虽然彭加莱关于这个问题并不是常常搞得明确清晰的，但他的著作，取其前后文的整个思路，就能显示出他意指什么。依我的观点，在这个问题上赖辛巴赫和彭加莱之间并没有什么不同。真的，赖辛巴赫批判了彭加莱，因为他是一个约定论者，他没有看到关于空间几何结构的经验方面。但彭加莱在省略的形式下讲了这个问题；他仅仅谈及物理学家对一种几何的最初的选择。他们两人都清楚地看到一旦采用了适当的测量方法，空间几何结构问题就成了一个经验问题，通过观察来进行回答。

这个问题的经验方面由一个有兴趣的问题清楚地表现出来，这个有兴趣的问题今天很少问及但在相对论的早期却进行了很多的讨论。宇宙的总空间是有限的还是无限的呢？正如我们前面早就提及，爱因斯坦提出了一个可以想象为类似于球面的宇宙模型。对于球上的二维生物，球面是有限而无界的。它是有限的，因为整个球面都可以探察到，而它的面积可以计算出来；它是无界的，这是在这个意义下说的：人们总可以从任何地方出发向任何方向运动而从不遇到任何种类的界限。在爱因斯坦的模型中，从四维观点看的三维空间，将会具有总体上是正的曲率，因而它自身是封闭的如同一个封闭球面一般。一个宇宙飞船在任何方向沿“直线”飞行终将转回它的出发点，就像一架沿地球这个大圆飞行着的飞机一样将会转回出发点。甚至有这样一种推测，如果有一个强有力的望远镜指向银河系相反的方向，将会看到银河系。

当爱因斯坦主张在引力场中总是存在着一个负的曲率时，他怎样会想象整个宇宙具有正的曲率呢？这个问题对于物理学家来说，仍然是一个伤脑筋的问题。回答是不难的；但如果对这个课题不给出一些思考，这问题可能是费解的。考虑地球的表面，它有一个总体上是正的曲率。尽管如此，它也充满了有强的负曲率的山谷。依同样的方式，爱因斯坦的宇宙模型包含着在强的引力场中的有负的曲率的"山谷"，但它为更强大的如恒星那样的大质量内部的正曲率所压倒。类似于地球表面，这些恒星对应于山顶的强的正曲率。曾经计算过，仅当宇宙平均质量密度足够高时，它才能有一个总体上是正的曲率。今天，宇宙膨胀的假说以及关于宇宙中物质数量的新近的计算，使爱因斯坦的封闭有限模型看来未必可能了。也许这仍然是一个悬而未决的问题，因为关于质量和距离的测量有极大的不确定性；很可能氢元素遍布于先前所认为的真空空间，这将会引起宇宙平均质量密度的增加。在任何情况下，爱因斯坦的封闭而又无界的宇宙这种有吸引力的梦想，现在看来比起他首次提出这个理论的时候当然可能性更小。这里需要强调的一点是，支持或者反对这个宇宙模型的证据是经验的证据。现在，虽然相对论的非欧几何普遍被接受，但并不存在为天文学家和物理学家所一致同意的宇宙模型。

正如我们已经看到的，物理学家当时能够保住欧几里得几何（如彭加莱错误地预言他们会这样做那样），并且当时能通过给力学和光学定律引进新的修正因素来解释新的观察。他们没有这样做，他们的选择是追随爱因斯坦放弃欧氏几何。做出这个决定的基础是什么呢？它是不是为了简单性的理由？如果是这样，又是为了什么样的简单性呢？欧几里得的处理方法可以得到一个极为简单的几何，但却带来比较复杂的物理规律。非欧的处理方法给出一个极为复杂的几何，但却获得极为简单的物理规律。在这种各有千秋的情况下，我们将怎样在两种方法之间做出一个决定呢？下一章我们将试图回答这个问题。

第十七章

非欧物理几何的优点

寻找一个基础，在这基础上对于物理空间，在欧氏几何结构和非欧几何结构之间做出选择。在这样做的时候，起初有这样一种诱惑，即要选择一种能提供测量长度的最简单方法的研究方案。换言之，这就是尽可能避免将修正因素引进测量方法中。不幸，如果确实采取这种规则，则其结果是奇形怪状的。测量长度的最简单的方法就是选择一根测量杆，以及在不引进任何修正因素的情况下，把测量杆的长度定义为长度单位。这根杆子，无论它的温度如何，无论它是否磁化了或者是否受弹性力的作用，也无论它处于一种强的或弱的引力场中，都取作长度单位。正如我们前面已经指出的，在采用这样的长度单位时，是没有逻辑矛盾的；也不会有任何方法使这种选择被观察事实所排除。但是对这样的选择必须付出高的代价，它导致一种稀奇古怪的、令人难以置信的复杂的世界图像。例如，有必要说，当测量杆放进火焰里时，宇宙中的一切客体，包括最远的星系都立刻收缩了。没有那个物理学家愿意接受这种奇怪的推论以及因采用这个最简单的可能的长度定义而引起的复杂的物理规律。

那么，在怎样的基础上，爱因斯坦及其追随者选择复杂的非欧几何呢？回答是，他们并不选择这样那样的有关局部情况的简单性，而是选择有关整个物理系统总体上的简单性，而非欧几何的选择会带来这种总体上的简单性。从这个总的观点出发，我们必定同意爱因斯坦的看法，如果采用非欧几何，则有一种简单性的收获。为了保卫欧氏几何，物理学家必须设计出有关固体物体收缩与膨胀的古怪规律以及光线在引力场中发生偏斜的古怪规律。一旦采用非欧的研究方法，就具有物理规律极大的简单性。首先，引进新的刚体收缩规律以及光线弯曲规律不再是必要的。更重要的是，支配物理物体运动的旧规律，如行星绕日运行的轨道，是极简单的，甚至引力自身在一定意义上也会从图景中消失。在空时系统的非欧几何所要求的方式里，用来代替“力”的，只有客体沿着天然的“世界线”运动。

世界线的概念可以以这种方法来解释：假定你要绘图 M 来表示当你驾车通过洛杉矶的街道时你的汽车的运动。图 17—1 表示这样一张图，汽车的路线由 $ABCD$ 表示，虚线准确地表示你的汽车怎样沿着马路行驶，不过这里自然没有表示这部汽车行驶的速度，时间的因素在这里忽略掉了。

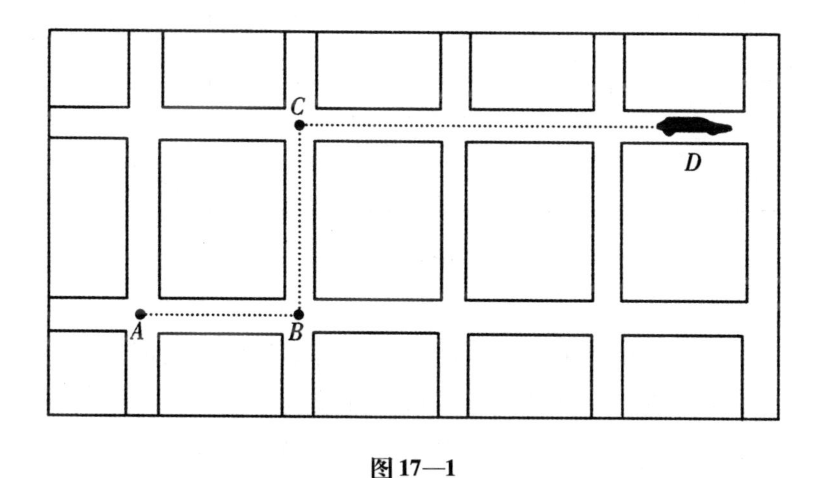

图 17—1

怎样图示汽车的运动才能使时间和汽车的速度也被考虑进去呢？如图 17—2 所示，取一系列图 M_1，M_2，…，每一张画在有立体感的透明薄片上。在 M_1 图上画下 A_1 点（相应于原图 M 上的 A），在该点上你的汽车处于第一个时刻点 T_1；在 M_2 图上画下在迟一点的时刻点 T_2（例如比 T_1 迟 20 秒）上汽车位置 B_2；M_3 与 M_4 表示该车在 T_3 和 T_4 时刻点上的位置 C_3 和 D_4。这些图安置在使它们平行的框架上，以一定的距离间隔（比如说 10 英寸）一个一个地叠置起来；每两秒时间则采用一英寸的垂直刻度来表示。用一条线联结这四个点，则这条线表示汽车运动的世界线。图 17—2 除了表示每个时刻汽车在那里之外，还表示了汽车从一点运动到另一点的速度。

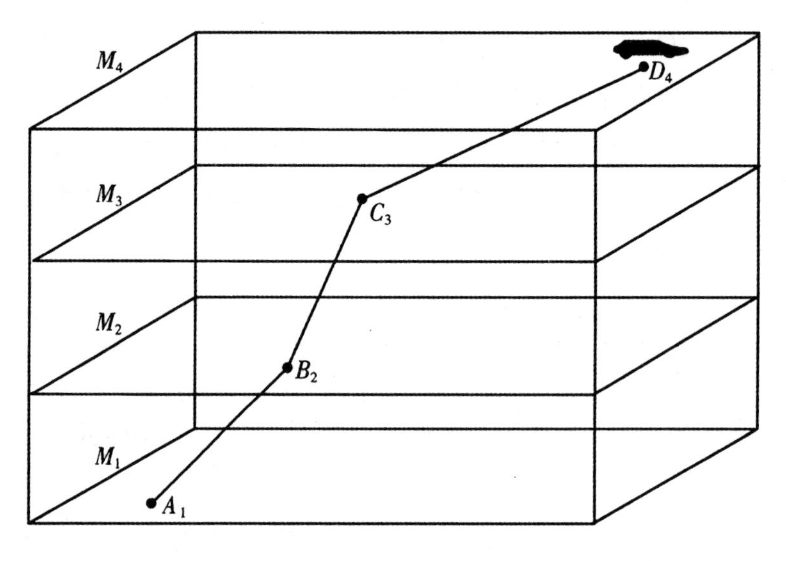

图 17—2

一个较为简单的世界线实例是表示沿威尔舍尔大街直线行驶的汽车的一维轨迹。这种情况下的世界线绘画于图 17—3 中，这里平行轴表示距离，而垂直轴表示时间（分钟）。汽车于时间 M_1 处于位置 A_1。在最初 3 分钟，汽车以匀速从 A_1 运动到 D_4。从 D_4 到 E_5，汽车的速度是常数，不过大于以前，因为一分钟它走过了更大的距离。在这张图的右边，表示了在同样 4 分钟里一个站在 G 点上的人的世界线。由于他没有运动，他的世界线是垂直的。显而易见，随着速度的增加，这个图中的一条世界线越来越偏离垂线而倾斜。如果速度不是常数，则世界线是曲的而不是直的。以这种方法，世界线表示了实际运动的所有特征。不论物体的速度是增加还是减少，世界线表示了每一时刻的速度。

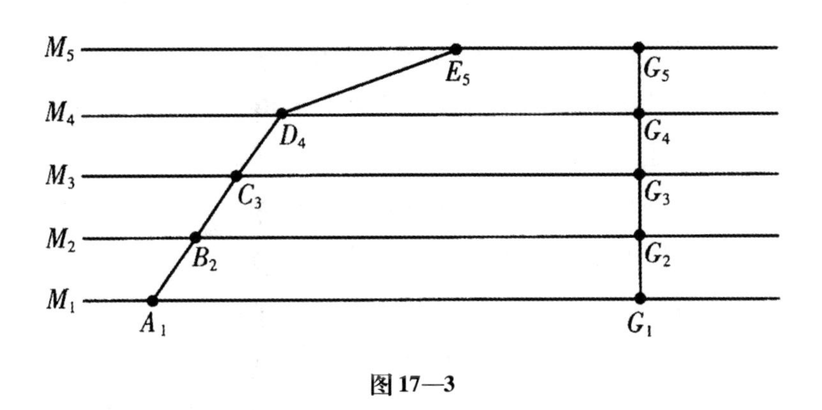

图 17—3

只有当物体沿一维轨道运动时，该物体的世界线才能图示于一平面之上。如果运动轨迹如第一例一样是二维的，则世界线必须图示在三维的图中。类似地，一个运动于三维空间中的物体的世界线，必须用一系列三维图来表示，它以一系列有立体感的二维图形形成三维系统的同样方式形成四维系统。包含四维世界线的四维图的实际模型不能构造出来，但这种世界线可以数学地描述。赫尔曼·闵可夫斯基引进的特别空间度规导出一个不平常的简单公式。当这公式运用于光线定律以及运动物体（如行星）的定律时，无论行星的世界线还是光线的世界线，都变成短程线。正如我们前面已经指出的，在给定的空间系统中，短程线是可能"最直的"线，这个空间系统不需要有常数曲率。例如，在地球的表面，有不规则的高山与峡谷，但总可以找到一条或几条测地线，它表示在任意给定的两点之间的最短的可能路线。短程线是欧几里得平面上的直线的对应物。

在相对论中，行星与光线的世界线都是测地线。正如经典物理学中不受外力作用的物体说成是依其惯性以匀速作直线运动即沿直的世界线运动一样，在相对论物理学中，即使物体在引力场中运动，也可以说成是沿世界线（即测地线）运动。没有必要将“力”的概念引入这幅图景中。为什么行星绕日旋转而不是沿切线飞去呢？并不是由于太阳施加一种“力”来“拉”着行星行进，而是由于太阳的质量创造一个在非欧空时结构中的负的曲率。在这弯曲的空时结构，行星最直的世界线，即它的短程线变成为一条对应于它实际上绕日运动的线。行星的椭圆轨道在三维空间中并不是一条短程线，但它的世界线，在四维非欧空时系统中，是一条短程线，它是行星能采取的最直的可能的线。类似地，光线沿着短程世界线通过空时飞行。

从相对论的非欧观点看，不存在什么弹性力或电磁力意义上的引力。万有引力，作为力从物理学中消失而代之以四维时空系统的几何结构。这样一种革命性的转变使我们不难理解，为什么许多人不能正确地理解这个概念。有时人们说，物理学的一部分，即万有引力理论，已经为纯几何学所代替，或者说这一部分物理学已经转化为数学。有些作者推测这种可能性：总有一天整个物理学会转化为数学。我认为这就引入歧途了。有一些试图让门外汉懂得一点相对论的作者喜欢使用一些刺激性的悖论式的用语。这些用语对于作品的润色是有好处的，但它常常对事态的真相给出一种不准确的印象。在目前的情况下，我想他们混淆了数学意义下的几何学和物理意义下的几何学。在相对论中，万有引力物理学的确为空间物理几何，或准确地说，为空时系统物理几何所代替，但这种几何学一直是物理学的一部分而不是纯数学。它是物理学的而不是数学的几何学。

数学几何学是纯逻辑的，而物理几何则是经验的理论。在爱因斯坦的相对论中，引力不过采用了另一种形式。一种引力的物理理论翻译成另一种物理理论。力的概念不再适用了，但引力相对论仍然是物理学而不是数学，非数学的量（空时曲率的分布）在这理论中继续出现。这是物理量而不是数学概念。这里之所以要强调这一点，那是因为爱因斯坦的引力理论被称为几何学，这会诱使人们认为它是纯数学。但物理几何并非数学；它是一种物理空间的理论，它并不就是空洞的抽象；它是物体行为与光线行为的物理理论，因而不可能被看作是纯数学的一部分。前面曾经提及，人们可以有保留地使用伽利略的名言：自然的书是用数学语言写的。这个名言容易被人误解。伽利略的意思是，自然界可以借助于数学概念来描述，但并非所有的物理语言都由数学符号组成。绝对不可能在纯数学中以定义对数或其他数学函数的方式来定义诸如“质量”“温度”这些概念。有必要认识在物理规律中出现的物理符号（如“m”表示质量，“T”表示温度）和在这些规律中出现的数学符号（如“2”，“$\sqrt{\quad}$”，“log”，“cos”）之间有着根本的区别。

关于运动物体和光线的爱因斯坦方程的极大的简明性必然支持他的主张，非欧的方法优胜于欧几里得的方法，后者必须引入新的修正因子，从而把方程式复杂化了。但这远非是某种一般规则的发现。这种一般规则的发现会告诉我们，在选择物理学中不同的处理方法时，最为综合的简明性是怎样获得的。我们所意欲得到的东西是能运用于所有进一步的场合的选择的一般规则；爱因斯坦的选择在这里不过是这个一般规则的特殊场合。当然，最简明的、包罗一切的物理学系统是更可取的，这是不言而喻的，不过问题不在这里。问题是，怎样决定两个系统中哪一个有最大的、综合的简明性。当有两个竞争着的系统，常有这样的情况，每一个都在某些方面比另一个简单。在这种情况下，怎样测量综合简明性？

提出这类一般规则是赖辛巴赫的功绩。也许他的规则并非绝对一般的，但它覆盖了内容广泛的各类情况，并且它是很有趣的。我有这样的印象，人们对它还没有充分的注意。这个规则是建立在对“差异力”和“普遍力”进行区分的基础上的。赖辛巴赫称它们为“力”，不过这里宁可用更普遍的方式称它们是两类“作用”（在后面力可以作为作用的解释来引进）。它们的区别是这样的：如果一种作用对于不同的物质是不同的，它就是差异作用。如果不论物质的性质如何，它在量上是一样的，则这种作用是普遍作用。

这可以用实例来弄明白。当一铁杆被加热，它膨胀。如果长度用铁杆来定义，则这种热膨胀作用通过引进修正因子来考虑（如上面所述的）：

$$l=l_0\ [1+\beta\ (T-T_0)]$$

这公式中的β是热膨胀系数，它是一个常数，不过只对于某种物质的所有物体来说才是常数。如果这根杆子是铁的，β就有一定的值；如果它是铜的、金的或某种其他物质，它就有不同的值。因而杆子受热膨胀明显是差异作用，因为对于不同的物质来说，它是不同的。

考虑一下加上了第二个修正因子之后的长度公式，这是考虑了引力对杆子长度影响的公式。重复地说，这公式是：

$$l=l_0\ [1+\beta\ (T-T_0)]\ [1-C\frac{m}{r}\cos^2\phi]$$

在这第二个修正因子中的C是一个普遍常数，它对于所有的引力场都是一样的，并且对于所有的物体都是一样的。在右边的一对括号内，并没有这样的参数，它以第一对括号中的参数β的变化方式，随物质的不同而发生变化。这个修正因子考虑到太阳质量m，从太阳到测量杆的距离r，以及测量杆与太阳到测量杆的光线所成的角度ϕ。它并不考虑杆子是铁的、铜的，或是其他物质的，因而它是普遍的作用。

赖辛巴赫有时补充说，普遍作用是这样一种作用，它是不可屏蔽的。例如，一条金属杆，可以通过一道铁墙围着它来屏蔽热的作用。但没有办法屏蔽万有引力的作用。依我的观点，为了区分差异作用和普遍作用，没有必要谈论屏蔽，因为这个条件已经蕴涵于前面所讲的条件之中。如果建筑一道铁墙来屏蔽来自隔壁房子的强磁力以保证仪器不受干扰，屏蔽之所以生效，只是因为铁墙受磁场的影响不同于空气受磁场的影响。如果不是这样，则屏蔽不起作用。因而屏蔽的概念只适用于对不同的物质有不同影响的作用的情况。

如果普遍作用定义为对于所有物质有同样的作用，则可以推出，对这种作用的屏蔽是不可能的。

在对差异作用和普遍作用进行详细分析时，赖辛巴赫特别注意下列的事实。[①] 假定某人陈述他刚刚发现一个新的作用，并说它对于不同的物质没有什么不同；他给以这种新作用的规律已受到检验，而且显然他所说的是真的；这规律不包含依物质的性质而不同的参数。赖辛巴赫坚持认为，在这类情况下，这个理论总可以重新表述成这样，以至于普遍作用将完全不出现。

并没有类似的方法来消除像热膨胀那样的差异作用。断言没有热膨胀作用却很容易被否证。简单地将不同物质的两根杆子并排放置在一起，将它们加热到同样高的温度，并观察到不同长度的结果。清楚的，有某些事情发生变化了，不引进热膨胀的概念就没有任何方法说明这个观察到的差异。另一方面，像引力对杆子长度的影响那样的普遍作用却可以用完全不出现这种作用的理论来加以说明。这正是在相对论中遇到的事情。采取适当的非欧空时系统就可以不必谈论物体在引力场中的膨胀或收缩。当物体在引力场范围内运动的时候，物体不必改变它的大小；但在这个理论中存在着不同的空时结构。不像上面讲到的热膨胀的情况，没有什么方法表明消除这种引力作用是不可能的。对于所有的物质，引力场都起着同样的作用。如果两根杆子彼此并排放置在一起并转向各种不同的方向，彼此都精确地保持同样的长度。

由于这些考虑，赖辛巴赫为简化物理理论提出这样的规则：无论何时的物理学系统，只要由指明在什么条件下有什么数量的作用出现的规律断定在其中有某种普遍的作用，则这个理论可以变换为这样的理论，它使这种作用的数量化归为零。这就是爱因斯坦对于引力场中物体的收缩与膨胀所干的事。从欧几里得的观点看，这样

---

① 参见汉斯·赖辛巴赫《空间与时间的哲学》，第六章，“普遍力与差异力的区别”，纽约，多佛尔，1958。

的变化发生了，但它们是普遍的作用。但非欧空时系统的采用，就使这些作用变为零，也会发现其他的作用。例如三角形的内角和不再是180度，但是不必再讲刚体的收缩或膨胀。赖辛巴赫坚持认为，在物理学中无论何时发现普遍的作用，总可以通过适当的理论变换来消除它们。这样的转换是必须做出的，因为它赢得了由此导致的综合简明性。这是一个有用的普遍原则，它应受到比它已得到的更大的注意。它不仅运用于相对论，而且也运用于将来可能出现的情况，其中有可能发现其他的普遍作用。不采用这个规则，就没有方法对什么是空间结构这个问题做出一种统一的回答。如果采用了这个规则，这个问题就不再是含糊的了。

当爱因斯坦首次提议将非欧空间几何用于空间时，他受到了强烈的反对。丁格尔以及其他人曾经提出的反对意见是：欧几里得几何是必不可少的，因为它已经预设在测量仪器的构造中。但正如我们已经指出的，这个反对意见必然是错误的。来自哲学观点的一个更普遍的反对意见是：非欧几何不应该采用，因为它是不可能想象的。它与我们的思路相反，与我们的直觉相反。这种反对意见有时以康德方式来表达，有时则以现象学的方式（不同的术语）来表达，但其一般的观点是，我们的心灵看来只以这种方式来工作，我们不能使任何种类的非欧空间结构形象化。

赖辛巴赫也讨论了这个观点。[①] 赖辛巴赫称这个问题为心理问题，并且说没有任何根据断定我们的直觉已经预先按欧几里得方式形成了。我认为他是对的。与此相反，有许多很好的理由使我们相信，视觉空间，至少对于小孩的视觉空间来说，是非欧几里得的。所谓“空间直觉”，与其说是一种度规结构的直觉，不如说是拓扑结构的直觉。我们的知觉告诉我们，空间是三维的并且连续的，每一点与其他点都有同样的拓扑性质。但关于空间的度规性质，我们的直觉是模糊的和不精确的。

---

① 参见汉斯·赖辛巴赫《空间与时间的哲学》，第9—11章。

心灵能调整出现在视网膜上的无论什么样的映象，这种惊人的性能给我们指示了空间知觉的非欧性质。例如，眼睛有深度散光的人，在每个眼睛的视网膜里，都有着受到极大歪曲的映象。一根直尺当其平行放置时，在他的视网膜中的映象，也许长于当其垂直放置时的映象，但他觉察不到这一点，因为在他的视野里，所有物体的长度都以类似的方式发生变化。当这个人首次戴上矫正眼镜时，有许多天甚至有好几个星期他的视野出现歪曲，直至他的头脑适应了在他视网膜中的正常映象为止。类似地，一个有正常视力的人可以带上使映象沿某坐标轴发生畸变的特种眼镜，经过一段时间他变得习惯于新的映象而他的视野表现正常。赫尔姆霍茨描述了这类实验，其中一些实验是他亲自进行的，从这些实验中他得出结论：视觉空间可以有非欧的结构。赫尔姆霍茨相信（我想有很好的理由来确立这个信念），如果一个小孩甚至一个成年人有充分的条件来感受非欧世界中的物体行为，则他有能力使非欧结构形象化，就像他现在能够容易地将欧几里得结构形象化一样。

即使赫尔姆霍茨这个信念没有事实根据，我们还是有更重要的理由来反驳那种认为由于非欧几何不能想象，所以它不应予以采用的意见。形象化的能力是一个心理学问题，与物理学完全无关。物理理论的构思不限于要人能够形象化；事实上，现代物理学已经离开能被直接观察和想象的东西走得很远了。即使相对论包含了对直觉的极大偏离，而我们的空间直觉被证明是永恒地和不变地倾向于欧几里得的，我们也应该将相对论运用于物理学而不论我们所意愿的几何结构如何。

在19世纪，物理学中有人做了极大的努力来走向形象化与模型构想，英国比大陆来说更是如此。以太被描述为一种特殊的能振动和传播电磁波的透明的糊状物质。随着物理学的进步，这个以太模型变得越来越复杂，甚至它所要求的性质之间看来是不能相容的。例如，以太必须看作是完全没有密度的东西，因为它对于行星和卫星的运动并不提供可观察的阻力；而光波被发现是横波而不是纵波，很像是处于极为高密度的物体中一样。虽然这些性质在逻辑上是不相容的，它们使得提出一种直观上满意的以太模型成为非常困难的事情。各种以太模型最终变得如此复杂以至于它们不再服务于有用的目的。这就是为什么爱因斯坦认识到最好完全放弃以太的理由。正是接受麦克斯韦和洛伦兹方程并用它们进行计算更简单省事，而企图去建立一种稀奇古怪的模型，必定使它无助于空间结构的形象化和直观化。

随着20世纪物理学的进步，不仅以太模型被放弃了，19世纪那种构造直观模型的倾向也变得越来越弱了。新的理论如此抽象，它们必须在它们自己的术语中整个儿地被接受。ψ 函数，表示着像原子那样的物理系统的状态，对于容许能够易于想象的模型来说，它太复杂了。当然，对于一个有技巧的教师和著作者来说，运用图解来讲述科学问题，以帮助解释一个抽象的理论的某些方面，这常常是可能的。没有什么理由来反对用这种图解作教学手段。这里要强调的是，说一个新的物理理论比旧理论更难以形象化，这不能成为反对新理论的有力的理由。当相对论首次提出的时候，正是这类反对理由常常被人们提出来反对相对论。我记得大约1930年的一个时候，当时我在布拉格与一个德国物理学家讨论相对性。他当时极为抑郁。

他说："这太可怕了！看一看爱因斯坦对我们的神奇的物理学干了一些什么吧！"

我答道："可怕吗？"关于新物理学，我热情奔放。仅仅用了少数几条描写某种不变性的最一般原理，令人兴奋地使用了非欧几何学，就能解释如此多的以前所不理解的现象，多么好啊！但这个物理学家对于理论难以形象化具有如此强烈的感情上的阻碍，以至于因爱因斯坦的革命性变革而几乎完全丧失了他对物理学的热情。支撑他的唯一的事情乃是他希望总有一天（他希望这是在他还活着的时候）一个反革命的领导者会复辟到旧的经典秩序中去，在那里，他可以再一次在家里自由自在地呼吸了。

一个类似的革命发生在原子物理学中。多年来，人们高兴于、满意于有一个尼尔斯·玻尔的原子模型，即一个有核在其中而电子绕之在轨道上旋转的行星系统。但已经证明，这是一个过分简单化的东西。今天的核物理学家甚至不企图建立一个总体模型。如果他运用模型，他总是意识到它只图示了情况的某些方面而遗漏了其他的方面。物理学的总的系统不再要求它的结构的所有部分都能形象化。这就是为什么不可能将非欧几何形象化的心理学的陈述，即使它正确（依我看来这是值得怀疑的），也不能成为采取非欧物理系统的有力的反对意见的基本理由。

一个物理学家必须经常提防超出教学法或权宜的辅助来使用直观模型。与此同时，他必须也警惕这种可能性，即直观模型能够而且有时确实转变为实实在在的精确的东西。自然界有时出现如此惊人的事情。在物理学家提出原子怎样联结为分子的清晰概念之前，通常习惯于绘出分子结构的图解图画。物质的原子用大写的字母表示，并以不同的方式画出原子价线来联结它们。我回想起与那时反对这种图解的一个化学家的一段谈话。

“但它没有很大的帮助吗？”我问道。

“有”，他答道，“不过我们必须警告学生不要认为这些图表示了实际的空间构型。关于分子水平的空间结构，我们实际上全然不知道什么东西。这些图不过就是图而已，就像图表中的曲线用以说明人口增长或生铁产量增长一样。我们都知道这样一条曲线不过只是比喻而已。人口或生铁并没有空间意义的升高，分子图也必须以同样的方式来理解。无人知道，分子具有哪一种实际的空间结构。”

我同意这个化学家的意见，不过我争论道，至少有这样一种可能性，分子恰好以图中所示的那种方式联结在一起。特别是由于立体异构体已经发现这个事实，它使得将一个分子考虑成另一个分子的镜像是比较方便的。如果某一类糖使偏振光顺时针旋转，而另一类糖使偏振光逆时针旋转，则原子在分子中的某种空间构型看来被指示出来了；它的构型能够有左手与右手的形式。

“真的”，他回答道，“这是一种猜想。不过我们并不确实知道情况就是这样。”

在当时，他是对的。我们关于分子的结构知道得如此之少，坚持这种看法将会是为时过早。随着对分子结构了解得越来越多，将分子表现在直观的三维模型中便越是可能。可以想象，以后的观察要求四维、五维、六维的结构。这个图不过就是关于当时所知的方便图形。

但是不久，特别是在马克斯·冯·劳厄用X射线衍射方法确定晶体结构之后，结果表明了原子在分子复合物中实际上是以结构图所示的方式作空间布置的。今天，化学家毫不犹豫地说，在蛋白质分子中，这里有某一种类的分子而那里又有另一种类的分子，它们是按螺旋的形式分布的。模型所表示的原子在三维空间中的连接是非常确实的。没有证据对已经发现的东西提出质疑，而有很好的理由来指出，分子的三维模型表现了三维空间中的实际构型。同样使人惊讶的事情近来作为一种经验的推论出现了，它揭示在核的弱相互作用中，宇称是不守恒的。粒子与反粒子之间，迄今被认为只在比喻的意义上互为镜像，现在表明可以在空间的意义上实际地互为镜像。

因此，警告人们不要谈论模型的精确性，虽然在原则上是正确的，但后来证明是不必要的。一个理论可以从直观模型中走得很远；然后在以后的阶段中，当人们知道得更多的时候，它可以再次返回以前曾被怀疑的直观模型。在分子模型的例子里，曾经对它怀疑的主要是物理学家。原子在空间上分布于分子之中，这个图景是如此地方便，以至于大多数化学家实实在在地说明这个模型，尽管物理学家纠正说，对于这个模型仍然没有充分的证实。

直观空间结构意义下的模型，可不要与现代数学意义下的模型相混淆了。今天，当数学家、逻辑学家以及科学家意指抽象概念结构而不是指在实验室中用小球和金属线做的东西时，他们都习惯于讲模型。这个模型可能只是一个数学方程或方程组，它是任何结构

（物理学的、经济学的，社会学的以及其他的结构）的简化描述，其中抽象概念以数学的方式发生关系。它是一个简化的描述，因为它忽略了许多因素，否则模型就会复杂化。例如，经济学家讲自由市场经济模型、计划经济模型等。心理学家讲学习过程的数学模型，讲一种心理状态怎样以一定的转换能力与另一种心理状态相关，它构成数学家称之为马尔可夫链的系列。这些与 19 世纪的物理学模型完全不同，做出这种模型的目的并不是要直观化而是要形式化。这种模型纯粹是假说性的。在模型中放进某种参数并且检验它，直至获得与资料最好适合为止。随着观察日益增多，可能揭示出这些参数不仅要经受进一步的检验，而且基本方程需要改变。换言之，模型自身是可变的。在某段时间里，旧的模型很适用，而现在要求新的模型。

19 世纪的物理模型并不是这种抽象意义上的模型，它是企图以表现实际的船和飞机于船模和飞机模型上那样的方式成为空间结构的空间模型。当然，化学家并不认为分子乃是由小的有颜色的球用金属线联结起来而做成的；他的模型有许多特征都没有准确地做出。但是，就它的一般的空间构型来说，它被认为是真实分子的各个原子的空间构型的正确图像。正如我们已经指出的，有时有许多理由来实实在在地看待这样的一种模型，例如，一个太阳系模型，或晶体模型或分子模型。甚至当没有什么根据做出这种解释时，直观模型也可能是极有用的。心灵直观地工作，并且借助于直观图像，对于科学家的思考来说，常常是有帮助的。与此同时，必须觉悟到模型的局限性。建立一个简洁的直观模型并不保证理论的健全性，而缺乏直观模型也不成为反对一个理论的充分理由。

第十八章

康德的综合先天知识

知识可能既是综合的又是先天的吗？伊曼努尔·康德提出这个著名的问题并且肯定地回答了这个问题。精确地理解康德用他的问题来表示什么意思以及当代经验论者为什么不同意他的回答是重要的。

有两个重要的区别包含在康德的问题中：一个是分析的与综合的之间的区别，另一个是先天的与后天的之间的区别。对于这两种区别，人们做出了各种各样的解释。依我的观点来看，前者是逻辑的，后者是认识论的。

首先，考虑逻辑的区别。逻辑只根据陈述词的意义讨论陈述是真是假。例如，将"狗"这个词定义如下："X 是一只狗，当且仅当 X 是一只具有某种特征的动物"。因此，动物是"狗"这个词的意义的一部分。如果依据这个理解做出"所有的狗是动物"这个断言，这将会是康德称之为分析判断的东西，它所包含的东西不过是词的意义关系。康德并没有完全这样处理它，但这是他的意思的本质。另一方面，一个综合陈述，诸如"月球绕地球旋转"，有着事实的内容。正如大多数科学陈述一样，它是综合的，因为它超出了词所指定的含义。它告诉我们有关世界的性质。

先天和后天的区别是两种知识之间的认识论区别。康德用先天来表示这样一种知识，它不依赖于经验，但并非在遗传学和心理学意义上的不依赖于经验。他充分地认识到，所有人类知识在遗传学意义上依赖于经验。没有经验，就明显地没有任何种类的知识。但是某种知识由经验以这种方式来支持，这种方式对于其他种类的知识来说是不正确的。例如，考虑“所有的狗都是动物”这个分析陈述。为了做出这个断言，去观察各种狗是不必要的；的确，通过观察确认狗的存在甚至也是不必要的。唯一需要的就是能想象像狗这样的事物，它已经这样被定义，使得“是动物”成为定义的一部分。所有分析陈述在这个意义下都是先天的。为了证明它们不必付诸经验。的确，可能是我们关于狗的经验曾引导我们得出“狗是动物”的结论。在经验一词的广泛意义上，我们知道的所有事物都建立在经验基础上。重要之点是，为了证明分析陈述的真理性，诉诸经验从来都是不必要的。这样说是不必要的：“昨天，我检验了许多狗，以及许多非狗；然后我检验了许多动物和许多非动物；而在这些调查研究的基础上，我最终得出结论：所有的狗都是动物。”相反，“所有的狗是动物”这个陈述是这样被证明的，即指出在我们的语言中，“狗”一词具有这样一种意义，它包含了“狗是动物”。“独角兽只有一只角在头上”这一陈述的分析真理也是以相同的方式来加以证明的。词的意义蕴涵着陈述的真理性，而不必归之于关于世界的任何经验。

与此相对的，后天的陈述是这样一种断言，不诉诸经验就不能被证实。例如，考察月球围绕地球旋转这个陈述。它的真理性不能用引证诸如“月球”“地球”和“绕着转”这些词的意义来加以证实。的确，从字面上看，“先天”与“后天”意味着“来自先天”和“来自后天”，但康德对这问题搞得非常清楚，即他没有以一种时间上的意义来表示它们的意思。他指的不是这个意思：在后天的知识中，经验在获得知识之前已经产生。的确，在这个意义上说，经验先于所有的知识。他指的意思是：对于断言一个后天知识，经验是一个本质的理由。没有某种特定的经验（在月球绕地球运转的情况下，这些经验就是各种天文观察），不可能证明一个后天的陈述。在粗糙的意义下，后天的知识今天会被称为经验的知识；它是一种本质地依赖于经验的知识。先天的知识独立于经验的知识。

正如早已说明的，所有的分析陈述明显是先天的。但现在有一个重要的问题，先天和后天的分界线是否恰好与分析和综合的分界线重合一致？如果这两条分界线重合，它们可以用图形表示如图 18—1。但也许这些边界线是不重合的，先天与后天的分界线不可能处于分析与综合的分界线之左边（因为所有的分析陈述都是先天的），但它可能如图 18—2 所示那样处于右边。如果这样，则有一个中间的区域，那里综合与先天重叠。这就是康德的观点。他坚持认为，有一个知识领域既是综合的又是先天的。它之所以是综合的，因为它告诉我们有关世界的某些情况；而它之所以是先天的，因为它可以以不求助于经验证实的方式理解为必然的。真的有这样一个区域吗？这就是在科学哲学历史上一个有极大争论的问题。的确，正如莫里茨·石里克有一次所评论的，经验主义可以被定义为主张没有综合先天知识的观点。如果整个经验主义要压缩为一句话，则这就是一种表述。

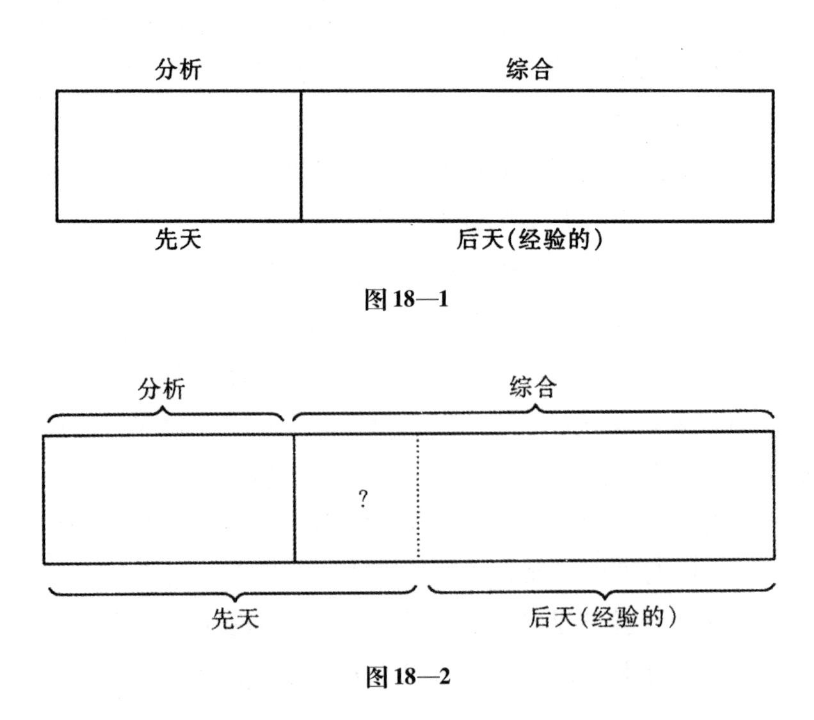

图 18—1

图 18—2

几何学给康德提供了综合先天知识的一个主要的实例。他的理由是：如果考察一下几何的公理（他指的是欧几里得几何——在他的时代没有其他几何生效），不可能想象这些公理不真。例如，过两点有而且只有一条直线。这里直观给出了绝对的必然性。可能想象出一条直线联结两点，而想象出其他另外的通过这两点的线必定是曲的、非直的线。因此，康德争辩说，我们有权利完全信赖所有的几何公理知识。因为所有的定理都是从公理中逻辑地推导出来的，我们同样有权完全信赖这些定理的真理性。因此，几何以不要求经验证实的方式成为完全必然的东西。为了证明过两点只能联结一条直线的陈述，没有必要在纸张上做出一些点和画出许多线，它是由直观来证实的。虽然某一个几何定理可能异常复杂并且远非明白的，但它可以通过若干个逻辑步骤从公理中加以证明。而这些逻辑步骤也是直观确凿的。一句话，所有的几何都是先天的。

康德继续说，另一方面，几何定理告诉我们有关世界的某些情况。考察一下三角形三内角和等于 180 度的定理，它可以逻辑地从欧几里得公理中推导出来，所以这里有它的真理的先天知识。但这也是真的：如果画出一个三角形，测量它的内角，发现加起来等于 180 度。如果加起来的数值不等于 180 度，则对这个结构的更细心的检验将会表明，这些线并不是完全直的，或者也许测量是不够精确的。于是，几何定理大于先天陈述，它们描述世界的现实结构，因而也是综合的。尽管如此，明显地它们并不是以科学规律所具有的方式成为后天的。一个科学规律必须用经验来证明。容易想象，明天会有一个事件被观察到，这个事件与任何给定的科学规律相矛盾。容易假定，地球围绕月球旋转，而不是相反。而我们总不能确信，明天科学将不会做出一种发现，这种发现将要求修改明显地被假定为真的东西。但几何规律并不是这个情况。几何学的新发现将会修改毕达哥拉斯定理的真理性是不可想象的。欧几里得几何是直观确凿的，是不依赖于经验的。在几何学中，康德确信，我们有一个联合综合知识和先天知识的范例。

从现代的观点看，情况看来是非常不同的。康德不会为他的错误而受责备，因为在他的时代，非欧几何还没有发现。对于他来说，不可能以其他的方式来思考几何。事实上，整个 19 世纪，除了少数几个勇敢分子如高斯、黎曼以及赫尔姆霍茨之外，甚至数学家们都认为康德的观点是理所当然的。今天，容易看出康德错误的根源，就是没有认识到，有两种本质上不同的几何——一种是数学几何，另一种是物理几何。

数学几何是纯数学。用康德的话说，它真的既是分析的而又是先天的。但不可能说它也是综合的，它不过是建立在一定公理基础上的演绎系统，而这些公理是无须借助于任何现存世界来加以解释的。这可以用许多不同的方法来证明，其方法之一，由伯特兰·罗素早期著作《数学的原理》（不要与他后来的著作《数学原理》搞混了）中给出。[①] 罗素证明完全当作是假定有某种结构性质的原始关系系统来定义的欧几里得空间怎样是可能的；例如，一种关系是对称的和可迁的，另一种关系是非对称的，等等。在这些假定的基础上，可以逻辑地导出欧氏空间定理的集合，即构成整个欧几里得几何的定理。这种几何关于这个世界完全不说出什么东西来。它只说明，如果一定的关系系统有某种结构性质，则这个系统具有的另一些特性可以从这些假定的结构中逻辑地导出。数学几何是一种逻辑结构的理论。它完全独立于科学的研究；它只与给定的一组公理的逻辑蕴涵有关。

另一方面，物理几何与纯几何在这个世界中的运用有关。在这里欧几里得几何的术语有它的普通的含义。一点就是在物理空间中的一个现实的位置。的确，我们不能观察到一个几何点，但我们可以，譬如说，在一张纸上，做一个微小的墨水点来迫近它。以类似的方法，我们可以观察到并做出近似的线、面、体等。这些词涉及

---

① 参见《数学的原理》，第六部分，剑桥，剑桥大学版，1903；有新引言的第二版，伦敦，Allen & Unwin，1938；纽约，Norton，1938。

我们所居住的物理空间的现实结构，并且也是纯几何或数学几何的语言的一部分；这就是19世纪关于几何学的混乱的根源所在。因为同样的词被科学家运用，也被纯数学家运用；假定二者在同一种几何中被运用，那就是错误的。

通过戴维·希尔伯特关于几何基础的出色的工作，这两种几何的区别变得特别清楚了。[①] 希尔伯特写道："这里我们考虑事物的三种不同系统。第一个系统的事物我们将称之为点，第二个系统的事物我们称之为线，第三个系统的事物我们叫作面。"虽然他用"点""线""面"的名字来称呼这些实体，但他并不说出这些词的任何意思。运用这些名字之所以是方便的，只是因为我们熟悉它们以及它们给读者提供这些词的一种可能解释的形象。但几何系统，如希尔伯特所创立的几何系统，对于任何解释都是完全自由的。"点""线""面"可以用来表示满足陈述于公理中的关系的任何三种实体。例如，代替物理的"点""线""面"，一"点"可以解释为实数的有序三元组，一"线"因而可以解释为满足两个线性方程的三个有序实数的类，而一"面"可以是满足一个线性方程的有序三元组的类。在纯几何或数学几何中，如"点""线""面"这些术语，并不是在通常意义下运用的。它们有无限的可能的解释。

一旦明白了纯几何与物理几何之间的区别，康德的信念以及几乎所有19世纪哲学家的信念怎样包含着性质非常不同的两个领域的基本混淆就变得清楚了。当我们说"几何学必定是先天的；关于它的定理的真理性是无疑的"的时候，我们讲的是数学几何。但假定我们补充说："它也告诉我们有关这个世界的某些情况。借助于它的帮助，我们能预见现实几何结构的测量结果。"现在我们已经漫不经心地滑到几何学的另一种意思。这时我们讲的是物理几何，讲的是现实空间的结构。数学几何是先天的，物理几何是综合的，

---

① 希尔伯特的《几何基础》首次于1899年在德国出版。E. J. 汤森的英译本在芝加哥由开放公司出版（1902），其平装本普遍流行。

没有什么几何既是先天的又是综合的。的确，如果接受经验主义，则不存在任何种类的既是先天的又是综合的知识。

至于说到几何知识，这两种几何之间的区别是基本的，并且现时已普遍被人们承认了。当就几何知识的性质提出质疑时，我们要问的第一个问题就是："在你心中的是哪一类型的几何？你讲的是数学几何呢，还是物理几何呢?"如果要避免混淆，如果要明白相对论的革命性进步，则在这里清楚地区分这两种几何是必要的。

爱因斯坦在他的题为《几何学与经验》的讲演的结尾中做出关于这种区分的最清楚、最精确的陈述。[①] 爱因斯坦讲到"数学"，但他指的是几何学能以两种方式被人们理解。他说："只要数学定理是关于现实的，它们就不是必然的。"用康德主义者的术语说，这意味着，就它们是综合的而言，它们不是先天的。他继续说："只要它们是必然的，它们就不是关于现实的。"用康德主义者的术语说，它们若是先天的，它们就不是综合的。

康德坚持认为，一种先天的知识，是必然的知识，它不能为经验所反驳。相对论使这个讲法更清楚、更为所有的人所理解。如果几何学有先天的意义，则它不告诉我们有关现实的任何东西，将逻辑必然性与关于世界几何结构的知识结合起来的陈述是不可能的。

---

① 爱因斯坦的讲演曾以《几何学与经验》（柏林：1921）单行本出版，后来被翻译和编进阿尔贝特·爱因斯坦的《相对性杂闻》（纽约：达顿，1923）。

第四篇　因果性与决定论

第十九章

因 果 性

因果性概念是当代科学哲学的一个中心论题。从古希腊时代到现在，卓著的哲学家们都为之耗费智力。在先前的时期，它属于所谓自然哲学的主题。自然哲学既是自然界的经验研究领域，又包括对这种知识的哲学阐释。今天，人们日益明确地认识到，自然界的研究是经验科学家的任务，而不是自然哲学家的任务。

当然，一个学者可以既是哲学家同时又是科学家。如果是这样一种情况，他就应该认识到，他所能提出的两类问题之间有根本的区别。当说到"月球上环形山是如何形成的?"或"是否存在由反物质构成的星系?"之类的问题时，他是在为天文学家和物理学家提出问题。另一方面，如果他将他的问题直接指向一门科学的基本概念的分析，而不是指向世界的性质，他就是在提出科学哲学问题。

在以往的不同时期，哲学家们相信有一个比任何经验科学都更深刻、更基本的知识领域，即关于自然界的形而上学，而哲学家的任务就是说明形而上学真理。今天，科学哲学家不再相信有如此一种形而上学。这种陈旧的自然哲学已被科学哲学所取代。新型的哲学不讨论事实和规律的发现（这是经验科学家的任务），也不企求精心炮制世界的形而上学。相反，它把自己的注意力投射到科学本身，研究科学所使用的概念、方法，研究科学的可能结果、陈述的形式以及适用的逻辑类型。换言之，它所关心的是本书讨论的这类问题。科学哲学家研究心理学的哲学基础，也就是说，研究心理学的逻辑基础和方法论基础，但不研究“心灵本性”；研究人类学的哲学基础，但不研究“文化本质”。在所有的领域，科学哲学家都将着眼点主要地放在各个领域的概念和方法上。

一些哲学家曾告诫人们说，千万不要截然分明地界定特定领域里科学家的工作与关注该领域的科学哲学家的工作。在某种意义上，这个劝告是好的。尽管经验科学家和科学哲学家二者的工作必须永远区分开来，但是实际上两个领域经常混合在一起。物理学家常常在研究中会遇到方法论问题：他应该使用什么类型的概念？这些概念服从什么规则？用什么样的逻辑方法，才能界定他的概念？如何才能把他的概念整合进陈述，并把陈述纳入逻辑上联结起来的体系或理论？对于所有这些问题，他必须像科学哲学家那样做出回答。显然，运用经验程序是回答不了这些问题的。另一方面，缺乏大量有关科学的经验结果的知识，也不可能在科学哲学里面做出有意义的工作。例如本书不得不详细地议论相对论的一些特征。这个理论的其他细节之所以没有论述，是因为介绍相对论的目的，主要是阐明经验几何与纯几何或数学几何的重要区别。一名科学哲学的学者只有全面了解一门科学，才可能提出关于该学科的概念和方法的重大问题。

我主张把科学哲学家的任务与其先辈即自然哲学家的形而上学任务区分开来，因为这种区分对于分析因果性（本章的主题）是十分重要的。旧时的哲学家关注因果性本身的形而上学本性，我们这里则要研究经验科学家怎样使用因果性概念，明确他们在说“此是彼的原因”时指的是什么。准确地说，因果关系意指什么？这个概念在日常生活中肯定是含糊的，甚至在科学中，常常也弄不清楚一位科学家谈到一事件“引起”另一事件时他所指的究竟是什么。科学哲学最重要的一个任务，就是分析因果性概念和澄清它的意义。

甚至因果性概念的历史起源多少也有模糊之处。这个概念的出现，明显的是人类经验向自然的某种投射。推动一张桌子，就会感觉到肌肉紧张。看到自然界中的相似情形，如看到一台球撞击另一台球，就容易想象台球具有类似于我们推动桌子那样的经验。给予撞击的台球是动因，它把某物施加给另一台球并使之运动起来。很容易理解，原始文化的人类何以能够利用灵魂来设想具有栩栩如生本性的自然力，由于灵魂是促使某些事物发生的动因，其化身的自然物本身仿佛就是有生命的。对于那些造成巨大灾难的自然现象来说，这种观念尤其是可以理解的。一座山丘由于崩塌而会受到责备，一阵狂风由于毁坏村庄而会受到谴责。

今天，文明的人们不再持着这种拟人观去看待自然界，科学家更加肯定不会如此。然而万物有灵论的思维要素却有存留的倾向。石头砸碎了窗户，是石头意欲这样做的吗？科学家会说：当然不是。石头就是石头，它不拥有能够产生意向的灵魂。另一方面，大多数人，甚至科学家自己也会毫不迟疑地说，事件 b（窗户破碎）起因于事件 a（石头与窗玻璃碰撞）。当科学家说事件 b 起因于事件 a 时，他所指的是什么？他或许说，事件 a “导致了”事件 b 或者“引起了”事件 b。可见，当他力图解释“原因”的含义时，他就求助于“导致”“产生”“造成”和“引起”之类的说法。这些都是来源于人类活动的隐喻说法。人类活动真正可以产生、造成和引起其他各种事件，但在石头的实例里，却不能拘泥于字面上的意义。对于“说一事件引起另一事件，其意思是什么”这一问题，照字释义还不能获得令人满意的答案。

重要的是，分析因果性这个模糊的概念，清除可能包含于其中的一切陈旧的、非科学的成分。但首先要明确的一点是，我认为没有任何拒斥因果性概念的理由。有些哲学家争辩说，休谟在他对因果性的著名批判中，就决意要完全摈弃这个概念。我认为这不是休谟的意图。他并不打算摈弃因果性概念，只是要纯化这个概念。后面还要讨论这个问题，但这里我想指出，休谟所拒斥的是包含于因果性概念中的必然性成分。他的分析在方向上是对的，尽管在今天的科学哲学家看来，他的分析还不足够深入，也不足够清晰。我认为，没有必要把因果性看作是一个前科学的概念，一个贬义的形而上学、因而应该抛弃的概念。这个概念经过分析和充分展开之后，就会发现有某种可以称之为因果性的东西保留下来。几百年来，科学和日常生活都证明这种东西的使用是合理的。

我们的分析始于下述问题：因果关系在什么类型的实体之间成立？严格地说，引起一个事件的并不是一个物，而是一个过程。我们在日常生活中讲某些事物引起事件，我们真正的意思是指某些过程或事件引起另一些过程或事件。说太阳引起植物的生长，真正的意思是指来自太阳的辐射（一个过程）是原因。但是，假如把"过程"或者"事件"作为包含于因果关系中的实体，我们就必须在极其广泛的意义上定义这些术语，其中需要包括静态的过程，而在日常生活中我们却不会这样做。

譬如考虑一张桌子。我可能观察不到任何有关它正在变化的迹象。它昨天可能被搬动过，未来可能会损坏或毁坏，但现时我却看到没有任何变化。可以假定它的温度、质量，甚至表面上的光反射等在某一时期内保持不变。这个事件，即桌子没有变化地存在着，也是一个过程。它是一个静态的过程，一个其中有关量在时间上恒定不变的过程。如果说过程或事件处于因果关系中，就必须承认这些术语包括静态过程，它们代表一个物理系统任意的状态序列（包括变化着的以及不变化的）。

人们把环境或者条件看作是原因或结果，也是常见的事情。这种说法也是可允许的，并且没有在过于狭窄的意义上采用这些术语的危险，因为静态的或不变的条件也是一种条件。假设我们调查公路上两辆汽车相撞的原因，我们不仅要研究变化着的条件——汽车如何行驶、司机的行为等，还必须考虑那些在相撞时刻不变的条件。我们必须弄清楚路面状况。它是湿的还是干的？太阳是否直接照射在司机的脸部上？在确定撞车事故的原因时，诸如此类的问题同样可能是重要的。为了充分地分析这些原因，必须考察一切有关的条件，一切不变的条件和变化的条件。实际情况可能表明，许许多多不同条件对最终结果都有重要的影响。

一个人死去时，医生必须宣布死亡原因。他可能写上“肺结核”，仿佛仅此导致死亡。日常生活中，我们常常要求一个事件有一个独一无二的原因——死亡的唯一原因、撞车的唯一原因。但是，当我们更加仔细地考察上述的情形时，就会知道，依据提出问题的角度，可以给出很多答案。筑路工程师可能说：“唉，以前我多次说这种路面不好，湿时很滑。现在又有一次事故证明了这一点!”在这位工程师看来，事故是由路滑造成的。他从他的角度来关注这个事件，挑选路滑这点当作唯一原因。就一个方面而言，他是对的。假如采纳他的劝告，改用另一种路面，公路就不会像原来那样光滑。在其他因素保持不变的条件下，这次事故也许不会发生。虽然难以在任意一个特殊的场合里肯定这点，但至少可以肯定这位工程师很可能是对的。当他强调“这就是原因”时，他所意指的是，正是这样一类条件是重要的条件，如果这类条件不存在，事故或许不会发生。

其他人在问起事故原因时可能提到其他条件。交通警察调查交通事故的原因，则想要知道司机是否违反了交通规则。他们的职责是维持交通秩序，如果发现司机违反规则条例，他们就会将违反规则的行为看作是撞车原因。心理学家会见司机之后，可能做出结论说，司机处于如此焦虑的状态，致使他没有充分注意到十字路口处有另一辆车驶来。心理学家因而说此人的分心状态是撞车原因。他从总的情形中挑选出他最关注的因素。对这位心理学家来说，分心是重要的、决定性的原因。他也可能是对的，因为司机如果不处于焦虑状态，事故也许、甚至很可能不会发生。汽车制造师可能找出其他原因，如其中一辆汽车结构上有毛病。汽车修理工可能指出，某辆汽车的刹车已经坏了。每一个人，只要从他自己的角度出发观察整个情景，就会找出某种条件，使他能够正确地做出结论：如果那种条件不存在，事故或许不会发生。

然而，这些人都没有回答更一般的问题：事故的唯一原因究竟是什么？他们不过是给出了一系列不完整的答案，只指出影响最终结果的特殊条件。不能挑选任何一个单个原因作为唯一原因。事实上很明显，根本没有唯一原因这种东西。在一个复杂的情形里，存在着许多有关的成分，每一成分都在假如缺少该成分，或许不会发生撞车的意义上对事故起作用。如果在事故和一个先行事件之间发现一种因果关系，那么这先行事件必定是整个事前情景。说这较早的情景“引起了”事故，意思是指假定已知事前情景（包括所有无数的细节）以及一切有关的规律，就能够预言事故。当然，实际上没有一个人知道，或者能够知道一切事实和有关的规律。但是，假如有人知道了，他就可以预见那次撞车事故。“有关规律”不仅包括物理学的和技术的规律（如有关道路的摩擦、汽车运动、刹车操作等的规律），而且包括生理学和心理学的规律。必须拥有所有这些规律的知识，以及所有有关的单个事实的知识，是能够说结果是可预言的前提条件。

这种分析的结果可以简要地概括为，因果关系意味着可预言性。它不意味着实际的可预言性，因为没有人可以知道一切有关的事实和规律。它只意味着下述意义上的可预言性：假如总的事前情景知道了，后承事件就可以预言。由于这个缘由，我使用“可预言性”一词，就是在某种隐喻的意义上说的。它不是某人实际上预言事件的可能性，宁可说它是潜在的可预言性。已知一切有关的事实和一切有关的自然规律，就有可能在事件发生之前做出预言。这种预言是事实和规律的逻辑结果；换言之，先前条件和有关规律的完备描述与事件的预言之间存在着一种逻辑关系。

包含于事前情景中的有关的个别事实原则上是可知的（这里我们忽视了获得所有事实的实际困难以及量子论对在亚原子层次获知一切事实所强加的原则性限制）。至于获知有关规律，则出现一个更大的问题。如果因果关系界定为一个事件在逻辑上可以从一组事实和规律推导出来，则这里的“规律”究竟意指什么？人们倾向于说这是指那些可以在该情景所关联的不同学科的教科书里找到的定律，更准确地说，就是所有那些在事件发生时已知的有关规律。用形式语言来说，事件 Y 在时间 T 由先行事件 X 引起，当且仅当 Y 可以借助于在时间 T 已知的规律 L_T 由 X 演绎出来。

显而易见，这不是因果关系的一个十分有益的定义。考察如下的反例，假定有一个关于事件 B 的历史报告，事件 B 继事件 A 发生在古昔。又假定生活在时间 T_1 的人不能解释 B。于是，如果借助某些规律 L^* 的知识，根据 A 和 L^* 逻辑地推出 B，B 就可以得到解释。但是，在时间 T_1 规律 L^* 是未知的，因而事件 B 不能解释为事件 A 的结果。假设在时间 T_1，一位科学家仅仅以假说的方式断言事件 B 由事件 A 引起。这位科学家那时虽然不能证明他的假说，人们却可能会认为它是真的。他之所以不能做出证明，是因为他所知道的规律 L_{T_1} 没有包含着规律 L^*，只有 L^* 对于证明才是必不可少的。然而，如果接受前一段提议的因果关系定义，就必然要说那位科学家的断言是假的，原因在于他不能由 A 和 L_{T_1}，推演出 B。换言之，他的断言必须称之为假，即使今天知道它是真的。

如果我们考虑到今天对于科学规律的知识也远远不是完备的这一事实，上述定义显然同样是不恰当的。现在的科学家比以往任何一个时期的科学家知道更多的东西，但是他们的知识肯定少于 100 年以后科学家的知识（假定文明没有遭到灾难性的毁灭）。任何时候科学都不会拥有全部自然规律的完备知识。然而，如前所述，为了获得合适的因果性定义，必须涉及的正是整个规律体系，而不仅仅是在某一特定时间上获知的规律。

事件 B 由事件 A 引起，其意思究竟是什么？这就是，根据某些自然规律，连同对事件 A 的完备描述一起，可以逻辑上演绎出事件 B。规律 L 能否陈述出来是无关的。当然，如果要求证明这断言为真，它就是有关的；但为了给出这断言的意义，它则是无关的。正是这使分析因果性的任务变得如此困难艰巨，如此变动不测。在提起因果关系时，总是暗暗地牵连到未特别指明的自然规律。要求某人每一次断言“A 是 B 的原因”时，都必须能够陈述出一切有关规律，这将是太苛求、太不符合现行用法的了。诚然，假如他能够陈述出一切有关规律，则他已经证明了他的断言。但是这样一种证明，在他的陈述被当作是有意义的东西来接受之前，并不必定被人们所要求。

假设有人打赌说从今天起将会下雨 4 个星期。没有人此时知道这预言是对是错，这个问题只有 4 个星期之后才能确定。不过，这预言明显的是有意义的。当然，经验论者的以下说法是正确的：只有找到确证或否证一个陈述的证据的可能性存在（至少原则上存在），这陈述才是有意义的。但这没有意味着一个陈述是有意义的，当且仅当有可能在今天确定它的真理性。上述降雨的预报是有意义的，即使它的真假现在还不能确定。断言“*A* 是 *B* 的原因”也是有意义的，尽管说者不一定能够指明需要用于证明这断言的规律。它意味着，假定关于 *A* 的一切有关事实已知，同时依据一切有关规律，就能预言 *B* 的发生。

这产生了一个困难的问题。因果关系的这个定义是否意指结果以必然性跟随原因？这个定义没有述说必然性，它只是述说：如果一切有关事实和规律已知，事件 *B* 就能预言出来。但也许这种说法又企求于上述问题。形而上学家想要把必然性引入因果性定义，他们可能争辩说：“的确，‘必然性’一词没有被使用，但已经讲到了规律，而规律是必然性的陈述。因此，必然性最终还是跑进来了。它是任何关于因果关系的断言所必不可少的一个成分。”

下一章，我们将考察对于回答这种论证我们可以说些什么。

第二十章

因果性是否蕴涵必然性？

规律是否蕴涵必然性？经验论者有时把他们的见解表述为：规律只不过是全称条件陈述。规律之所以是全称的，那是因为它以普遍的方式述说。“在任一时间和任一地点，如果一物体或系统处于某一状态，则另一特定状态随后出现”，这是一个关于时间与空间的、具有普遍形式的如果—则陈述。这种见解有时称作“条件论”。因果规律只不过是说，每当 P 类（P 不是单一事件而是一类事件）的一个事件发生，则 Q 类的一个事件随后发生。其符号形式是：

$$(1)\ (x)\ (Px \supset Qx)$$

这个陈述断言，在每一时空点 x 上，如果 P 成立，则 Q 成立。

一些哲学家强烈反对这种观点。他们争辩说，自然规律所断言的东西比仅仅是“如果—则”形式的全称条件陈述要多。为了把握他们的反对理由，有必要确切地审查条件语句形式的陈述究竟意谓些什么。我们暂时搁下全称陈述（1），而考虑时空点 a 上的一个特例：

$$(2)\ Pa \supset Qa$$

陈述“如果 P 在 a 上发生，则 Q 在 a 上发生”的意义由它的真值表给出。对于这陈述的两个成分，有四种可能的真值组合：

1. “Pa” 真，“Qa” 真。
2. “Pa” 真，“Qa” 假。

3. “*Pa*” 假，“*Qa*” 真。

4. “*Pa*” 假，“*Qa*” 假。

马蹄形符号“⊃”表示蕴涵，并根据这样一种方式来理解；(2) 式只断定第二种真值组合不成立。它没有述说 *Pa* 和 *Qa* 的因果联系。如果“*Pa*”为假，则无论“*Qa*”是真是假，这条件陈述都成立。如果“*Qa*”为真，无论“*Pa*”是真是假，该条件陈述亦成立。仅当“*Pa*”真而“*Qa*”假，条件陈述才不成立。

显而易见，这不是规律的强有力的说明。例如，说铁受热膨胀，不过是指一事件跟随着另一事件吗？如果铁受热，则地球旋转，这也是可行的说法。这种说法也是条件陈述，但不会被称为规律，因为没有理由认为地球旋转与加热一块铁有什么关系。另一方面，倘若规律用条件语句形式来表述，它是否因此不具有断言两事件之间的某种联结（即超越纯粹属于如果一事件发生则另一事件随后发生这个事实的联结）的意义成分？

的确，断言规律通常意指更多的东西，但是很难对“更多的东西”究竟是什么进行确切的分析。我们在这里遇到的问题是如何准确地确定什么东西构成一个英语陈述的“认知内容”。认知内容是陈述断言的东西，可以有真假之分。不过，要准确地确定什么属于陈述的认知内容，什么属于非认知性的意义成分（它们虽然存在，但与这一陈述的认知意义无关），常常是极其困难的。

这类意义不明的现象，可以用下面的例子说明。一位出庭作证的证人说：“史密斯先生不幸被卡车撞倒了，左髋部骨折。”另一位证人可以用证据清楚地表明，前一位证人并不认为这是“不幸”。实际上，他对史密斯先生受伤一事幸灾乐祸。当他使用“不幸”一词时，算不算撒谎？如果证实这位证人没有对此事故感到遗憾，很清楚，他用“不幸”一词则是骗人的。根据这种看法，可以认为他撒谎。但从法庭的角度看来，假定陈述是在立誓的情况下做出的，则难以裁定什么才算是伪证的争端。或许法官推论说，使用“不幸”一词与陈述的真实内容无关。史密斯先生被卡车撞倒，并且髋骨折断，这证人把此事说成是不幸，为的是让人们产生一种印象，以为他对事故感到遗憾，尽管实际上他并不如此。但这与他的句子所断定的中心内容是无关的。

一旦这位证人说，“史密斯先生被卡车撞了，我对他碰巧遭遇这事故感到非常遗憾”，他的陈述就更加明晰地表示了遗憾，由此争议伪证问题也许会更加贴切。无论如何都很明显，确定什么属于一个断言的认知内容，什么仅仅是非认知意义的因素，常常不是一件容易的事情。英语有一套语法，却没有指明什么东西应该看作是与句子真值有关以及什么东西不应该看作是与句子真值有关的规则。如果有人口是心非地说“不幸”，他的陈述是否就假？任何一本英文字典或语法书都无助于回答这个问题。语言学家的所作所为，不过是能够报告一种文化中的人们通常怎样理解一定的陈述；他们不能编造一些规则来确定每一给定场合中的问题。缺少这样的规则，就不可能精确地分析某些意义不明的陈述的认知内容。

一点不错，同样的困难也出现在试图确定形如“$(x)(Px \supset Qx)$”的句子是否是规律的完备表述或者它是否遗漏了某些本质的东西时。从科学哲学家们开始借助符号“⊃”（实质蕴涵联结词）来表述规律那天起，反对这种表述的呼声就一直没有停止过。某些哲学家曾坚决主张，把某种东西叫作“自然规律”，比述说一事件追随另一事件要涉及更多内容。规律意味着第二个事件必定跟随第一个事件，P 和 Q 之间有某种必然性的联系。在能够充分地评估这个反对理由之前，我们必须首先查明这些哲学家用“必然性”指谓什么，然后确定其意义是否属于规律陈述的认知内容。

许多哲学家在运用“必然性”于自然规律时曾经力图解释他们所意指的是什么，德国学者伯恩哈德·贝文克甚至主张自然规律的必然性就是逻辑必然性（参见他的著作《自然科学的成果与问题》）。大多数科学哲学家都会否定这一主张。依我看来，它完全是错的。“逻辑必然性”意指“逻辑有效性”。一个陈述在逻辑上是有效的，并非在于述说世界的内容，它为真仅仅依其中出现的各词项的意义而定。可是，自然规律是可能发生的，在逻辑上不是必然的；也就是说，对于任一规律，都相当容易没有自相矛盾地描述一系列违反它的过程。

试考察“铁受热时膨胀”这一规律。另一条规律说，“铁受热时收缩”，其中没有逻辑不一致性。按照纯逻辑的观点，它不会比第一条规律更无效。人们接受第一条规律而不接受第二条规律，仅仅因为前者描述事实上观察到的规则性。逻辑学家坐在书桌前，或者在纸上书写，或者闭目思索，就可能发现逻辑规律，而采用这种方式则不可能发现任何自然规律。自然规律只有通过观察世界并描述它的规则性才可能发现。由于规律所断言的规则性在一切时间上成立，它一定是尝试性的断言，总可能被将来的观察发现有错。然而，逻辑规律是在一切可想象的条件下都成立的，如果自然规律包含有必然性，则它肯定不是逻辑必然性。

那么，当一位哲学家谈到自然规律的必然性时，他可能意指什么？也许他会说：“我的意思是指，当 P 发生时，Q 不随后发生是不可能的。它必然会发生，而不能是例外。”但是，诸如“必然会发生”和“不能是例外”这样的表述无非是用另一种方式述说“必然性”，他的意思仍然是不清晰的。他肯定不愿意拒斥条件陈述“$(x)(Px \supset Qx)$”，他同意认为它成立，但会感觉到它是一个太弱的表述。他想要补充些什么以强化这种条件陈述。

为了澄清问题，假定有两位物理学家，两人都具有相同的事实知识，他们也一致接受相同的规律体系。物理学家Ⅰ把这些规律列出来，并用全称的条件语句形式“$(x)(Px \supset Qx)$”表述它们。他满足于这种表述，不再企求添上任何东西。物理学家Ⅱ列出同样的规律，也用同样的条件语句形式表述它们，但是他在每一个场合里都补充说“并且这必然成立”。上述两规律具有如下形式：

物理学家Ⅰ

规律1：$(x)(Px \supset Qx)$

规律2：$(x)(Rx \supset Sx)$

……

物理学家Ⅱ

规律1：$(x)(Px \supset Qx)$，并且这必然成立。

规律2：$(x)(Rx \supset Sx)$，并且这必然成立。

……

就两个体系的认知意义而言，这两个规律体系之间是否有差别？要回答这一问题，就必须查明是否有一种检验，由它证实一个体系比另一个体系优越。这样一来，它就变成了与追问两个体系在对于可观察事件的预言力方面是否有着差别一样的问题。

假设两位物理学家对眼下的天气状况有一致的看法。他们获得来自相同气象站的相同报告，根据这些信息以及他们各自的规律体系，他们预告洛杉矶明天的天气状况。由于他们运用同样的事实和同样的规律，他们的预言当然会是相同的。鉴于物理学家Ⅱ在每一条规律之后添上“并且这必然成立”，他是否可以比物理学家Ⅰ做出更多或更好的预言？显然他不能。他所补充的东西，对于有关任何被预言的事件的可观察特征，根本没有述说什么东西。

物理学家Ⅰ说，“如果 P 则 Q。今天有 P，因此明天会有 Q。”物理学家Ⅱ说，“如果 P 则 Q，并且这必然成立。今天有 P，因此明天会有 Q——比如说雷暴雨。不过，洛杉矶明天不仅会有一场雷暴雨，而且必定有雷暴雨。”明天到来，倘若有雷暴雨，两位物理学家皆大欢喜，都会为他们的成功感到满意。如果没有雷暴雨，他们都会说，“让我们看看究竟错在哪里。也许那些报告不完全或有错误；也许我们的一条规律是错的。”但是，物理学家Ⅱ有没有能够做出一个不能由物理学家Ⅰ做出的预言的根据？很显然是没有的。第二个物理学家添进他的一组规律中的东西，对做出预言的能力完全没有影响。他相信他的规律比对手的规律更有力，并且述说更多的东西。但是，它们仅仅在唤起第二个物理学家心中对必然性的情感体验的能力上是更有力的，它们在认知意义上肯定不是更有力的，因为规律的认知意义在于它的预言潜力。

的确，物理学家Ⅱ的规律不仅没有能够在任何实际的检验中预言更多的东西，而且没有能够在原则上预言更多的东西。即使我们假定假设性的天气条件——从来没有在地球上出现过的，但可以想象的陌生条件——两位物理学家还是会根据相同的事实以及他们各自的规律做出一致的预言。由于这个理由，现代经验论者认为第二个物理学家并没有在他的规律中加上有意义的东西。

实质上，这是18世纪大卫·休谟的看法。在他对因果性的著名批判里，他争辩说没有根据在任何已被观察到的因果序列中假定包含有一种内在的“必然性”。观察到事件 A，然后再观察到事件 B，你所观察到的东西只不过是时间上连续的相继事件，而没有观察到“必然性”。休谟实际上是说，如果没有观察到必然性，也就不要断言必然性。必然性对于观察的描述根本没有增加有价值的东西。休谟对因果性所做的分析在一切细节上可能不是完全清晰或完全正确的，但是我认为，这种分析本质上是正确的。此外，它还有很大的功绩，促使后来的哲学家们把注意力集中在先前分析因果性的不适当方面。

自休谟的时代起，马赫、彭加莱、罗素、石里克等人对因果性进行了最重要的分析，他们给予休谟的条件论观点越来越强的支持。关于因果关系的陈述，就是条件陈述，它除了描述一种被观察到的自然规则性之外，别无他物。

这里让我们转向因果性的另一个方面，一个相当重要的、能够把因果关系与其他关系区分开来的方面。在大多数情况下，为了确定在事件或客体 A 与事件或客体 B 之间的关系 R 是否成立，我们只是细致地研究 A 和 B，以便观看是否得到关系 R。楼房 A 是否高于楼房 B？我们检查两座建筑物，并做出结论。墙纸 C 的颜色是否比

墙纸 D 的更深蓝？不需要检查其他墙纸样本就可以直接回答这个问题。我们在正常的光照下研究 C 和 D，并根据我们对“深蓝色”的意思的理解做出决定。E 是不是 F 的兄弟？或许他们自己不知道他们是不是兄弟，在这种情况下我们必须研究他们的家谱。我们追溯他们的过去，试图确定他们是否有相同的父母。最重要的一点是，没有必要研究其他情况，我们只是考察眼下问题涉及的情况，以确定某种关系是不是成立。有时这很容易确定，有时则极为困难，但无论如何，为了确定这关系对有关情况是否成立，不必考察其他情况。

至于因果关系，事情则不是这样。要确定一定的因果关系在事件 A 和事件 B 之间是否成立，仅仅界定一种关系然后研究这对事件是不够的，就是说，这在理论上是不充分的。在现实的实践中，由于我们拥有大量有关其他事件的知识，所以在述说一因果关系在事件 A 和事件 B 之间成立之前，不总是需要考查其他事件。有关的规律可能如此明显、熟悉，以至它们被暗暗假定。人们因此忘记了，只是由于以往的众多观察发现这种因果关系成立，才接受这些规律。

假设我看到一块石头朝着窗户飞去砸在玻璃上，然后玻璃粉碎成无数小片。是否是石块的撞击导致玻璃窗毁坏？我说是这样。你要问：你怎样知悉？我会答，这是一目了然的，我看到石块击中了窗户。难道不会是其他什么东西引起玻璃窗粉碎吗？但请留意，正是我的“其他什么东西”的说法，引起了关于自然界的其他事件相似于谈论中的这事件的知识问题。从孩提时代起，我们已经千百次地观察到某类强烈撞击把玻璃破碎的情形。我们已经如此熟悉事件的这种结果，以至于每当我们看见一块石头朝着窗户飞去，甚至在玻璃窗被砸碎之前就期待它发生。石块击中玻璃窗，玻璃窗破碎了，我们就这样把石头撞击引起玻璃破碎当作理所当然的事情。

但是想想看，人们是多么容易被表面现象所欺骗！你在电视上观看一部西部影片，看到一个恶棍持枪对准另一个男人并扣动扳机。一阵短促的枪声之后，那个男人倒下死去。为什么他倒下？因为他被子弹击中。可是并没有子弹，甚至那阵短暂的响声可能是后来才灌进影片的声道的。你所想所见的因果序列完全是错觉，根本上就不存在。

在石块和窗户的事例里，也许石块砸在窗户前面一块坚硬而透明的塑料表面上。这块塑料没有破碎，然而，恰当石头击中塑料块之际，屋子里面有人想欺骗你，他用其他手段把窗户砸碎。由于被人欺骗，你很可能在事实上不然的情况下相信因果关系成立。不过在这一事例里，可以把这种有心骗人当作不大可能发生的事情排除掉。过去相似事件的经验会使人们大概认为这是运动物体砸碎玻璃的另一个例子。倘若对故意骗人存疑，则要进行更彻底的研究。

这里的关键在于：无论我们是表面上观看到这事件并做出石块事实上砸碎了玻璃窗的结论，还是怀疑有人作伪并更仔细地研究它，我们所要做的事情总是比只研究一个事例或一种情况要多。我们要运用过去千百次经验过的、具有相似性质的事例来说明它。绝不能根据仅有一个事例的观察断言一种因果关系。在孩提时代，我们看到时间上相继发生的各种事情，多年之后，我们对经验中出现的某些规律性形成了印象。一个酒杯掉到地上，它会摔碎；一个棒球击中车窗，车窗会破裂。此外，还会千百次类似地经验着像玻璃那样的易碎物品（如瓷碟）受打击而破碎的事情。没有这样的经验，石块窗户的观察则不会当作因果关系的例子来说明。

假如在将来的某一天所有窗户玻璃都只能由极其高频的声波击碎。如果我们的经验背景由这种知识提供，一旦看到石块击碎窗户玻璃，我们就会惊讶："多么奇怪的巧合！就在石块击中玻璃窗的瞬间，房子里面有人制造一种高频声击碎了这玻璃窗！"于是，很明显，因果关系有别于其他关系的特征，是它不能由只考察一个具体事例来确立。它只能根据最终建立在对自然界的多次观察之上的普遍规律来确立。

某人断言事件 A 引起事件 B，他所说的真实意思是，这正是一般规律的一个特例，一般规律相对于空间和时间而言则是普遍的东西。人们观察到这种关系在其他的时间和地点对于相似的事件对成立，因此假定它对于任意时间和任意地点也成立。这是一个极其强的陈述，是从一系列特殊事例大胆地跳跃到普遍条件语句——对于任意的 x，若 Px 则 Qx。如果观察到 Pa，则同时依据这规律便在逻辑上推出 Qa。在没有多次观察之前，规律是不能被断言的。正是在这一方面，因果关系根本上有别于其他关系。于“物体 x 在盒子 y 里”这一关系的场合，对特殊的盒子 b 做一次检验，对于确定一特殊物体 a 是否处于其中便是充分的。但是，为了确定因果关系在某一特例里是否成立，检验一个实例是不充分的。我们首先必须要做的事情，就是确立一个有关规律，这需要重复观察相似的实例。

按照我的观点，以出现在科学之中的各类规律的研究取代因果性意义的整个讨论更富有成效。研究这些规律，也就是研究已经观察过的各类因果联系。对这些规律的逻辑分析肯定是一个比因果性意指什么更清晰、更精确的问题。

要按照这种现代的观点来理解因果性，考查该概念的历史起源是有益的。在这个方向上我自己没有做过研究，但兴致勃勃地阅读了汉斯·凯尔森所写的著作。[①] 凯尔森此时在美国，但他曾一度是维也纳大学的宪法和国际法教授。1918 年革命发生的次年，奥地利共和国成立，他当时是共和国新宪法的主要起草人之一。在分析与法律有关的哲学问题时，他明显感兴趣于因果性概念的历史起源。

常言道，人们有一种将他们自己的情感投射到自然界的倾向，有一种设想诸如风雨和闪电的自然现象是栩栩如生的、伴有类似于人类的目的而行动的倾向。这就是关于自然界里“力量”和“原因”的存在之信念的起源吗？凯尔森确信关于因果性概念起源的这种分析是过分个人主义的，虽然看起来似乎可能如此。他在研究这

① 凯尔森的观点表述于他的论文《因果性与惩罚》，载《科学哲学》第 8 卷，1941 年。更详细的论述于他的著作《社会与自然》（芝加哥：芝加哥大学出版社，1943）。

个概念最初在古希腊出现时，发现用作模型的是社会秩序而不是个体。这种观点由如下事实提出：从一开始，甚至今天，自然的规则性就被称作为“自然之法”，仿佛它们类似于政治意义上的法。

凯尔森是这样解释的：希腊人开始系统观察自然并注意到各种各样的因果规律性时，他们感觉到现象之后有某种必然性。他们把这看作是一种道德必然性，类似于人与人之间关系上的道德必然性。正如恶行需要受到惩罚，善行需要受到奖赏一样，自然界中某一事件 A 要求有一个结果事件 B，因而恢复事物的和谐状态，恢复正义。如果秋天变得越来越冷，直至达到冬天的寒冷极端，因此就说天气不平衡。为了恢复平衡，维护事物的正义，天气又必须不断地暖和起来。不幸地，它走到了另一个极端，天气变得太热，因而这样的循环必须重复着。当自然界远远离开平衡和谐的事态时，与和谐社会的情形类似，相反倾向必定要恢复平衡状态。这样一种自然秩序或自然和谐的概念，反映了希腊人喜爱社会的秩序与和谐，喜爱一切事物的中庸而回避极端。

试考察原因与结果必须以某种方式均衡的原则。这个原则包含于许多物理学规律中，诸如牛顿的作用与反作用定律。许多哲学家曾强调过这点。凯尔森认为，这是关于罪恶必须要由惩罚完全偿还的社会信念最初的表达。罪行愈残暴，惩罚愈严厉；善行愈大，奖赏愈大。这样一种基于社会结构之上的情感被人们投射到自然界，并成为自然哲学的一个基本原则。中世纪哲学家将它表述为“因果均衡”（Causa aequat effectum）。在今天的形而上学哲学家中，这个原则仍然起着重要的作用。

记得我曾经与一个人进行了一次讨论。此人说，达尔文进化论在形而上学的理由上可能完全被拒绝。他强调说，不存在任何一种方式使具有非常原始的组织性质的低等生物能够发展到具有高级组织结构的高等生物。这样一种发展会违反因果均衡的原则。只有神的干预才能够解释这种变化。对于这个人来说，因果均衡原则的信念如此之强烈，致使他假定一个科学理论违背了该原则从而拒绝它。他不是通过评价证据来攻击进化论，而仅仅是在形而上学的理由上拒绝它。组织不能来自非组织，有机体不能来自无机物，因为原因必须与结果均衡。为了解释进化的发展，必定要希求一个高级的神灵。

凯尔森有趣地引用古希腊哲学家的话来报告他的观点。例如，赫拉克利特说过，太阳服从“尺度”——这位哲学家用尺度来意指太阳轨道的规定界限——越过天空。赫拉克利特写道：“太阳不能逾越它的‘尺度’，否则，厄里倪厄斯——狄凯的女使就会追击它。”厄里倪厄斯是复仇三女神，狄凯是人类正义女神。太阳轨道的规则性于是用太阳服从神祇们规定的道德法律来解释。太阳倘若不服从或逾越界限，它就会遭到惩罚。

另一方面，有一些希腊哲学家强烈反对这种观点。例如，德谟克里特把自然界的规则性看作是完全非人格的，在任何方面都不与神的命令相联系。他可能认为这些规律是具有内在的、形而上学的必然性的。不过从神的命令之人格化必然性到非人格的、客观的必然性所走出的一步，则是向前迈出的伟大的一步。今天，科学已经从自然规律中排除掉形而上学的必然性概念。但是，在德谟克里特时代，他的观点却是在赫拉克利特的观点之上的重大进步。

在论述因果性的著作《因果律及其限度》（*Das Kausalgesetz und seine Grenzen*，1932 年于维也纳出版，没有英译本）中，菲利普·弗兰克指出，阅读科学教科书的序言常常可以获得启迪。在这类教科书的正文部分，作者可能完全地持着科学的态度，谨慎地回避一切形而上学。但序言却是个人的。如果作者追求着旧的、形而上学的观察事物的方式，则他可能认为他的序言适合于告诉读者科学真正是什么。在这里你可以发现作者写教科书时隐藏在他的思想背后的哲学观念是什么。弗兰克从一本当代物理学教科书的序言中引了这样一句话：“自然界绝不会违反规律”。似乎这还不足以成为有害的东西，但详细分析时，便知道它是一个相当荒谬的陈述。其荒谬之处不是因果性的信念，而是它被表达的方式。他并没有说有时也存在着奇迹即例外。事实上，他明确地否定了这点，但他是通过说自然界绝不会违反规律来否定它的。他的话暗含着自然有某类选择。某些规律被指定给自然，自然界有可能时时违反其中一条，但像一个守法的良民一样，它绝不会这样做。否则，厄里倪厄斯就可能会登场作戏，将它置回正确的轨道上。你看，这里仍然残存着作为命令的规律概念。当然，如果把陈旧的形而上学观点（即规律以这样一种方式支配自然界，自然可以服从它们，也可以不服从它们）强加于作者，他就会受到侮辱。但从他选择用语的方式看，旧的观点必定还残存在他的头脑之中。

假设你首次访问一个城市，你使用一张市区地图以帮助导路。突然你发现地图与该城市街道之间明显不相符。你不会说，“街道不服从地图的规律”，相反，你说，“这张地图错了”。这恰恰是那位科学家关于什么称为自然规律的情形。规律就是物理学家绘制出来的自然之图，如果发现了不一致，问题绝不是自然是否不服从规律，而只是物理学家是否出错。

假如“规律”一词完全不用于物理学，也许不会有混乱。它之所以继续被使用着，原因在于没有普遍被接受的词用来表示那类科学家用之作为预言和解释的基础的普遍陈述。无论如何都应该清楚地牢记着，当科学家谈到规律时，他仅仅是指观察到的规律性的一种描述。这种描述可能是准确的，也可能是错误的。如果它是不准确的，受责备的不是自然界而是科学家。

第二十一章

因果模态的逻辑

在深入到科学规律的本质之前，我想澄清以前一些关于休谟的简要评论。我认为，休谟说因果关系不固有必然性是正确的。然而，我不否定引入必然性概念的可能性，假定它不是形而上学的概念而是模态逻辑中的概念的话。模态逻辑是这样一种逻辑，通过引入诸如必然、可能与不可能的范畴，它补充着真值的逻辑。人们最关注的必定是在逻辑模态词（逻辑上的必然、逻辑上的可能等）、因果模态词（因果上的必然、因果上的可能等）以及许多其他种类的模态词之间做出区别。唯有逻辑模态被人们做过广泛的研究。这个领域里最著名的工作就是由 C. I. 刘易斯提出的严格蕴涵系统。我自己曾发表文章论述这个主题。但关于因果关系，我们必须讨论的不是逻辑模态，而是因果模态。

在我看来，因果模态的逻辑是可能的。到目前为止，这个领域所做出的工作还很少。第一个试图提出这类系统的人好像是阿瑟·W. 伯克斯。[1] 他提出一个公理系统，但却是一个极其弱的系统。实际上，他没有指明在什么条件下，一个普遍陈述才会被看作是因果上必然的。其他人实质上抨击同样的问题，不过是用不同的术语罢了。例如，汉斯·赖辛巴赫在他的小册子《律则陈述与可接受运

① 参见伯克斯的论文《因果命题的逻辑》，载《心灵》，第 60 卷，1961：363—382 页。

算》中做过类似的评论。[①] 大多数文章讨论了“反事实条件语句”的问题，这个问题紧密地与上述问题相联系。

反事实条件语句是这样一种断言：如果一特定事件不发生，则另一特定事件会随之出现。显然，这种断言的意义不能用符号语言通过在通常的意义上使用真值函项条件（符号“⊃”）来传达。分析反事实条件陈述的精确意义的尝试，引起了各种困难的问题。其中罗德里克·M. 奇泽姆（1946）与纳尔逊·古德曼（1947）是最初在这一方面著书立说的学者。[②] 自从那时以来，许多作者写了其他的论文。

在反事实条件语句的问题与构造包含着因果必然性概念的模态逻辑的问题之间，二者的联系确切是什么？其联系在于这样的事实，必须区分两类全称陈述。一方面，有可以称之为真正的规律的东西，诸如物理学的规律，它们描述空间和时间上普遍的规律性。另一方面，有一些全称陈述不是真正的规律。为了称呼这些陈述，人们使用了各种各样的术语。有时人们称之为“偶然的”全称陈述，如句子“1958 年 1 月 1 日我衣袋里的所有硬币都是银币”。两类全称陈述之间的本质区别，可以通过考察与它们有关的反事实陈述而获得最好的理解。

首先，考虑一条真正的规律——万有引力定律。它允许我断言说，我若抛出一石块，它将以一定的加速度朝着地球下落。我可以用反事实形式做出一个相似的陈述，如说：“昨天我手里拿着一块石头。但假如我不拿着它，就是说，我松开手，石块将会下落到地

---

① 参见汉斯·赖辛巴赫《律则陈述与可接受运算》，阿姆斯特丹，荷兰北方出版公司，1954。卡尔·G. 亨普尔评论过此书，见《符号逻辑杂志》，第 20 卷，1956，第 50—54 页。

② 关于反事实条件语句，见奇泽姆的论文《反事实条件语句》，载《心灵》，第 55 卷，1946：289—307 页；重印于赫伯特·菲格尔与威尔弗里德·塞拉斯编的《哲学分析读本》（纽约：Appleton-Century-Crofts，1953）。又见纳尔逊·古德曼的《反事实条件语句的问题》，载《哲学杂志》，第 44 卷，1947：113—128 页；重印于他的著作《事实、虚构与预测》（剑桥：哈佛大学出版社，1955）。欧内斯特·内格尔讨论过这一主题，并引用了更多近来的文献，见他的著作《科学的结构》（纽约：Harcourt，Brace and World，1961），第 68—73 页。

面。”这个陈述没有描述实际上发生的事情，而是描述假如我不抓住石块将会发生什么事情。我依据万有引力定律做出这个断言，其中万有引力定律可以不被明确地引用，但它却被暗暗地假定着。只要述说该定律，我就给出了相信上述反事实陈述的理由。不是因为我看到了事情发生才相信它，它并没有发生。但断言反事实句子是合理的，因为它是在真正的物理学定律的基础上做出的，该定律被看作反事实句子的充分理由。

能否同样处理第二类全称陈述——偶然的全称陈述？马上就会看到，做同样处理明显是荒谬的。假如我说：“如果这便士于1958年1月1日在我的衣袋里，则它就是由银铸造的。”很清楚，这枚硬币的质料不依赖于我衣袋里是否在特定的日期有该便士。全称陈述“1958年1月1日我衣袋里的所有硬币都是银币”不是断言一个反事实语句的充分根据。于是，事情也就明显了，一些全称陈述为反事实语句提供合理的根据，而另一些全称陈述则不然。我们相信偶然的全称陈述可以是真的，不过不把它看作是规律。在分析反事实语句的意义时，牢记这种区别是必要的。它同样在非逻辑模态或因果模态的问题中涉及。

我解决这个问题的指导观念如下：让我们假定某人提出一个陈述作为新的物理学定律；该陈述是真是假尚未知道，因为迄今为止所做出的观察仍不充分，但该陈述是全称的，因为它述说，如果某一事件在任意的时间和地点发生，那么，另外某一事件将随之发生。检查陈述的形式，则可以确定，如果该陈述为真，它是否就可以称为真正的规律。规律是否真的问题是无关的，关键之点只是在于它是否具有真正的规律形式。例如，某人提出一条万有引力定律，该定律说引力随距离的三次方减弱。这显然是假的，即在这个宇宙上该定律不成立。但容易设想一个宇宙，其中它会成立。所以，与其把陈述分类为律则陈述或真正的规律（这种分类意味着它们是真的）和非律则陈述，不如忽视它们的真理性而把陈述划分为这样的两类：（1）具有类规律形式［有时称之为“普遍形式”

(nomic form)〕的陈述；(2) 不具有类规律形式的陈述。每一类都包含着真的与假的陈述。陈述“引力随距离的三次方减弱”属于第一类，它是类规律的，尽管它不是真的因而不是一个规律。陈述“1958年1月1日洛杉矶所有的男人都系着紫色的领带”属于第二类，即使这个陈述碰巧是真的，它仍不是表述一个规律，而仅仅是表述某一特定时间上的一个偶然事态。

我确信这两类陈述的区别可以得到精确的定义。这种定义还未做出，但是，如果做出了的话，我总感到——我不想说得太过分——它将是纯粹的语义区别。我的意思是，如果某人向我提出一个全称陈述 S，并且如果我已经足够清晰地区分了两类陈述，则我不必付诸实验便可以确定陈述属于哪一类。我不过是问自己道：如果这个世界使 S 为真，我会把它看作是一个规律吗？把问题讲得更精确一些，就是说，我是否会把它看作是一个基本规律呢？后面我将解释做出这种区分的理由，现在我只是希望澄清我说“具有可能的基本规律的形式”，或更简短地说“具有普遍形式”的意思是什么。

陈述具有普遍形式的第一个条件是由詹姆斯·克拉克·麦克斯韦（他在一个世纪以前提出了经典电磁理论）弄清楚的。他指出，物理学的基本规律不谈及任何特殊的空间位置和特殊的时间点，它们相对于空间和时间完全是普遍的，在每一个地方，在所有的时间都成立。这只是基本规律的特征。显然，许多重要的技术规律和实践规律不属于此类，它们位于基本规律与偶然概括之间，但又不完全是偶然的。例如，“所有北极地带的熊皆白”不是基本规律，因为事实可能相差甚远。同时，它也不是相当偶然的，肯定不像在某一日期我衣袋里的所有硬币都是银币的事实那样偶然。关于北极熊的陈述依赖于各种决定北极附近的气候情况、熊的进化以及其他因素的基本规律。熊的颜色不是偶然的。另一方面，气候在以后的百万年里可能改变，皮毛不同颜色的其他熊种可能慢慢演化接近北极熊或迁徙到北极地带。关于熊的陈述因而不能称为基本规律。

有时，一个规律被认为是基本的，但后来证明却局限于一定的时间地点或一定的事件。19 世纪经济学家所说的供求规律好像是普遍的经济规律，后来马克思主义者提出了批评，指出这些规律只是对于某类市场经济才是真的，但它们绝不是自然规律。在许多领域——生物学、社会学、人类学、经济学——有些规律初看起来好像普遍地成立，但这种情况只是由于作者没有越出他的国家，或他的大陆、他的历史时期的局限看问题所致。被认为是表达了一种普遍的道德行为或宗教崇拜的普遍形式的规律，当人们发现其他的文化有不同的表现时，最终证明是受限制的规律。今天，人们猜想在其他的行星上可能有生命存在。如果情况是这样，生物学的许多规律——它们相对于地球上的生物是普遍的——则可能不适用于这个星系中其他地方的生命。于是，显然存在着许多不是偶然的规律，但它们只在某些局部的时空区域成立而不是普遍成立。有必要把这些规律与全称规律区分开来。所谓的物理学规律被认为是到处成立的。麦克斯韦在阐述电磁学方程时相信它们不仅可以在他的实验室获得，而且可以在任意一个实验室获得；不仅可以在地球上获得，而且可以在太空中、在月球和火星上获得。他相信他正在阐明在整个宇宙普遍盛行的规律。虽然他的规律多少已被量子力学所修改了，但它们不过是被修改而已，在实质性的方面，它们仍然被认为是普遍的。一个现代物理学家无论何时陈述一个基本规律，他都倾向于把它述说成普遍的规律。这样的基本规律必须与时空上受限制的规律区分开来，必须与只对某些物理系统、某些物质等成立的导出规律区分开来。

精确地定义普遍形式，即可能的基本规律形式意指什么的问题，依然是悬而未决的。无疑地，麦克斯韦的条件，即规律运用于所有时间和地点，必定是定义的一部分。此外还会有其他的条件。人们已经提出了几种条件，但科学哲学家们在这些增补条件确切应该是什么的问题上尚未取得一致的意见。让我们将这个未解问题置于一边，假定有一个普遍形式的确切定义。现在我将要指明，根据我的观点，普遍形式如何能够为定义其他一些重要概念提供基础。

首先，我定义自然的基本规律为具有普遍形式的并且同时是真的陈述。读者可能为这个定义感到不安。我的一些朋友争论说经验主义者绝不应该讲规律为真，规律涉及无限的实例，遍及所有的空间和时间，而没有一个人能够肯定地知道它是否普遍地成立。我同意这种意见，但必须把确定性与真理性区分开来。当然，绝不会有任意确定性，一个基本规律与一个个别事实相比，的确更少确定性。比之于肯定万有引力定律的普遍性，我更能肯定这支特定的铅笔刚刚从我的手中掉到书桌上。然而，这并不阻止人们有意义地谈论一个规律是真的或不是真的。真理概念不能用于定义基本规律意指什么的理由是不存在的。

我的朋友们争辩说，他们宁愿说“高度地确证”，而不说“真”。赖辛巴赫在《律则陈述与可接受运算》（前面已引用过）一书中做出同样的结论，尽管他用了不同的术语。他说“真”，指的是“很好地确立”或“在有效证据的基础上，在过去、现在或将来的一定时间上高度地确证”。但是，我猜想科学家在讲到自然界的基本规律时，他们所指的并不是这个意思。他们说“基本规律”，指的是某种东西在自然界成立，无论人们认识它与否。我相信这就是过去的大多数作者以及今天的大多数科学家在讲到自然规律时所指的意思。定义“基本规律”的问题与规律已经确证的程度无关。当然，这种确证绝不能达到完全提供确定性的程度。问题只是涉及该概念用于科学家的话语时所指的意思。

许多经验论者在处理这个问题时变得十分不安。他们觉得经验论者绝不应该使用像“真”这样一个极为危险的词。例如，奥托·纽拉特（Otto Neurath）说，把规律说成是真的，这是违反经验论的过失。美国实用主义者，包括威廉·詹姆斯与约翰·杜威，也坚持着类似的观点。在我看来，这种指责说明他们没有清楚地区分两个不同的概念：（1）规律在某一时间确立的程度；（2）规律之真理的语义学概念。一旦做出这种区分，就会认识到我们可以在语义学中提出一个精确的真理定义，因而不再有任何理由在定义“自然的基本规律”时害怕使用“真理”一词。

我提出如下的定义：陈述具有因果上的真，或具有 C－真，如果它是一切基本规律的类的逻辑推论。基本规律定义为具有普遍形式的并且是真的陈述。那些 C－真的陈述具有全称形式，因而是广义上的规律，它们不是基本规律就是导出规律。导出规律包括那些在空间和时间上受限制的规律，诸如地球上的气象学规律。

考虑下面两个陈述：“在布鲁克菲尔德镇，1950 年 3 月间，每天从午夜到上午 5 时温度在零点之下，上午 5 时，镇上的池塘被冰所覆盖。”这是一条导出规律，我们把它与第二个陈述比较。第二个陈述的前面部分与第一个陈述相同，此外结尾还有一句：“……再者，下午在体育场举行足球赛。”这个陈述也是真的。每个星期六有一场足球赛，而在 1950 年 3 月间特定的温度条件恰好只有两次满足，两次都在星期六早上。因此，第二个陈述不是规律，虽然它是真的，并且具有与第一个陈述相同的逻辑形式。第二个陈述不过是偶然的全称陈述。上述例子表明，在全称形式的受限制的陈述中，尽管它们被假定为真，但规律（在这个场合是导出的规律）与偶然的全称陈述之间的区分却不能只根据陈述的语义分析做出。我认为，这种区分只能借助于基本规律的概念间接地做出。导出规律是基本规律类的逻辑推论，偶然陈述则不是。然而，我想，根据纯粹的语义分析而不运用事实的知识，可以在基本规律的形式与偶然全称陈述的形式之间做出区分。

在《意义与必然性——语义学与模态逻辑的研究》[①] 一书中，我捍卫这样一个观点：逻辑模态最好解释为命题的性质，类似于表达那些命题的陈述所具有的某些语义性质。假设：陈述 S_1 在语言 L 中表达命题 p_1；p_1 是逻辑必然的命题，当且仅当 S_1 在语言 L 中具

---

① R. 卡尔纳普：《意义与必然性——语义学与模态逻辑的研究》，芝加哥，芝加哥大学出版社，1947；重印时添上新序言。精装本 1956 年出版，平装本 1960 年出版。

有 L – 真（我用“L – 真”一词表示“逻辑真”）。如下两个陈述因而是等价的：

（1）S_1（在 L 中）是 L – 真的。

（2）p_1 是逻辑必然的。

换言之，说命题是逻辑必然的，等于说任一个表达该命题的陈述是 L – 真的。对于充分强至包含所有数学与物理学的语言，可以定义语义学的各种 L – 概念（L – 真，L – 假，L – 蕴涵，L – 等值），因此逻辑必然性的解释问题便解决了。对于处理其他的模态，尤其是因果模态，在我看来，最好的方法就是由这种方法进行类推。

作为说明我的意思的例子，试考虑上述陈述（1）与陈述（2）之间的差别。“S_1”是一个句子的名称，因而（1）是元语言的陈述。另一方面，虽然（2）不在外延对象语言中，但它是对象语言的陈述，是具有非真值函项联结词的对象语言。句子（2）用符号形式表示，可写作：

（3）N（p_1）

这意指“p_1 是逻辑必然的命题”。

我将用类似的方式首先定义“普遍形式”，然后定义“基本规律”，最后定义“C – 真”（因果真）。所有这些都是语义学概念。因此若我们有陈述：

（4）S_1 是 C – 真的。

我则说由 S_1 表达的命题在因果意义上是必然的。这可以写为：

（5）p_1 是因果上必然的。

或者，用符号形式记作：

（6）$Nc(p_1)$

随着我定义这些术语，因果必然命题的类也就包含更多的东西，其中包含着逻辑必然命题。我认为，这比定义同样术语的其他方式更方便，当然，也仅仅是方便的问题而已。因果模态的课题还没有更多的研究。它是一个巨大的、复杂的课题，我们在这里将不进一步讨论专门性的内容。

第二十二章

决定论与自由意志

“因果性”与“世界的因果结构”这些词，是这样的一些词，我宁愿在极广泛的意义上来运用它。因果律是这样的一些规律，运用它事件能够被预言与解释。这些规律的总和描述了世界的因果结构。

的确，除非 B 在时间上后于 A 以及存在着一条从 A 到 B 的因果事件的直接连线，否则日常的用语是不会说 A 引起 B 的。如果在沙地上看见了人类的足迹，可以推论出有人走过这沙地。人们不能说：足迹引起了某人走过沙地，即使在因果律的基础上走与足迹是相关的。类似地，当 A 与 B 都是可追索到一个共同原因的长因果链条的末端结果时，我们也不说 A 引起了 B。如果那是白天，我们便可预言夜晚的到来，因为白天与夜晚有着共同的原因，但不能说白天引起黑夜或黑夜引起白天。在我们检查了时间表之后，我们可以预言某一列火车于某一时刻到达；表上的记录并不能认作是引起火车的到达，这里再一次是两个事件追索到共同的原因。铁路公司管理部门的决定是两个分离的因果相关事件的链条的起点，这两个因果链条终结于 A 与 B。当我们读时间表时，我们做出了一个因果推理，它沿着一个链条追溯到另一个链条，但这是一个这样的间接过程，我们不能说 B 由 A 引起。尽管如此，这个过程是一个因果推理。我们没有理由说，“因果律”一词不能用于这样的理解方式，即运用于所有这样的规律，通过它们，一定的事件在另一些事件的基础上进行预言与解释，而不论这推理在时间上是向前的还是向后的。

在这个观点的上下文里，对于“决定论”这个词我们能说些什么呢？依我们的观点，决定论乃是关于世界因果结构的特别论点。它是这样一个论点，这个论点坚持认为世界的因果结构是这样强，以至于如果给出世界在某一时刻的整个状态的完整描述，则在这些因果律的帮助之下，过去或将来的任意事件都能够被计算出来。这就是为牛顿所坚持的并为拉普拉斯所详细分析过的机械论观点。当然，在对世界的一个瞬时状态的描述里，不仅包含着世界上所有粒子的位置的描述，而且包含着它们的速度的描述。如果世界的因果结构强到足以容纳这样的论点（而我已像拉普拉斯那样陈述了这个论点），则我们可以说，这个世界不仅具有因果结构，而且，更加特别地具有决定论的结构。

在今天的物理学中，量子力学具有另一种因果结构，大多数的物理学家和科学哲学家将它描写成非决定论的，可以说，它比经典物理学结构弱，因为它包含了这样的基本规律，这些基本规律本质上是概率性的。它们不能给出像这样的决定论的形式：“如果某一个量具有某一数值，则其他一个量准确地被指定为有另一个数值。”统计的或概率的规律指出，如果一个量具有某一个数值，则另一个量有一个特定的概率分布。如果世界的某些基本规律是概率性的，则决定论论点不能成立。今天，大多数物理学家的确不接受严格意义下的决定论。我们这里已经在这个意义下使用这个词。只有极少数人相信，物理学总有一天会返回决定论的。爱因斯坦本人从不放弃这个信念，他一生都确信，物理学对决定论的拒绝只是暂时现象。现时，我们不知道爱因斯坦是对还是不对。

的确，在哲学史上，决定论问题与自由意志问题密切地联系着。一个人在不同的可能行动之间能有所选择呢，还是他的选择自由的感觉不过是一个错觉呢？这里我们对这样的问题将不作详细讨论，因为，依我的观点，它不受任何科学理论与基本概念的影响。

我没有赖辛巴赫的观点：如果物理学保留严格决定论的经典立场，则我们不能有意义地说出做抉择、做选择、做理性的决定、对我们的行为负责、等等。我相信，即使在强意义下的决定论的世界里，所有这些东西都是完全有意义的。①

我所拒绝的立场（即赖辛巴赫以及其他人坚持着的立场）可以总结如下：如果拉普拉斯是对的（即如果世界的整个过去与将来由任意给定的世界的时间横截面决定），则“选择”一词毫无意义，自由意志不过是错觉而已。我想，我们有一种选择，它构成了我们的思想；实际上，所有的事件都是由以前的甚至是我们生前的事情所预定的。因此，为了回过头来给“选择”指明意义，有必要考察一下新物理学的不确定性。

我之所以反对这种推论，是因为我认为它包含了理论意义上的确定性和强迫之间的一种混淆。而在理论意义的确定性里，一个事件是由先前的事件按规律来决定（这不过意味着在观察的规则性的基础上的预见性）。让我们暂时忘记这个因素，即在今日的物理学中，所谓最强意义下的决定论是不成立的。让我们只考察 19 世纪的观点。物理学共同接受的观点，是拉普拉斯陈述的观点。给定一个宇宙的瞬间状态，一个人如果具有对这个状态的完备描述，加上所有的规律，则他便能计算出过去的和未来的任意事件（当然，这样的一个人是不存在的，不过假定他存在）。即使这个强的决定论观点成立，它也不能推出规律强迫什么人干他所干的事。可预言性与强制性是完全不同的两件事情。

为了解释这个问题，考虑一下在牢房中的囚犯。他想要逃走，但他被厚厚的墙围困着并且门被锁着。这是一个真实的强迫。这可

① 用我所同意的观点，对这个问题所做的详细讨论，可参见《意志自由》这篇论文，它编入加利福尼亚大学协会编的《知识与社会》（纽约：Appleton-Century 公司，1938）一书中。这篇论文的作者就是这卷书的匿名编者；但我知道主编是已故的保罗·马亨克。由于这篇论文的主要观点与莫里茨·石里克（当时他正在伯克利出任访问教授，时间于这篇论文发表之前）的观点很好地吻合，我相信这篇文章是受了他的影响而写的。

以叫作负强迫，因为它约束了他所要干的事情。同样还有正强迫。我比你强壮，但你手中有枪。你可能不想用它，但如果我抓住你的手，将手枪指着别人并强压你的手指直至拉动扳机，则我强迫你射击，强迫你干那你所不愿干的事。法律将会认为，是我而不是你应对这次射击负责。在狭窄的物理意义上，这是正的强迫。在广泛的意义上，一个人可以用所有种类的非物理手段，如通过可怕的结果进行威胁来强迫别人。

现在，我们将不同形式的强迫与发生在自然界的规则性意义下的确定性相比较。众所周知，人们具有某些性格特征，它们使人们的行为具有规则性。我有一个朋友，他极喜爱巴赫的某些音乐作品，而这些作品很少公演。我知道有一个极好的音乐团体在一个朋友家里作巴赫乐曲的私人演出，而我那个朋友喜爱的作品许多都在节目表里。我被邀参加这个音乐会并且他们通知我可以带人前往。我邀请我的那个朋友前往，但在我这样做之前，我几乎可以肯定他很想去。现在我是在什么基础上来做出这个预言呢？当然，我做出这个预言是因为我知道他的品性以及我知道某种心理规律。假定如我所期望的那样，他实际上与我一起去了，他是被强迫去的吗？不，他是按照自己的自由意志而去的。但事实上，当给出这类选择时，他绝不是一个自由者。

某人问他："你是被迫去参加这个音乐会的吗？是否有人向你施加某种道德上的压力？如果你不去，则会冒犯东道主或音乐家吗？"

他回答道："不是这样，没有任何人向我施加最轻微的压力，我是非常喜爱巴赫的。我非常愿意去，这就是我去的理由。"

这个人的自由选择确实可以与拉普拉斯的观点相一致。即使在他做出决定之前，有关世界的总信息使得预言他参加音乐会成为可能，这也不能说，他是在强迫之下去参加音乐会的。只有当外界的因素迫使他做违反他的意愿的事情时，才叫作强迫。但如果一种活动，按照心理的规律，出自他自己的本性，则我们说他自由地行动着。当然，他的品性是由他所受的教育、由他出生后所有的经验铸造出来的，但也不能阻止我们说当出自他的本性时，他做了自由选择。也许这个喜爱巴赫的人也喜爱在黄昏散步。在这个特别的夜晚，他喜欢去听巴赫音乐胜过去散步。他按照他的喜爱选择系统进行活动。他做了一种自由选择。这正是问题的否定方面，即拒绝这种观念：经典决定论将会使得有意义地谈论人的选择自由成为不可能。

问题的肯定方面是同等重要的。除非存在着因果的规律性（它并不需要强意义下的决定论，可以是弱类型的决定论），除非有某些因果规律性，否则全然不可能做出自由选择。一种选择包括了对某一活动过程的深思熟虑的喜爱超过另一种活动。如果所选择的活动过程的结果不能事先预见到，怎样可能做出一个选择呢？甚至最简单的选择都依赖于预见可能的结果。为什么要饮一杯水呢？那是因为我们知道，按照某些生理规律，饮水首先能解渴，当然我们只是以不同的概率程度来知道结果。甚至如果宇宙在经典意义上是决定论的，情况也是如此。使我们能够必然性地进行预言的充分的信息是绝不能获得的。拉普拉斯所描述的想象中的人物可以做出完备的预言，但这种人不存在。不管强的意义上的决定论是否成立，实际的状态是我们对于未来的知识是带概率性的。但为了做出某种自由的选择，必须要有可能去权衡所选择的活动过程的可能结果；而除非在世界的因果结构中有充分的规律性（sufficient regularity），否则这是不可能做到的。没有这种规律性，就不会有道义上的责任和法律上的责任。一个不能预见某个行动结果的人，就不能对这个行动负责。一对父母、一个教师，或一个法官认为某一小孩是有责任的，这仅仅是在这样的情况下，即这小孩能预见他的行为的结果。如果世界上没有因果性，教育人民就会毫无意义，任何类型的道义要求和政治要求也是毫无意义的。这些活动之所以有意义，仅仅因为预设了世界上的一定数量的因果规律。

这样的观点可以总结如下：世界具有因果结构，我们不知道这个结构是属于经典意义下的决定论的还是属于较弱形式的决定论的。在这两种情况下都是有高度规律性的。这个规律性对于所谓选择是必要的。当一个人做出一种选择，他的选择就是世界的因果链条的一个部分。如果这里不包含着强迫，这就意味着选择是建立在他自己的喜爱的基础上，是出自他自己的本性，我们也就没有理由不称它为自由选择。的确，他的品性引起他做出为他所做的选择，这转而以先前的原因做前提。但我们没有理由说他的品性强迫他去选择他所做的；因为“选择”一词是借助于外界因素来定义的。当然，对于一个精神病患者来说，处于一种高度反常的精神状态是完全可能的；我们可以说，他犯罪是由于他的品性强迫他这样做。但这里之所以用“强迫”一词，是因为我们发觉他的反常性阻碍了他清楚地看到各种不同的行为过程的结果。这使他不可能有理性的深思熟虑和决定。这里严重的问题是，在那里可以画一条线来区分预谋的有意志的行为和被反常精神状态强迫的行为。然而，一般地说，自由选择是那些能够预见行动选择过程的结果，以及能够选择他所爱好的东西的人们所做出的决定。依我的观点看，在以这种方式来理解的自由选择和决定论之间是没有矛盾的，即使对于强的经典类型的决定论来说也是如此。

近些年来，许多作者提出，非确定性的量子跃迁（大多数物理学家相信它在基本的意义上是随机的）可以起到做出决定的作用。[①] 在一定条件下，微观原因例如量子跃迁，能导致可观察的宏观效应，这是千真万确的。例如，在原子弹中，只有当有充分数量的自由中子时，才会爆发连锁反应。在人类的肌体中，也可能比之在大多数无生命的物理系统中更会有这样一个临界点，在那里单纯的量子跃迁会导致可观察的宏观效应。但是，人类决定未必可能是在这些临界点上做出的。

---

① 亨利·马杰诺在他的《广阔的远景：现代科学的哲学透视》（纽黑文：耶鲁大学版，1961）中提出这个观点。菲利普·弗兰克在《科学的哲学》（Englewood，N. J.：Prentice-Hall，1957）第10章第4节列举了争论双方的许多作者的引文。

考虑一下人们处于做决定的瞬间。在这瞬间里，如果有由量子跃迁所展示的非决定论的形式，则在这瞬间里做决定就等于是随机的。这样的随机性对于加强“自由选择”一词的意义是毫无帮助的，这样的选择全然不是什么选择，不过是一种机会、一种偶然的决定而已，这正如通过掷硬币来在两种可能活动过程之间作决定一样。幸而，量子理论中的非确定性范围是极小的，如果它很大，就会出现这样的时刻，那时一张桌子会突然爆炸，一块下落的石头会自发地做水平运动或返回空中。人们有可能在这样一个世界中活下来，但不会增加自由选择的概率。相反，它将会使做这样的选择明显更为困难，因为预期这些动作的结果更为困难。当一块石头被抛出，我们期望它落到地上，但它现在却在某人的头顶上盘旋并打到某人的头上，因此抛石人会被认为要对此事负责，即使这里真的没有什么意图。显而易见，行动的结果越难以预料，则意愿发生作用的概率越小。它使深思熟虑的道德行为更加困难。同样的情况也适用于人的机体的随机过程。它们对选择的影响只到了这样的程度，即它们不过将偶然性补充到选择中。这里比起其他情况来说更少选择性，甚至可以做出更有毁灭性的论证来反对自由意志的可能性。

依我的观点看，在日常生活的实践水平上，在带有强决定论的经典物理学与带有随机微观效应的现代量子物理学之间并没有什么区别。量子理论的不确定性比起在日常生活中由于知识的界限而引起的不确定性来，是非常非常之小的。这里是一个由经典物理学描述的世界上的人，那里是一个由现代物理学描述的世界上的人。在这两种描述中，不存在能在自由选择与道德行为问题上引起任何有意义的作用的区别。在这两种情况下，这个人都能不是带必然性地而只是带某种程度的概率地预见他的行为的结果。量子力学中的不确定性在每个人甩掉一个石头将会发生什么的问题上并无可观察的效应，因为石头是由上亿粒子组成的巨大的复合物。在人类存在与之相关的宏观世界里，量子力学的不确定性不起作用。就是由于这个理由，我认为假定不确定性在亚原子层次上与自由决定问题有联系，这是一种误解。但是，许多杰出的科学家和科学哲学家持另外一种看法，他们能接受的只是像我那样的观点。

第五篇　理论规律与理论概念

第二十三章

理论和不可观察性

在科学中，最为重要的两类规律的区别就是可以称之为经验规律和理论规律之间的区别（对于它们没有普遍被接受的术语）。经验规律是可以由经验观察直接确证的规律。“可观察”一词常用于可以直接观察的任何现象，所以可以说经验规律就是关于可观察事物的规律。

这里必须做出一个警告。哲学家和科学家运用“可观察”和“不可观察”词语有非常不同的方式。对于哲学家来说，“可观察”有着一种非常狭窄的意思。它运用于例如“蓝”“硬”“热”这样的性质。这些是直接地由感官觉察到的性质。对于物理学家来说，这个词有着某种比较广泛的含义。它包括可以用相对简单的、直接的方法来测量的任何量值。哲学家并不认为 80 摄氏度的温度或 $93\frac{1}{2}$磅的重量是可观察的，因为关于这个数量不存在直接的感知。对于物理学家来说，这两者都是可观察的，因为可以用一种极简单的方法来测量它们。被称量的客体置于一天平之上；测量温度用温度计。物理学家不会说一个分子的质量（更不用说一个电子的质量）是某种可观察的东西，因为这里测量的程序相当复杂和间接。但那些可以用相对简单的程序来确立的量——用尺确定长度，用钟确定时间，或者用分光计确定光波的频率——都称作可观察的。

哲学家会提出反对，说电流强度并不是真正地被观察到的，只是指针的位置被观察到。一个安培计系于回路中，它表明，指针指向标记为 5.3 的刻度。当然，电流强度没有被观察到，它从所观察到的东西推出。

物理学家会回答道，这完全正确，不过推论并不很复杂。测量的程序是如此简单，如此确定，以至于安培计将会给出电流强度的准确量度，这是毫无疑问的。因此，它包括到所谓的可观察的东西之中。

这里问题不在于谁以正确的或恰当的方式运用了“可观察的”一词。存在着一个连续统。它开始于直接的感觉观察，并进行到极为复杂的、间接的观察方法。明显的，不可以横过这个连续统画出一条界限分明的线，这是一个程度的问题。一个哲学家确信从房子里传来的他爱人的声音是一个可观察的东西。但假定他从电话中听她说话。她的声音是可观察的东西还是不可观察的东西呢？一个物理学家必定会说，当他通过一架普通的显微镜注视某种东西时，他是直接地观察它。当他看电子显微镜时，情况是不是也如此？当他看到在气泡室中造成的痕迹时，他观察到粒子的轨迹吗？一般地说，与哲学家的狭窄意义相比较，物理学家是在非常广泛的意义上讲到可观察的东西的。不过在这两种场合，分开可观察和不可观察的界限是高度任意的。无论在哲学家写的书还是在科学家写的书中遇到这些词，我们都必须很好地牢记这一点。个别作者在最方便的地方画下这条线，这依赖于他们的观点，没有理由来说明，为什么他不会有这样的特权。

在我的术语中，经验的规律是这样的规律，它所包含的语词或是直接用感官可观察的或是用相对简单的技术可测量的。有时这样的规律被称为经验概括，它提示出这些规律是通过概括观察和测量所发现的结果而获得的。它们不仅包括简单的定性规律（如“所有的乌鸦都是黑的”），而且也包括来自简单测量的定量规律，涉及气体的压力、体积和温度的定律就是这种类型的规律。联结电位差、电阻和电流强度的欧姆定律是这种规律的另一个熟悉的例子。科学家做出重复的测量，发现一定的规律性，并将它们表达为一个定律。这些就是经验定律。正如在前面的章节中所指出的，这些规律用来解释观察到的事实和预言未来的可观察事件。

对于我称之为理论规律的第二种规律，没有一种共同被接受的词语来表示它。有时它们被称为抽象的或假说的规律。“假说的”一词也许并不适当，因为它假定了两种类型的规律之间的区分建立在这些规律被确证的程度的基础上。但是一个经验规律，如果它是一个试探性的假说，它被确证的程度低，也将会是一个经验的规律，尽管我们可以说，它宁可是假说（的规律）。理论规律不能用它没有很好地确立起来这个事实而与经验规律区别开来，而是用它包含着不同性质的词语而与经验规律区别开来。理论规律的词语不涉及可观察的东西，甚至当我们采用物理学家的关于什么是能观察到的东西的广泛的含义时也是一样。它们是关于诸如分子、原子、电子、质子、电磁场以及其他不能用简单的、直接的方法来测量的实体的规律。

如果有一个大尺寸的、静态的场，从其中一点到另一点并不变化，物理学家称它为一个可观察的场，因为它可以用简单的仪器来测量。但如果这个场在很小的距离里从点到点之间是改变的，或者在时间上变化非常迅速，也许每秒变化几十亿次，则它不能用简单的技术来加以测量。物理学家将会不把这样的场叫作可观察的。有时，一个物理学家正是用这种方法来区分可观察还是不可观察。如果这个数量在空间距离足够大或时间间隔足够大的范围里保持不变，则它被称为宏观事件；如果这个数量在如此极小的空间间隔和时间间隔里改变，以至于它不能用简单的仪器来测量，它就是微观事件［以前的作者用“microscopic”（微观的）与“macroscopic”（宏观的）这些词，但今天许多作者简化这些词为“micro”与“macro”］。

微观过程只不过是包含着极小的空时间隔的过程。例如，可见光的电磁波振荡是一个微观过程，没有什么仪器能够直接测量它的强度的变化是怎样的。宏观概念和微观概念之间的区别有时与可观察和不可观察相平行。这并不是一回事，不过粗略地看是如此罢了。理论规律涉及不可观察的东西，它们通常就是微观过程。如果是这样，这种规律有时称为微观规律。我在比这种意义更广的意义上使用“理论规律”一词，包括所有那些包含不可观察的东西的规律，而不管它们是否是微观概念或宏观概念。

的确，正如我们早先已指出的，“可观察”与“不可观察”不能界限分明地下定义，因为它们处于一个连续统中。不过，在实践中，这种区别通常是足够大，所以这里不可能引起争论。所有的物理学家都会同意，例如，与气体的压力、体积和温度有关的定律是经验定律。这里气体量是足够大，所以这个被测量的量在一个充分大的体积和充分大的时期内能保持不变，使得我们可以直接地、简单地来测量，于是这些测量能被概括成规律。所有的物理学家都会同意，关于单个分子的性状的规律是理论的。这样的规律涉及一个微观过程，关于这个过程，概括不能建立在简单的、直接的测量的基础上。

当然，理论规律比经验规律更普遍。但重要的事情是要明白，理论规律不能简单地通过取经验规律然后向前概括几步来得出。物理学家是怎样得出经验规律的呢？他观察了自然界中的某些事件。他注意到某一种规则性。他做出一个归纳的概括来描述这个规则性。可以假定，他现在能够将一组经验定律放置在一起，观察某种范型，做出一个较为宽广的归纳概括，并得出一个理论规律。但情况并不是这样。

为了搞清这个问题，假定已观察到当加热时，某一铁棒膨胀。在这种实验重复多次之后，总是得到相同的结果，这种规则性通过这样的说法被概括起来：这一铁棒当加热时就膨胀。一个经验的规律已经被陈述出来了，尽管它有一个狭窄的范围并且只运用于一根特殊的铁棒。现在进一步用其他铁物体来做实验。接着发现，在所有的实验里，任一铁物体都加热膨胀。这允许我们形成一个更普遍的规律，即所有的铁物体加热时膨胀。以类似的方式，更普遍的规律“所有的金属……”，然后“所有的固体……”被提出来了。这些全都是简单的概括，每一点都比前面一点更加普遍化，但它们都是经验规律。为什么呢？因为在每一个场合，所论的物体都是可观察的（铁，铜，金属，固体）；在每一场合，温度和长度的增加是可以通过简单的、直接的技术来测量的。

与此相对照，关系到这个过程的理论规律将涉及铁棒中的分子的行为。当加热时，与铁棒膨胀联系着的分子行为以怎样的方式进行呢？你立刻看到，我们现在讲的是不可观察的东西。我们必须引进一种理论——物质的原子理论——并且我们很快就冲进包含着与我们以前有的概念根本不相同的概念的原子规律中去了。真的，这些理论的概念与长度和温度这些概念不相同，只在于它们直接或间接地可观察的程度不同，但这些区别是如此之巨大，以至对于这种必须给予阐明的规律的根本不同的性质是不会引起争论的。

理论规律以这样一种方式与经验定律发生关系，这种方式有点类似于经验定律与个别事实发生关系的方式。经验定律有助于解释已经观察到的事实并预言尚未观察到的事实。以类似的方式，理论的规律用以解释已经形成的经验定律并可以推导出新的经验定律。正如个别的、分离的事实被概括进经验定律时，它们都落入一个有条理的型式中一样，单个的分离的经验定律都纳入理论规律的有条理型式中。这就在科学方法论中引起了一个主要的问题。这类将会证明理论规律的断言的知识是怎样能够获得的呢？一个经验的规律可以由做出个别事实的观察来做证明。但要证明一个理论的规律，类似的观察不能做出，因为在理论规律中所指称的实体是不可观察的。

在着手处理这个问题以前，必须重复在以前的章节中关于“事实”一词的用法所做的评论。在现时的上、下文中，极端小心地运用这个词是十分重要的，因为有些作者，特别是科学家运用“事实”或“经验事实”来表示某些我们会称为经验定律的命题。例如，许多科学家会谈及铜的比热是0.090这个“事实”。我将称它为规律，因为在它的完整的表述中，它看来是一个普遍的条件陈述句：“对于任意的x，于任意的时间t，如果x是一个铜的固体，则x在t时的比热为0.090。”有些物理学家甚至将热膨胀定律、欧姆定律以及其他定律称为“事实”。的确，他们因而可以说理论规律帮助解释这些事实。这个意思就像我们说经验规律解释事实一样，不过“事实”一词这里以两种不同的方式被运用。我将这个词限制于能从时空上详细说明的、特别的、具体的事实，不是一般的热膨胀，而是今早十点钟观察到的这根铁棒当被加热时的这种膨胀。重要的是牢记我说到事实时的限制方式。如果“事实”一词以模棱两可的方式来加以应用，则经验定律与理论规律用于解释的方式之间的重要差别将会被弄得完全模糊不清。

理论的规律怎样能被发现呢？我们不能说：“让我们仅仅收集越来越多的资料，然后越过经验规律进行概括直至我们达到理论规律”。没有什么理论的规律以这种方式被发现。我们观察石头、树木与花朵，注意到各种规则性，并用经验规律来描述它们。但无论我们怎样长时间地或怎样小心地观察这些事物，我们从来不会达到观察一个分子的程度。“分子”一词绝不是作为观察的结果而产生的。由于这个理由，即使对观察做了大量的概括，也不会产生分子过程的理论。这样的一种理论必须以另一种方式产生。它不是作为事实的概括而被陈述的，而是作为假说而被陈述的。这种假说以类似于检验经验定律的方式而被检验。从假说中导出某些经验定律，而这些经验定律转而用事实的观察来加以检验。也许从理论中导出的经验定律已经知道并已很好地被确证（这样的规律甚至可以激发理论规律的形成）。不管被导出的经验规律是已知和已被确证的还是它们是用新的观察来确证的新规律，这种导出规律的确证提供这种理论规律的间接确证。

需要搞清楚的观点是这样的：科学家并不是从一个经验规律（例如波义耳气体定律）开始，然后寻求一个关于分子的理论，从这个理论能导出这个经验规律。科学家试图提出一个比较普遍的理论，从这个理论可以推导出多种多样的经验规律。这样的经验规律越多，它们的多样性越大；它们之间表面上看来联系越少，则解释它们的理论就会越强。有些导出的规律可能以前已经知道，但这种理论也可能导出能够用新的检验来确证的新的经验规律。如果情况是这样，就可以说，这个理论使预言新的经验规律成为可能。这种预言以假说的方式被人们理解，如果这个理论成立，则一定的经验定律也将会成立。被预言的经验规律讲的是可观察的东西之间的关系，因而现在有可能做实验来看这个经验规律是否成立。如果这个经验规律被确证了，它就为这个理论提供了间接的确证。当然，一个规律（无论是经验规律还是理论规律）的任何确证都只是部分的，永远不会是完全的和绝对的。但在经验规律的情况下，它是比较直接的确证。理论规律的确证是间接的，因为它只是通过对由这种理论导出的经验规律的确证来进行。

新理论的最高价值乃是它预言新经验规律的预言力。当然它在解释已知的经验规律上也有价值，但这是较小的价值。如果一个科学家提出一个新的理论系统，由此不能导出新的规律，则它与所有已知的经验定律集逻辑地相等价。这个理论可以具有某种优美的东西，它可能将已知规律集简化到某种程度，尽管它看来不会有本质上的简明性。另一方面，在物理学中，所有导致向前做巨大飞跃的新理论都是能导出新规律的理论。如果爱因斯坦所做的工作只是提出一种作为能包含某些已知规律（也许还能在某种程度上简化它们）的优美的新理论的相对论，则他的理论将不会有如此革命的后果。

的确，情况远非如此，相对论引导出首次解释了诸如水星近日点运动、光线在太阳附近弯曲等现象的新的经验规律。这些预言表明，相对论不只是一个表达旧规律的新方式。的确，它是一个有极大的预言力的理论。能从爱因斯坦理论中导出的推论远非已经穷尽。这些推论都是不可能从先前的理论中推导出来的。通常一个这样有力的理论具有一种优美性，以及对已知规律的统一作用。它比已知规律的总的集合更为简单。但理论的巨大价值就在于它提出新规律的能力，这些新的规律能用经验手段来确证。

第二十四章

对应规则

有一个重要的限制条件现在必须补充到在上一章做出的理论规律和词语的讨论中。经验规律由理论规律导出这个陈述是过于简单化了。那是不可能直接导出经验规律的，因为理论规律包含理论词语，而经验规律只包含可观察词语。这就阻止了从理论规律到经验规律的任何直接演绎。

为了理解这一点，想象一下我们返回 19 世纪，准备首次说明有关气体分子的某些理论规律。这些规律是要描述每单位气体体积的分子数目、分子的速度等。为了使问题简单化，我们假定所有的分子都有相同的速度（这确实是原来的假定；后来放弃了这个假定支持速度的某种概率分布）。进而必须做出当分子碰撞时会发生什么的假定。我们不知道分子的精确形状，所以让我们假定它们是微小的球体。球体是怎样碰撞呢？存在着关于球体碰撞的规律，不过它们是讨论大物体的。因为我们不能直接地观察到分子，我们假定它们的碰撞类似于大物体的球体碰撞；也许它们的行为就像在无摩擦的桌面上的完全弹性球一样。当然，这些都只是假定，是由已知的宏观规律类推出来的猜测。

现在我们碰到了一个困难的问题。我们的理论规律只涉及分子的行为，而分子行为是不能看见的。因此，我们如何能够从这些规律演绎出诸如关于气体压力或温度的可观察性质的规律或者通过气体的声波的性质的规律？理论的规律只包含理论词语。而我们寻找的是包含可观察词语的经验规律。明显地，除了理论规律之外，如果不给出某种其他的东西，这样的经验规律是不能被推导出来的。

这些必须给出的东西就是一个将理论词语与可观察词语联结起来的规则集合。科学家和科学哲学家始终都承认这样一个规则集合的必要性，并经常讨论它们的性质。这种规则的例子是："如果有一种特别频率的电磁振荡，则有一种特定色彩的可见的青蓝色。"这里将某种可观察的东西与不可观察的微观过程连接起来。

另一个例子是："气体的温度（由温度计来量度，因而在上述广义上是可观察的）与它们的分子的平均动能成正比。"这个规则将分子理论中的不可观察的东西，即分子动能与一个可观察的东西即气体温度联系起来。如果这类陈述不存在，就不会有什么方法从关于不可观察的东西的理论规律推导出关于可观察物的经验规律。

对于这些规则，不同的作者有不同的名称。我称它为"对应规则"。珀西·W. 布里兹曼称它为操作规则。诺曼·R. 坎贝尔说它为"字典"。[①] 因为这些规则将一种术语的词与另一种术语的词联结起来，所以这些规则的用途就类似于法英词典的用途那样。法语"cheval"一词是什么意思呢？你翻阅字典发现它是"马"的意思。当一组规则用于联结不可观察的东西和可观察的东西时，情况并不真是如此简单；不过这里是一种类比，它给这个规则的集合以"坎贝尔字典"这一个有启发性的名字。

有时有一种诱惑，引导我们去想：这些规则的集合提供了定义理论词语的手段。不过恰恰相反才是真正对的。一个理论的词永远不能明确地定义在可观察词语的基础上，虽然有时一个可观察的东西可用理论词语来定义。例如，"铁"可以定义为由某些具有一定的原子排布的微小结晶部分组成的物质，而每一个原子是一定类型的粒子构型。因而有可能用理论词语表达出可观察词语"铁"是什

① 参见珀西·W. 布里兹曼《现代物理学的逻辑》，纽约，麦克米兰公司，1927；以及诺曼·R. 坎贝尔《物理学：要素》，剑桥，剑桥大学版，1920；欧内斯特·内格尔曾讨论了对应规则，见《科学的结构》，97—105 页，纽约，Harcourt，Brace & World，1961。

么意思，但反过来就不正确。

下面的问题没有答案："精确地说，什么是电子?"以后，我们将要回到这个问题上来，因为哲学家经常问科学家这类问题。他们想要物理学家告诉他们，他用"电""磁""引力""分子"来表示什么意思？如果物理学家用理论词语来说明它们，哲学家可能感到失望。他会说："这完全不是我的意思。我需要你用通俗的语言告诉我，这些词是什么意思。"有时，哲学家写一本书，其中他谈到自然界的大奥秘，他写道："过去人们不曾能够，也许将来人们也绝不能够直接给我们回答这个问题：'什么是电?'因而电永远是宇宙的一个大奥秘。"

这里没有什么特别奥秘，只是一个不适当用语的问题。在这种情况下，不应当要求给不能下定义的东西下定义。如果一个小孩不知道什么是大象，我们能够告诉他，它是一只大耳朵与长鼻子的大动物。我们也可能给他看一张大象的图。这些都极好地服务于用小孩懂得的可观察语词去定义一只象。类似地，有一种诱惑使我们相信，当一个科学家引进理论词语，他也应该能够用熟悉的词语来定义它们。但这是不可能的。一个物理学家无法像他能向他的小孩展示一张大象的图那样向我们展示电的图。有机体的细胞虽然用毫无帮助的眼睛不能看到，但它可以用一张图来描述，因为当通过显微镜来看时细胞是可以被看见的。但我们没有电子的图。我们不能说它看起来是怎样的或者摸上去是怎样的，因为它看不见，摸不着。我们能够做到的最好也不过是说，它是一个以一定方式行动的极小的物体。这可以看作是类似于我们关于大象的描述。我们能够将一只大象描述为按一定方式行动的巨大动物，为什么我们不能对电子作同样的处理?

回答是，物理学家只能是用陈述理论规律来描述一个电子的行为，而这些规律所包含的只是理论词语。他们描述一个电子产生场、电子给场以反作用，等等。如果一个电子处于静电场中，它的速度将会以一定的方式加速。不幸，电子的加速度是一种不可观察的东西。它不像一个弹子球的加速度，能够用直接的观察来加以研究。不存在一种方法使理论概念能够用可观察的东西来定义。因此，我们必须使自己顺从这样的事实，能给可观察词下的这类定义不能用以表述理论词。

确实，有些作家，包括布里兹曼在内，曾经讲过作为“操作定义”的这种规则。布里兹曼有某种正当理由，因为在我看来，他使用他的规则的方式比之于大多数物理学家的用法多少有点不同。他是一个伟大的物理学家，必定已认识到他与这些规则的通常用法相背离，但他愿意接受某些不是惯常的讲法，而这就解释了他的背离。在以前的章节中已经指出，布里兹曼宁愿说，并不是刚好只有一个电流强度的概念，而是有一打这样的概念。能够测量某一数量的每一个程序都提供这个数量的一个操作定义。因为测量电流有各种不同的程序，所以有不同的电流概念。为了方便的缘故，物理学家讲的只是一个电流概念。严格说来，布里兹曼相信，他应当认识许多不同的概念，每一个都由不同的测量操作程序定义。

这里我们面临着在两种不同的物理语言中间进行一种选择。如果在物理学家中间采取了某种习惯的程序，则关于电流的多种多样的概念就将会由一种概念所代替。不过这就意味着将这概念置于你的理论规律中，因为操作规则正好就是我所称呼的对应规则，它将理论词与经验词联结起来。任何关于理论概念要有一个定义即操作定义的要求必须放弃。布里兹曼能够说他的理论词有一个操作定义只是因为他讲的不是一个一般概念。他讲的是部分概念，每一个都由一个不同的经验程序来定义。

甚至在布里兹曼的术语中，关于他的部分概念能否适当地用操作规则来定义是成问题的。赖辛巴赫经常讲到他所谓的“相关定义”（在他的德文出版物中，他称它为 *Zuordnungs definitionen*，来自 *zuordnen*，它的意思是相互关系）。也许相关是一个比布里兹曼规则实际所指的定义更好的词。例如，在几何学中，赖辛巴赫指出，几何的公理系统（例如戴维·希尔伯特所提出的公理系统）是不加解释的公理系统。点、线、面的基本概念，同样可以称之为“α类”“β类”“γ类”。我们必须不被例如“点”与“线”这些熟悉的字眼的声音所诱惑，认为它们必须取其通常的意思。在几何系统中，它们是不加解释的词，但当几何被运用于物理学，这些词必须与物理世界的某些事物相联系。例如，我们可以说，几何学的线可以用真空中的光线或伸展开的细绳来例解。为了将不加解释词与可观察的物理现象相联系，我们必须有为建立这种联系的规则。

的确，我们将这些规则叫作什么，这只是一个术语问题；我们必须小心，不要讲它们是定义。它们在任何严格意义上都不是定义。我们不可能用涉及自然界的任何东西来给“线”的几何概念下一个真正适当的定义。光线、伸开的绳子等只是近似是直的；而且，它们不是线，而只是线段。在几何学中，一直线是无限长的而且是绝对直的。任何自然现象都展示不出这种性质。由于这个理由，不可能给理论几何的概念做出这个词的严格意义上的操作定义，所有物理学的其他理论概念的情况也是同样的。严格说，这些概念是没有“定义”的。我宁愿不说“操作定义”，甚至不用赖辛巴赫的“相关定义”一词。在我的著作中（我只是在近几年才写及这个问题），我曾经称它为“对应的规则”，或者更为简单地称它为“对应规则”。

坎贝尔以及其他作家经常把理论物理实体说成是数学实体。他们用它来意指这些实体之间以能用数学函数来表示的方式彼此相关。但它们并非能在纯数学中定义的这类数学实体。在纯数学中，可以定义各种数，对数函数、指数函数，等等，而不能用纯数学来定义诸如“电子”与“温度”这些词。物理学词语只能借助于非逻辑常项的帮助来引进，而这些常项建立在现实世界的观察的基础上。这里，在数学公理系统和物理公理系统之间，有着本质上的不同。

如果我们想要给一个数学公理系统中的词以一种解释，我们可以通过给出一个逻辑定义来做这件事，例如考虑运用于皮亚诺公理系统中的“数”一词。例如我们可以用弗雷格－罗素的方法在逻辑的词语中定义它。用这种方式“数”的概念取得一个完全的、明确的在纯逻辑基础上的定义，这就不必去确立数目 5 与诸如“蓝”与“热”那样的可观察的东西之间的联系。这种词只有逻辑的解释，与现实世界的联系是不必要的。有时，数学中的一个公理系统称为一个理论。数学家说及集合论、群论、矩阵理论、概率论。这里“理论”一词用于纯粹分析的方法。它指的是与现实世界无关的一个演绎系统。我们必须牢记住，“理论”这个词的这种用法与它在关涉诸如相对论、量子论、精神分析理论以及凯恩斯经济理论那样的经验理论中的运用是完全不同的。

在物理学中，一个公设系统不能像数学理论那样独立于现实世界。它的公理词项——“电子”“场”，等等——必须用将这些词联结到可观察现象的对应规则来加以解释。这些解释是必然不完备的。因为它永远是不完备的，系统是开放的以便它有可能补充新的对应规则。的确，这就是在物理学史上连续遇到的事情。我现在不考虑物理学中的革命，在那里提出了全新的理论，而考虑不发生修改现存理论的根本变化的情况。19 世纪的物理学提供了一个很好的例子，因为经典力学与电磁学已经建立，经过好几十年，在基本定律方面相对没有多大的变化，物理学的基础理论依然不变。但是，新的对应规则却稳定地增长，因为测量这个或那个数量的新程序不断地被提出来。

的确，物理学家经常面临着这样的危险，即他们可能提出彼此不相容的或与理论规律不一致的对应规则。然而，只要这样的不相容性不出现，他们便可自由地补充新的对应规则。这个过程是永无终结的。总有可能补充新的规则，因此详细说明理论词的解释的数量不断增加着；但无论它们增加多少，解释永无完结。在数学系统中，情况是另外的样子，那里一个公理词项的逻辑解释是完备的。这里我们找到另一个反对讲理论词被对应规则“定义”的理由。它使一纯数学的公理系统的性质与理论物理学的公理系统的性质之间的重要区别弄得模糊不清。

不可能用对应规则来完全地解释理论词从而使进一步的解释成为不可能吗？也许现实世界在它的结构上和规律上是有限的，最后可以达到这一点、超过这一点就没有用新的对应规则来加强对一个词的解释余地了。于是，这些规则会不会为这个词提供一个最终的、明确的定义？会的，不过因而这个词就不再是理论的，它将会变成可观察语言的一部分。物理学的历史并未曾指明物理学会变成完备的，存在的只是新对应规则的稳定增长以及理论词的解释的不断修正。我们无法知道这是否是一个无限过程，还是最后走向某种尽头。

可以看到这样的情况。在物理学中，不存在什么禁忌反对给一个词做出如此之强的对应规则，以至于使这个词得到明确的定义并从而停止其为理论词。也没有任何基础来断言永远有可能补充新的对应规则。因为物理学的历史已经展示出这样一个稳定的、不停的理论概念的修正，所以大多数物理学家告诫人们反对有那样强的对应规则，以免使一个理论词变成被明确定义了的。而且，这是一个完全不必要的程序，通过它不能得到什么。它甚至可能有堵塞进步的不良后果。

的确，这里我们必须再次承认可观察和不可观察之间的区别是一个程度的问题。我们可以用经验的程序给一个像长度那样的概念下一个明确的定义，因为它是这样容易地和直接地被测量出来，而且大概不会被新的观察所修改。但寻找使“电子”能被明确定义的如此强的对应规则将会是莽撞的。“电子”的概念离开简单的、直接的观察是如此远，最好是使它保持理论的状态，允许根据新观察做出修正。

第二十五章

新的经验规律怎样从理论规律中导出

在第二十四章中，讨论牵涉到这样一种方法，在那里对应规则被用于联结不可观察的理论词和可观察的经验规律词。这可以用几类实例来将这个问题搞清楚，在这些实例中，经验定律真实地从理论规律中推导出来。

第一个实例关系到气体动力论，它的模型或图式是一些处于不停骚动中的被称为分子的微粒。在它的最初的形式中，这种理论认为这些微粒是一些细小的球，具有相同的质量，并且当气体温度保持不变时，具有相同的恒定速度。后来发现，如果每个粒子具有相同的速度，气体不会处于稳定的状态；有必要寻找保持稳定的速度的概率分布。这被称为玻耳兹曼—麦克斯韦分布。按照这个分布，任何分子处于某个速度范围内都有一定的概率。

当动力论首次被提出时，出现在这个理论的规律内的许多数量都是不知道的。谁也不知道一个分子的质量，或者在一定的温度和压力下一立方厘米的气体有多少分子。这些数量被表达成一定的参数写入规律中。在方程建立以后，对应规则的字典就已准备好了。这些对应规则以一种这样的方式将理论词与可观察现象联系起来，使得有可能间接地确定这方程中参数的值，这又转过来使得有可能导出经验规律。其中一个对应规则陈述气体的温度对应于分子平均动能。另一个对应规则将气体的压力与分子在禁闭着的器壁上的碰撞相联系。虽然这是一个包含离散分子的不连续过程，但总的效应可以被认为是一个压在壁上的不变的力。因此，借助于对应规则，用压力计在宏观上测量的压力可以用分子统计力学的术语来表达。

什么是气体的密度？密度就是每单位体积的质量，但我们怎样量度一个分子的质量？又是我们的字典——一个非常简单的字典——提供了这种对应规则。气体的总质量 M 是分子质量 m 的总和。M 是可观察的（我们只是称量这种气体），但 m 是理论的。这个对应规则字典给出了这两种概念之间的联系。借助于这个字典的帮助，对各种从我们的理论中导出的规律做经验检验便是可能的。在这种理论的基础上，有可能计算出当体积保持不变和温度上升时气体压力是多少。我们能够推测出敲击容器的边缘而产生的声波是怎么一回事，以及如果只加热气体的一部分将会发生什么事情。这些理论的规律是借助于在理论方程内的各种参数而做出的。对应规则字典使我们能够将这些方程表述为经验定律，在那里诸概念是可测量的，因而经验程序能给各个参数提供数值。如果经验定律能被确证，这就为这个理论提供间接确证。的确，在气体动力理论提出之前，许多气体的经验定律是已知的。对于这些定律，这种理论提供一种解释。另外，理论导出以前不知道的经验定律。

电磁理论提供了理论预言新经验定律的显著例证，这个理论大约在 1860 年由两个伟大的英国物理学家迈克尔·法拉第和詹姆斯·克拉克·麦克斯韦提出（法拉第做了许多实验的工作，而麦克斯韦做了许多数学的工作）。这个理论谈到电荷以及它们在电场与磁场中的行为。直到这世纪很晚的时候，电子（一个带基本电荷的微粒）的概念才形成。麦克斯韦用来描述电磁场的著名的微分方程组预设的只是某种分立的微小物体，它具有未知的性质，能携带一个电荷或一个磁极。当电流沿铜线运动时发生什么？这个理论字典使这种可观察的现象对应于小小的带电荷物体沿导线的真实运动。从麦克斯韦的理论模型，有可能（的确，在对应规则的帮助下）导出许多已知的电磁定律。

这个模型做出比这里说的更多的东西。麦克斯韦方程中有一个参数 C，按照他的模型，电磁场中的一个扰动以具有速度 C 的波传播。电学的实验表明，C 的值逼近每秒 3×10^{10} 厘米。这与已知的光速的数值相同，而这看来不像是偶然的。物理学家问自己，光是否可能只不过就是电磁振荡传播的特殊情况呢？不久之前，麦克斯韦方程为所有光学规律，包括折射、光在不同介质中的速度以及许多其他规律，提供了解释。

物理学家满怀喜悦地发现，麦克斯韦模型解释了已知的电磁规律，而且他们得到了双重赠物，这个理论也解释了光学规律！最后，新模型的巨大力量展现在它预言、形成先前所不知道的经验规律的能力上。

第一个实例是由德国物理学家海因里希·赫兹提供的。大约在1890 年，他开始了他的著名实验来观察低频电磁波是否能够产生并且在实验室中探测到。光是一种电磁振荡，并且是极高频波的传播。但麦克斯韦定律使得这种波具有任何频率成为可能。赫兹的实验导致了最初称为赫兹波的发现，现在则称之为无线电波。开始，赫兹只能够在短距离——开始是几厘米，后来是一米或更多一点——从一个振荡器到另一个振荡器传送这种波动。今天无线广播电台，可以把电波传送到几千英里以外。

无线电波的发现仅仅是从麦克斯韦理论模型导出新规律的开端。X 射线被发现时，人们认为它是具有高速度和强穿透力的粒子。随后物理学家猜想，与光和无线电波一样，X 射线也可能是电磁波，不过频率极高，比可见光的频率还高。这个猜想后来得到了确证。而关于 X 射线的规律也是由麦克斯韦基本场方程导出的。X 射线证明是 γ 射线的一部分。今日在医疗中运用的 X 射线不过是一定频率的 γ 射线。所有这些都是在麦克斯韦模型的基础上可预言的。他的理论规律，加上对应规则导出大量的新经验规律。

实验确证得以发现的极为多种多样的领域特别提供了对麦克斯韦理论的强有力的综合确证。物理学的各种分支最初都是为了实践的理由而提出来的；在大多数的场合，这种划分是建立在我们不同的感官的基础上。因为眼睛接受光和色，我们称这些现象为光学的；因为我们的耳朵听到声音，我们称物理学的一个分支为声学；因为我们的身体感觉到热，我们有热的理论。我们发现在物体运动的基础上制造简单的机器是有用的，我们就称它为力学。其他的现象，如电与磁，不能直接被感觉，但它的结果是可以观察的。

在物理学的历史中，当一个物理学的分支能为另一个物理学分支所解释时，这总是意味着物理学向前跨进一大步。例如，由于声波不过是在固体、液体和气体中的弹性波，我们发现声学不过是力学的一部分。我们已经说过气体定律怎样用运动着的分子的力学来加以解释。麦克斯韦理论乃是向着物理学的统一的另一个巨大的飞跃。光学被发现为电磁理论的一个部分。终有一天整个物理学为一个伟大的理论所统一，这种观念慢慢地发展起来了。现时，在电磁一方和引力的另一方之间存在着极大的裂缝。爱因斯坦做出若干努力来提出能弥补这个裂缝的统一场论；近来，海森堡以及其他人已做出类似的努力。但是到目前为止，完全令人满意的或者提供能被确证的新经验规律的理论还没有被发明出来。

物理学原先是从作为描述性的宏观物理学开始的，它包含了大量没有外观联系的经验定律。在科学开始之时，科学家会为已发现了几百个规律而自豪。但随着规律的增多，他们开始对于这种事态感到不快，他们开始探究根本的统一原则。在19世纪，人们在根本原则问题上进行了一场大争论。有些人觉得，科学必须寻找这样的原则，否则，它就不过是对自然界的描述，而不是真正的解释。另一些人认为，这是错误的态度，根本原则只属于形而上学。他们觉得，科学家的任务只在于描述，只在于发现自然现象是怎样发生的，而不是为什么发生的。

今天，我们对这场关于描述与解释的争论付之一笑。我们能够看到，两边都有理由可说，但他们争论这问题的方式是无益的。解释与描述之间，并不存在着真正的对立。当然，如果描述只取其最狭窄的意义，即仅仅描述某一科学家在某日用了某些材料做了些什么，则单纯描述的反对者进一步要求一种真正的解释是非常正确的。但今日我们看到描述处于广义之中，即将现象置于更一般的规律的上下文之中来进行描述，以提供能给予现象的唯一解释类型。类似地，如果解释的反对者指的是并不建基于经验程序上的形而上学的解释，它们的反对者坚持科学只应涉及描述则是正确的。每一方都有正确之点。正确理解的描述与解释，两者都是科学必不可缺少的方面。

解释的最初尝试即爱奥尼亚自然哲学家的尝试必定部分是形而上学的。万物皆火，或万物皆水，或万物皆变，这些科学解释的早期尝试可以从两种不同的方式来考察。我们可以说："这不是科学，而是纯形而上学。这里没有确证的可能性，没有联结理论与可观察现象的对应规则。"另一方面，我们可以说："这些爱奥尼亚学派理论必然是非科学的，不过起码它们是理论的形象化的想象。它们是科学最初的基础。"

不要忘记，无论在科学史上还是在进行创造的科学家的心理史上，一种理论常常首先表现为一种想象，一种早在科学家发现有助于确证他的理论的对应规则以前很久就作为灵感（inspiration）而来的预想。当德谟克里特说，所有的事物都由原子组成，他必定没有对这个理论的最轻微的确证。不过，这是天才的一着，是意味深长的洞察，因为两千年后，他的预想被确证了。因此，我们不应太粗野地拒绝任何理论的先行预想，假如它在将来某个时候能被检验的话。不过，如果我们发出警告说，没有什么假说能称得上科学的，除非它有被检验的可能性，那我们是脚踏实地的。作为一个假说，它不是已被确证，不过必须有对应规则，它在原则上允许一种确证或否证这个理论的手段。想出能检验这个理论的实验可能是极端困难的；对于今天已提出的各种统一场论来说，情况就是这样。但如果这种检验在原则上是可能的，则这个理论可以称得上为科学的理论。当一个理论首次提出时，我们不能要求它更多。

科学从早期哲学的发展是逐级的、一步又一步的过程。爱奥尼亚哲学家只有最原始的理论。相反地，亚里士多德的思想是搞得比较清楚的并建立在比较稳固的科学基础上的。他做实验，并且知道实验的重要性，虽然在其他方面他是一个先验论者。这是科学的开端。但直到伽利略时代即约在1600年，人们才真正重视实验方法而不重视关于自然界的先验推理。虽然伽利略的许多概念过早地作为理论概念来表述，但是他是将理论物理置于稳固的经验基础上的第一个人。当然，牛顿的物理学（约于1670年）展示出第一个综合的、系统的理论，它包含着作为理论概念的不可观察事物：万有引力、质量的一般概念、光线的理论性质等。他的引力理论是一个极为普遍的原理。在任何两个粒子之间，不论其大小，存在着一种与它们的距离平方成比例的力。在牛顿提出这个理论以前，科学并没有提出既运用于下落的石头又运用于绕日的行星运动的解释。

在牛顿以前，任何一个人都从来没有想过这样一个问题，即同样的力会引起苹果的下落和月球绕地球运动。对于这件事，我们今天就很容易认识到它有多么奇异了。事实上，这不是一个可能为任何人想到的思想。并不是说，答案是如此难以给出，而是没有人问过这个问题。这是一个重点，没有人曾经问过："天体彼此之间施加的力与引起物体落地的地球的力的关系是什么？"甚至谈论"地上"与"天上"这样的词就是要做出二分，将自然界划分为两个基本不相同的领域。打破这种划分，断言没有这样一种基本的分裂，乃是牛顿的伟大洞察力之所在。存在着一个自然界，一个世界。牛顿的万有引力定律是一个理论的定律，它首次解释了苹果的下落以及开普勒行星运动定律二者。在牛顿时代，极大胆地冒险去思考这样的一般词语有一个心理上的困难。

的确，后来借助于对应规则，科学家发现怎样去确定天文学上的物体的质量。牛顿的理论也说及两个苹果，并排地放在桌子上，彼此相互吸引。它们并不彼此相向运动，因为吸引力极小而桌面的摩擦力很大。物理学家终于成功地实际测得实验室里两物体之间的引力。他们运用了一个由两端带金属球的棒子组成的扭力天平，棒子中央悬挂一根长线系于高的天花板之上（这根线越长越细，棒子越容易转动）。实际上，这根棒子从不趋于绝对静止而总是有微小摆动。但棒子摆动的中点能够确定。在测定中点的精确位置后，一大堆铅砖移至这根棒（用铅是因为它的比重极大，金甚至有更大的比重，不过金砖是昂贵的），于是发现摆动棒子的中点移动了一个很小的数值，将棒子一端的一个球体移至铅堆。移动只是毫米的分数，但对于提供实验室中两物体之间的引力效应的最初的观察来说，已经足够了；而这个效应是牛顿的引力理论所已经预言了的。

在牛顿以前，已经知道苹果落到地上以及月球围绕地球运动。但在牛顿以前，没有人能预言扭力天平实验的结果。这是理论预言以前未观察到的新现象的预言力的一个经典例子。

第二十六章

拉姆西语句

科学的理论，在我们运用这个词的意义（即理论假定与联结理论词与观察词的对应规则的联合）上，在近些年来受到科学哲学家的热烈、认真的分析和讨论。许多讨论是如此之新，以至于它仍未被发表出来。在这一章中，我们将给这个题目引进一个重要的新的研究，它返回到剑桥的逻辑学家和经济学家弗兰克·普鲁姆普顿·拉姆西的一篇很少为人知道的论文中去。

拉姆西死于1930年，这时他26岁。他不能活到完成一本书，但他死后，他的一本论文集由理查德·贝文·布雷思韦特编辑并于1931年取名《数学基础》出版。[①] 有一篇短文，题为《理论》出现于这本书中。依我的观点看，这篇论文应受到比它已经受到的更多的重视。也许这本书的书名只吸引了对数学的逻辑基础感兴趣的读者，所以这本书中的其他重要论文，例如关于理论的论文，被忽视了。

拉姆西为这样的事实而感到迷惑不解：理论词（在理论中描述的客体、性质、力以及事件的词）并不是以观察词（“铁棒”“热”与“红”）富有意义的同样方式富有意义。一个理论词是怎样获得意义的呢？所有的人都同意，它从理论的上下文中推导出它的意义。“基因”从基因理论中导出它的意义。“电子”用粒子物理的

① 拉姆西：《数学基础》，伦敦，Routledge and Kegan Paul，1931。它以平装本重印，Littlefield，Adams（1960）。

假设来说明。但是，我们面对着许多使人混乱的、令人烦扰的问题。一个理论词的经验意义是怎样能被确定的呢？一个给定的理论关于现实世界告诉我们一些什么呢？它描述了现实世界的结构吗？或者它仅仅是一种抽象的、人为的手段，是为了给大量的经验带来秩序，多少有点像会计系统使公司的财政分配有个有秩序的记录那样吗？能否说一个电子的“存在”与一根铁棒的存在有相同的意义呢？

存在着以简单、直接的方式测量一根棒子的性质的程序。它的体积和重量可以极精确地确定。我们可以测量加热的铁棒表面发射的光的波长并准确地定义当我们说铁棒是“红的”的时候，我们指的是什么。但当我们谈论诸如一种基本粒子的“自旋”那样的理论实体的性质时，我们有的只是为给这个词以一种经验意义的复杂的、间接的程序。首先，我们必须在一种精心制作的量子力学理论的前后文中引进“自旋”一词，然后这理论必须用另外的复杂假设的集合（对应规则）来与实验室的观察相联系。明显地，自旋并不是经验地以简单直接的方式建立在牢固的基础上的，而加热铁杆的红色则以这种方式建立在牢固的基础上。什么确切的是它的认识状态呢？必须以某种方式与现实世界相联系并受经验检验的理论词怎样能够与在传统哲学中经常遇到的那些形而上学词（无经验意义的词）相区别呢？在没有同时证明哲学家用形而上学词语的正确的情况下，科学家讲理论概念的正确是怎样能够被证明的？

为了寻找这些令人不解的问题的答案，拉姆西提了一个新颖的使人大吃一惊的建议。他提议一个理论的理论假设与对应假设的联合系统由今天称之为“理论的拉姆西语句”的东西所代换。在与理论的假设相等价的拉姆西语句中，理论词全然不出现。换言之，通过消除产生问题的各种词的办法来巧妙地避开了这个难题。

假定我们讨论包含 n 个理论词“T_1”，“T_2”，“T_3”，…，“T_n”的一个理论。这些词是由理论假设引进的。它们用理论的对应规则与直接观察相联系，在这些对应规则中出现有 m 个观察词：“O_1”，

“O_2”，“O_3”，…，“O_m”。理论本身是所有理论假设和所有对应假设的结合。因此，一个理论的完全陈述将会包含 T 与 O 词的并集，“T_1”，“T_2”，…，“T_n”；“O_1”，“O_2”，…，“O_m”。拉姆西建议，在这个语句中，这个理论的全部陈述，所有的理论词语都由对应变量“U_1”，“U_2”，…，“U_n”代换，而逻辑学家称谓的“存在量词”——“$(\exists U_1)$”，“$(\exists U_2)$”，…，“$(\exists U_n)$”——被补充到这个表述中。正是这个带有 U 变量和它的存在量词的新语句称为“拉姆西语句”。

为了精确地研究这种语句是怎样发展起来的，我们考虑下面的例子。取符号“Mol”为分子的类。不讲某“一个分子”，而讲“Mol 的一个元素”。类似地，“Hymol”代表“氢分子的类”，“一个氢分子”就是“Hymol 的一个元素”。假定一时空坐标系已经固定，因此，一个时空点可以用它的四个坐标 x，y，z，t 表示。给温度概念取符号“Temp”，则“物体 b 于时刻 t 的（绝对）温度为500”可以写成“Temp（b，t）＝500”。温度因而被表达为包含一物体、一时点以及一个数目的关系。“一物体 b 于时刻 t 的压力”可以写成“Press（b，t）”。质量的概念由符号“Mass”来表示。对于“物体 b 的质量（按克计）是150”写成“Mass（b）＝150”。质量是一物体与一数目之间的关系。令“Vel”代表物体（它可以是宏观的或微观的物体）的速度。例如“Vel（b，t）＝（r_1，r_2，r_3）”，其中等式右边提到三组实数，即速度在 x，y 与 z 三个方向上的分量。Vel 因而是一个涉及一个物体、一个时间坐标与三个实数的关系。

一般地说，理论语言包含“类词”（例如宏观物体、微观物体、事件这些词）和“关系词”（例如表示各种物理量的词）。

考察理论 TC（“T”代表这个理论的理论假设，而“C”代表给出对应规则的假设）。这个理论的假设包括来自气体动力论的一些规律，关系到分子运动以及它们的速度、碰撞等的规律。存在着有关任意气体的一般规律，存在着有关氢的特殊规律。除此之外，还有关于温度、压力以及（宏观）气体总质量的宏观气体理论的规律。假定理论 *TC* 的理论假设包含上面提到的所有词。为了简单起见，不写出全部所有的 *T* 假设，而只写理论词，并用小圆点表示联结符号：

（T） …Mol…Hymol…Temp…Press…
Mass…Vel…

为了完成理论 *TC* 的符号化工作，必须考虑某些（但不必是全部）理论词的对应假设。这些 *C* – 假设可以是温度和压力测量的操作规则（这就是关于温度计与压力计建构的描述以及从这些仪器的刻度读数中确定温度与压力数值的规则）。*C* – 假设会包含理论词“Temp”与“Press”，以及若干观察词：“O_1”，“O_2”，…，“O_m”。因此，*C* – 假设可以用简短的缩写形式表示，写成：

（*C*） …Temp…O_1…O_2…O_3…
Press…O_4…O_m…

整个理论现在可以表示成下列形式：

（*TC*） …Mol…Hymol…Temp…Press…
Mass…Vel…；…Temp…O_1…O_2…
O_3…Press…O_4…O_m…

为了将理论 *TC* 翻译成拉姆西语句，要求有两个步骤。第一，用任意选择的类变量和关系变量置换所有的理论词（类词和关系词）。例如在这理论中，无论“Mol”在哪里出现，都用变量“C_1”来代替；无论“Hymol”在这理论的什么地方出现，用另一个类变量，例如“C_2”来代替。关系词“Temp”由关系变量（例如

“R_1”）在所有的地方（在这个理论的T部分和C部分）加以代替。用同一种方法，“Press”，“Mass”和“Vel”由三个另外的关系变量例如“R_2”，“R_3”与“R_4”分别加以代替。最后的结果可表示如下：

$$\ldots C_1\ldots C_2\ldots R_1\ldots R_2\ldots R_3\ldots R_4\ldots;$$
$$\ldots R_1\ldots O_1\ldots O_2\ldots O_3\ldots R_2\ldots$$
$$O_4\ldots O_m\ldots$$

这个结果（它应该被看作是完全写出来的，而不是像这里借助于小圆点进行缩写）不再是一个语句（而T，C与TC则是语句）。它是一个开语句式，有时称它为语句形式或语句函项。

第二步是将开语句式翻译为拉姆西语句^{R}TC，它由写在语句式前面的六个存在量词组成，每一个对应于六个变量的一个：

$$({}^{R}TC)(\exists C_1)(\exists C_2)(\exists R_1)(\exists R_2)(\exists R_3)(\exists R_4)\ [\cdots C_1$$
$$\ldots C_2\ldots R_1\ldots R_2\ldots R_3\ldots R_4\ldots;$$
$$\ldots R_1\ldots O_1\ldots O_2\ldots O_3\ldots R_2\ldots$$
$$O_4\ldots O_m\ldots]$$

一个由存在量词引领的式子断言起码有一个（它所谈及的那个类型的）实体满足由这式子表达的条件。因而，上面所示的拉姆西语句说（粗略地说），（至少）存在着一个C_1类，一个C_2类，一个关系R_1，一个R_2，一个R_3，一个R_4，使得：

（1）这六个类和关系以指定的方式（即在公式的第一部分或T部分中所指明的方式）彼此联结在一起；

（2）两个关系R_1与R_2都依一定的方式（即在公式的第二部分或C部分指明的方式）与m个观察实体O_1，…，O_m相联系。

要注意的重要事情是，在拉姆西语句中，这些理论词语已经消失了。在它们的位置上出现的是变量。变量“C_1”并不涉及任何特别的类。这个断言只是这样的：至少存在着一个类满足某些条件。如果变量任意地改变，拉姆西语句的意义并不以任何方式改变。例如，符号“C_1”与“C_2”可以相互调换或者用其他任意的变量（例如“X_1”与“X_2”）来代换。这个语句的意义仍然不变。

看来，拉姆西语句不是别的，不过是用另一种比较迂回的方式来表达原来的理论。在某种意义上，这是对的。它容易表明，任何不包含理论词的关于现实世界的陈述——这就是，任何能为经验确证的陈述——只要它可以由理论导出，就也能由拉姆西语句导出。换言之，拉姆西语句与原来的假设系统精确地具有相同的解释力和预言力。拉姆西第一个看到这个问题。这是一个重要的洞察，虽然他的同事没有给以多少注意。其中有一个例外就是布雷思韦特，他是拉姆西的朋友，并且他编辑了拉姆西的论文。在他的著作《科学的解释》（1953）中，布雷思韦特讨论了拉姆西的见解，强调了它的重要性。

重要的事实是，我们现在能够避免由理论的原初表述引起的令人烦恼的形而上学问题，并且能够将简单性引进理论表述中。以前，我们有诸如“电子”那样的其“实在性”半信半疑的理论词，因为它们离可观察的世界是这样远。无论有怎样的部分经验含义会给予这些词，都只能通过陈述理论假设系统以及用对应规则联结这些假设与经验观察的间接程序而给与。在谈论外部世界的拉姆西方式中，诸如“电子”这样的词消失了。这不是在任何意义上意味着电子消失，或者比较精确地说，这并不意味着凡是由“电子”一词符号化的、存在于外部世界的东西都消失了。拉姆西语句通过它的存在量词继续断言，在外部世界中存在着某种东西，它具有物理学家派给电子的所有性质。这种东西的存在（“实在”）是不成问题的。关于这种东西，仅仅具有不同的说法而已。它避免了的麻烦问题不是“电子存在”，而是“‘电子’一词的精确意思是什么吗?”

在拉姆西关于世界的说法中，这个问题不会产生。询问“电子”的意义不再是必要的，因为这个词本身在拉姆西语句中不出现。

重要的事情是要明白这样一点（而这一点拉姆西强调的不够），拉姆西的方法不能说是将理论带入到观察语言中，如果观察语言（如在通常的情况下那样）表示一种只包含观察词和基本逻辑与数学词的语言的话。现代物理学要求极为复杂的、高水平的数学。例如，相对论要求非欧几何和张量计算，而量子力学同样要求精致复杂的数学概念。因而，这不能说，物理理论，当它表述为拉姆西语句时，是一种在简单观察语言中的语句。它需要一种扩大的观察语言。它之所以是观察的，因为它不包含理论词，它之所以成为扩大的，因为它包括高等的，实际上包括整个数学在内的复杂的逻辑。

假定在这种扩大的观察语言的逻辑部分中，我们规定一系列数学实体域 D_0，D_1，D_2，…，使得

（1）域 D_0 包含自然数（0，1，2，…）。

（2）对于任意的域 D_n，域 D_{n+1}包含 D_n 的元素的所有的类。

这种扩大的语言包含所有代表这些实体类的变量，加上运用它们的适当的逻辑规则。我的观点是，这种语言不仅对于表述所有现时的物理理论是充分的，而且对于表述所有将来的，起码是将来一个相当长的时间里的物理理论也是充分的。的确，我们不可能预见在将来的世纪里物理学家可能引进的各类粒子、场、相互作用或其他概念。不过，我相信，这样的理论概念，无论怎样稀奇古怪和复杂万分，借助于拉姆西的方法，它们可以表述于本质上是同样的、现在行之有效的、扩大的观察语言（它包含了观察词以及高等逻辑和数学）。[①]

---

① 我坚持这种观点有相当长的时期，并进行了比较详细的技术上的论述，见我的论文《观察语言与理论语言》，载《辩证法》，1958（12）：236—248 页；另见重印版 W. Ackermann et a1., eds., *Logica: Studia Paul Bernays Dedicata*, pp. 32 –44, Neuchâtel (Switzerland): Éditions du Griffon, 1959。

另一方面，拉姆西必定没有这样说（也没有人曾经提议），物理学家在他们的说话和写作中应该放弃理论词。这样做会要求极为复杂的陈述。例如，用习惯的语言，容易说出，某一物体的质量有5克。在一个理论的符号表示中，在它变换成拉姆西语句之前，人们可以说某个17号物体的质量有5克，写成“Mass（17）=5”。但在拉姆西语言中，理论词“Mass”并不出现。这里（如在上面的例子中那样）只有变量“R_3”。“Mass（17）=5”这个语句怎样能够翻译成拉姆西语言？“R_3（17）=5”明显不对；它还不是一个句子。这个公式必须用在拉姆西语句中所指明的有关关系 R_3 的假定来补充。此外，只拣出含有“R_3”的假设公式将会是不充分的。所有这些假设都需要。因此，即使将这么简短的语句翻译为拉姆西语言，也要求一个非常长的语句，它包含对应于所有理论假设，所有对应假设以及它们的存在量词的表述。即使采取前面用到的缩写形式，这个翻译也是很长的：

$$(\exists C_1)(\exists C_2)\ldots(\exists R_3)(\exists R_4)\ [\ldots C_1\ldots C_2\ldots R_1\ldots R_2\ldots R_3\ldots R_4\ldots;\ \ldots R_1\ldots O_1\ldots O_2\ldots O_3\ldots R_2\ldots O_4\ldots O_m\ldots \& R_3(17)=5]$$

很明显，用拉姆西的说法替换运用理论词的物理学的通常论述是很不方便的。拉姆西的用意只是搞清楚这样的问题：在一种不要求理论词但说出和方便语言说出的同样的东西的语言中，表述任何一个理论都是可能的。

当我们说它“说出同样的东西”时，我们的意思只是涉及所有可观察的结果。的确，不能精确地说是同样的东西。前一种语言预先假定，诸如“电子”与“质量”这样的理论词指示了以某种方式超过理论自身的前后文所提供的某种东西。某些作者曾称这种东西为词的“盈余含义”。当这些盈余含义已经计算在内时，这两种语言必定是不等价的。拉姆西语句表达了一个理论的完全的“观察内容”。指出这些观察内容就是理论之作为理论起作用，即解释已知事实和预言新事实所需要的一切，这就是拉姆西的伟大洞察力所在。

的确，物理学家发现，用包括诸如“质子”“电子”和“中子”之类的理论词的速记语言比较便利。但当人们问他们，电子是否“真实地”存在时，他们就可能以不同的方式来回答了。有些物理学家满足于将这样的词考虑成拉姆西式的“电子”。他们用这样一种说法来回避这个存在的问题：在气泡室中有某种可观察事件，等等，而它们可以在一定的理论系统的框架中，用某种数学函数来加以描述。超过这些他们就不再断言任何东西。从拉姆西的观点看，问是否真的存在着电子和问量子物理学是否真的是一样的。回答是：在量子物理学已被实验确证的程度上，我们有理由说，有某种事件的实例，在理论的语言中叫作“电子”。

关于理论的本质与理论所涉及的实体，目前有两种主要的观点，人们常常称之为“工具论”与“实在论”。[①] 工具主义的观点接近于查理士·皮尔士、约翰·杜威以及其他实用主义者所坚持的见解，也接近于许多其他的科学哲学家所坚持的观点。从这种观点看，理论并不是关于“实在”的。它们不过是将经验的观察现象组织到某种能充分起到预言新的可观察现象作用的型式中的语言工具。理论词是方便的符号。包含这些理论词的假设之所以被采用，是因为它们有用，不是因为它们是“真”的。它们没有超出它们在系统中起作用的方式的盈余含义。说“真实”电子或“真实”电磁场是无意义的。

反对这种观点的，是“描述主义者”或“实在主义者”的理论观点（有时这二者是有区别的，不过没有必要去探究这些

① 欧内斯特·内格尔对有关这场争论的两三个观点作了启发性的讨论，见《科学的结构》（纽约：Harcourt，Brace & World，1961）第六章“理论的认识状态”。

微细的区别)。这种观点的拥护者发现把电子、磁场以及引力波看作是现实的实体(科学正持续不断地获知它们更多的东西),既是方便的又能得到心理上的安慰。他们指出,不存在一条将可观察的东西(例如一个苹果)和不可观察的东西(例如一个中子)分开来的明显界限。阿米巴用肉眼是不可观察的,但通过光学显微镜,它就是可观察的。病毒甚至通过光学显微镜也是不可观察的,但通过电子显微镜,它的结构就能看得很清楚。质子不能以这种直接的方法被观察到,但它的痕迹通过气泡室可以观察到。如果可以说阿米巴是“真实的”,就没有理由不能说质子是同样真实的。关于电子、基因的结构以及其他事物的观点的改变并不意味着“这里”并不存在着某种东西隐藏于每一个可观察现象的背后,这仅仅表明,关于这些实体的结构,我们知道的东西越来越多。

描述观点的支持者提醒我们,随着更强有力的观察仪器的发展,不可观察的实体有一种跑进可观察领域的习惯。在一个时候,“病毒”是一个理论词。“分子”也是如此。恩斯特·马赫如此反对将分子看作是一个存在着的“物”,以至于他曾称它为一个“毫无价值的意象”。今天,甚至在晶体点阵中的原子也可以用基本粒子轰击它们来照相;在某种意义上,原子自身已变成可观察的东西。这种观点的辩护者们争论说,有理由说一个原子“存在”,正如说一个远距离的恒星(它只作为长时曝光的胶片上的一个微弱的光点才是可观察的)存在一样。的确,还没有类似的方法来观察一个电子,但没有理由拒绝说它存在。今天,对于它的结构知道得很少;明天则可能知道得很详细。描述主张的拥护者认为,说一个电子是一个存在物,就像说苹果、桌子以及星系是存在物一样是正确的。

明显地,在工具主义的意思和实在主义的说法之间存在着分歧。这实质上就是我的观点(我将不在这里详述它)。我相信,这个问题不应该以“理论实体是实在的吗”的形式进行讨论,而应该以“我们喜欢选择包含着理论词的物理学语言（一般地，科学语言），还是宁愿选择一种没有理论词的语言”的形式进行讨论。按照这种观点，上述问题就成为爱好选择与实践决策的问题。[①]

① 依我看来，如果某些实体是否实在的讨论为语言形式选择的讨论所代替，则常常会导致更大的明晰性。我在“经验论、语义学与本体论”一文中详细论述了这种观点。此文载《国际哲学评论》，1950（4）：24—40页；并被编入菲利普·维纳的《科学哲学读本》（见本书的文献目录）。

第二十七章

观察语言中的分析

在哲学史上，一个古老的、持续最久的二分法就是分析的真和事实的真之间的二分法。它曾经以各种不同的方式被表达。康德借助于他所谓的“分析”陈述与“综合”陈述引进这种区别，这正如第十八章所示。早期的作者讲的是“必然的”真和“偶然的”真。

依我的观点看，一个明确的分析—综合区别对于科学哲学是最为重要的。例如，如果爱因斯坦没有认识到没有物理的检验，物理空间和时间的结构是不能确定的，则相对论是不会被提出来的。他清楚地看到在纯数学（连同它的各种逻辑的一贯的几何）与物理学（在那里只有实验和观察能决定哪种几何最合用地运用于物理世界）之间有一条界限分明的分界线必须牢记在心。今天，随着物理学家探究基本粒子的性质和寻找将量子力学与相对论结合起来的场论，这种分析真理（它包括逻辑与数学真理）与事实真理之间的区别在量子理论中同等重要。在这一章和下一章中，我们将贯穿整个现代科学的语言，讨论这个古老的区分怎样能够搞得精确明白。

许多年以来，人们发现，将科学语言的语词划分为三大群是有用的。

1. 逻辑词，包括所有纯数学词。
2. 观察词或 O－词。

3. 理论词或 T－词（有时称之为“构造”）。

的确，正如我们在上面的章节中强调的，没有明显的边界将O－词与T－词分开。精确分界线的选择是有几分任意的。然而，从实践的观点看，这种区别通常是明显的。所有的人都会同意，有关性质的词如“蓝”“硬”“冷”以及关系词如“较暖”“较重”“较亮”是O－词，而“电荷”“质子”“电磁场”是T－词，它涉及用相对简单、直接的方法不能观察到的实体。

关于科学语言中的语句，有类似的三重划分。

1. 逻辑语句，它不包含描述词。

2. 观察语句，或O－语句，它包含O－词但无T－词。

3. 理论语句，或T－语句，它包含T－词。但T－语句有两种类型：

a. 混合语句，包含O－词和T－词二者；

b. 纯理论语句，包含T－词但没有O－词。

整个科学语言L被方便地划分为两个部分。每一部分包含整个逻辑（包括数学）。它们的不同只在于它们的描述的、非逻辑的元素的不同。

1. 观察语言，或O－语言（L_O），包含逻辑语句以及O－语句，但没有T－词。

2. 理论语言，或T－语言（L_T），包括逻辑语句与T－语句（除了T－词以外，有或没有O－词）。

T－词是由理论T引进科学语言中的，理论T有两类假设——理论的假设或T－假设以及对应的假设或C－假设。T－假设是理论的规律。它们是纯粹的T语句。C－假设，即对应规则是包含T－词与O-词的混合语句。正如上面已经指出的，它们组成坎贝尔叫作联结观察语言和理论语言的字典、赖辛巴赫叫作关联定义以及在布里兹曼术语中称为操作假设或操作规则的东西。

在这背景下，让我们转到在观察语言中，分析真理和事实真理之间的区别问题。

第一种分析真理是逻辑真理或在我们的术语中叫“L-真”。当一个语句凭借于它的形式以及出现在其中的逻辑词的意义是真的时候，这个语句是L-真的。例如，“如果没有一个单身汉是幸福的人，则没有一个幸福的人是单身汉”这个语句是L-真的，因为如果你知道它的意思，知道“如果”“则”“没有”“是”这些逻辑词的用法，你能够承认它的真理性；即使你不知道“单身汉”“幸福”“人”这些描述词的意思，你也能够承认它的真理性。所有的逻辑和数学的陈述（原理与定理）都是属于这一类（纯数学被归结为逻辑已由弗雷格和罗素说明了，虽然这种还原的某些观点还有争议。这个问题不在这里讨论）。

另一方面，正如W. V. O. 蒯因曾经讲清楚的，观察语言所富有的语句，是比L-真意义更广的分析真。除非它们的描述词的意思和它们的逻辑词的意思都一样被弄明白，否则这些语句不能表述为真或假。蒯因的著名例子是，“没有一个单身汉是已婚的”。这个语句的真理一清二楚不是属于世界上的偶然事实的问题，也不能单单由于逻辑形式就称它为真的。除了知道“没有”与“是”的意思之外，还必须知道“单身汉”与“已婚”用来表示什么意思。在这种情况下，所有说英语的人会同意“单身汉”与“未结婚的人”有同样的意思。一旦这些意思被接受，就立即显示这个语句是真的，这不是由于世界的性质，而是由于我们的语言派给这些描述词以这个意思。甚至不必要完全明白这些意思，只需知道这两个词有不相容的意思，即一个人，不能同时被描述成是单身汉又是结过婚的人，就行了。

蒯因建议（我也赞同这个建议），“分析真”一词用于广义上的“逻辑真”，其意义包含 L－真语句，也包含刚才讨论的句型。“A－真”是我用来表示广义上的分析真。因此，所有 L－真语句都是 A－真的，虽然并非所有 A－真语句都是 L－真的。单单由于它的逻辑形式的原因，一个 L－真语句是真的。一个并非 L－真的A－真语句是真的，那是由于派给它的描述词的意思以及它的逻辑词的意思的缘故。相反，综合语句的真与假不由它的词的意义来决定，而是由关于物理世界的事实信息来决定。“物体以每秒每秒 32 英尺的加速度落向地球”，单用检查它的意义的方法不能决定这个陈述是真是假。一个经验的检验是必要的。这样一个陈述有“事实内容”。它告诉我们关于现实世界的某些事情。

的确，没有哪一种自然语言像英语那样精确到这样的程度，使每一个人以同样的方式来理解每一个词。由于这个理由，它容易表述那些对于它们的分析性模棱两可的语句，即它们的分析性或综合性将有争议的语句。

例如，考虑这个断言，“所有的红头啄木鸟有红头”。它是分析的或是综合的呢？开始，你会回答说，的确，它是分析的。“红头啄木鸟”意思是“啄木鸟有红头”，所以这个语句等价于断言所有带有红头的啄木鸟有红头。这样一个语句不仅是 A－真而且也是 L－真的。

如果“红头啄木鸟”的意思是这样的，使“有一红头”在事实上是这个意思的一个本质的组分，则你是对的。但它是不是一个本质的组分呢？鸟类学家可能对“红头啄木鸟”有不同的理解。对于他来说，这个词可能涉及用一定的体形结构、嘴的形状以及行为习性来定义的鸟种。他可能考虑到，很可能这种鸟种在某些隔离的区域会经历一种突变，改变它的头部的颜色，例如说，变成白色。由于稳妥的分类学上的理由，他会继续称这样的鸟为红头啄木鸟，即使它们的头不是红的。它们是一个变种。他甚至可以称这变种为“白头的红头啄木鸟”。因此，如果“红头啄木鸟”是如此解释的，即有一红头并非本质的组分，这个语句就变成综合的。有必要对所有的红头啄木鸟做一个经验的检查来确定是否所有的红头啄木鸟都事实上有红头。

甚至“如果史密斯先生是一个单身汉，则他没有妻子”这个陈述也可以被任何一个以非正统的方式来解释某种词的人当作是综合的。例如，对于一个法学家来说，“妻子”一词可能有一个广泛的意义，它包括“事实婚姻女方”在内。如果一个法学家将“单身汉”解释为没有正式结婚的人而娶“妻”一词以广泛的意义，则非常清楚的，这个语句是综合的。人们必须调查史密斯先生的私生活来发现这个语句是真的还是假的。

分析性问题可以用由规定精确规则而构造出来的人工观察语言来讨论。这些规则无须指明在这种语言中的所有描述词的全部意义，但某些词之间的意义关系必须用我曾经称之为“意义假设”，而今我宁愿简称为“A－假设”（分析性假设）的规则来搞清楚。我们能够很容易想象到完全的说明书是怎样能够给出所有的语言描述词。例如我们能够用下列的指称规则指明“动物”“鸟”以及“红头啄木鸟”的意义：

（*D*1）“动物”这个词指称下列性质（1）…，（2）…，（3）…，（4）…，（5）…的联合（这里给出确切的性质的完整系列）。

（*D*2）“鸟”这个词指称下列性质（1）…，（2）…，（3）…，（4）…，（5）…的联合（如上面 *D*1 一样）加上附加性质（6）…，（7）…，（8）…，（9）…，（10）…（需要指明“鸟”的意义的所有性质）。

（*D*3）“红头啄木鸟”这个词指称下列性质（1）…，（2）…，（5）…，（同 *D*1 中的性质），加上（6）…，（7）…，…，（10）…（同 *D*2 中的性质），加上附加性质（11）…，（12）…，（13）…，（14）…，（15）…（所有这些性质需要指明“红头啄木鸟”的意义）。

如果所要求的性质都在用小点点指示的地方写出，则明显地，这些规则将会是极长的和麻烦的。如果在我们的人工语言中坚决要求完全指明所有描述词的意义，则像这样长的东西将会是必要的。幸而，搞成如此令人厌倦的长句是不必要的。A－假设能够被限制于只指明在语言描述词中成立的意义关系。例如，对于刚才讨论的三个词，只有两个 A－假设是需要的。

（*A*1）所有的鸟儿都是动物，

（*A*2）所有的红头啄木鸟都是鸟。

如果这三个 D－规则已经给出，则这两个 A－假设明显地可由此而推出。但是，由于 D－规则是如此地麻烦，当我们的目的只是指明语言的分析结构时，我们没有必要去表述它，只需给出 A－假设就行了。它们比较简单，并且它们为做出语言中分析的陈述和综合的陈述之间的区别提供充分的基础。

假定人工语言建立在英语的自然语言的基础上，但我们想给出 A－假设，使得在所有场合下，有可能决定在这语言中一个给定的语句是否分析的。在某些场合下，这 A－假设可以通过查阅一部普通的英语字典而得到。考虑“If a bottle is tossed out of a window, the bottle is defenestrated（如果一个瓶子从窗户扔出来，则这瓶子被丢到窗外去了）”这个语句，这是分析的还是综合的？从字典定义中导出的 A－假设，比如说“x is defenestrated if and only if x is tossed out of a window（x 已被丢出窗外，当且仅当 x 被扔到窗外）”，马上就明显，这语句是 A－真的。不必去扔一个瓶子使它穿过窗户便可以知道它是否被丢到窗外。这个语句的真理性是从依 A－假设指明的这语句的描述词的意义关系中导出的。

一部普通的字典对于引导我们处理某些语句可能足够了，但关于其他语句可能是很少帮助的。例如，考虑两个传统的模棱两可断言："所有的人都是理性的动物"和"所有的人都是无毛的二足动物"。这里的主要困难在于"人"是什么意思有极大的模棱两可性。在我们的人工语言中，由于我们的 A－假设系列用命令澄清问题，这里是没有困难的。如果我们意欲以这样的方式来解释"人"，即使"理性"与"动物性"成为这个词的本质含义成分，则"所有的人是理性的"和"所有的人是动物"都列入 A－假设中。在这些 A－假设的基础上，"所有的人是理性动物"的陈述是 A－真的。另一方面，如果关于"人"的 A－假设只涉及人的身体结构，则"所有的人是理性动物"的陈述是综合的。如果类似的 A－假设不能规定"无毛的"与"二足的"这些词，这表明，在我们的语言中，"无毛"与"二足"并不是被考虑成"人"的本质意义的成分。"所有的人都是无毛的二足动物"这个断言也变成综合的。在我们的语言中，一个独腿的人将会仍然称作人；一个满头长了毛的人将仍然称作人。

这里要明白的重要之点是，A－假设系列规定得越明确，在我们的语言中，分析语句与综合语句之间就越能做出精确的区别。只要规则是模糊的，所构造的语言就会包含对于它们的分析性是模糊的语句。这里存在的模糊（这一点是本质的）并不是由于对分析与综合的二分法理解不够清楚，而是由于理解这种语言的描述词的意义含糊。

必须牢记在心的是，A－假设并不告诉我们有关现实世界的什么东西，尽管表面看来是这样的。例如，考虑"比较温暖"一词，我们希望可以制定一个 A－假设，其大意是说这个词指谓的关系是非对称的："对于任意的 X 和任意的 Y，如果 X 比 Y 暖和，则 Y 不比 X 暖和"。如果某人说，他已发现两客体 A 与 B 有这样的性质，A 比 B 暖和以及 B 比 A 暖和，我们不会这样回答："多么惊人！多么奇怪的发现啊！"我们会回答："你和我必定是对于'比较暖和'一词有不同的理解。对于我，它意味着一个非对称的关系；因此，你发现的情况不能如你所描述的那样描述。"A－假设指明"比较暖”的关系的非对称特征，它只涉及在我们的语言中运用的这个词的意思。关于世界的性质它不能说出什么。

近些年来，能在分析陈述和综合陈述之间做出严格区别的观点受到了蒯因、莫顿·怀特以及其他人的猛烈攻击。[①] 我在这个问题上的观点由两篇重印于我的著作《意义与必然性》第二版（1956）的附录中的论文给出。第一篇论文《意义假设》，在回答蒯因时，我以一种形式的方式（正如这里我用非形式指示的）指出，对于用简单方便地将 A－假设加到语言规则中的方法构造得到的观察语言，怎样能够做出这种精确区别。我的第二篇论文《自然语言中的意义与同义》指出，不是对于人工语言，而是对于普通用的语言（例如日常的英语）来说，怎样做出这种区别。这里，区别必须建立在讲话习惯的经验研究的基础上。这包括了新问题，这些问题在那篇论文中讨论过，而这里将不加考虑。

到目前为止，分析性只是关系到观察语言（日常生活的观察语言，科学的观察语言以及科学哲学家构造的观察语言）来进行讨论。我深信，在这样的语言中从综合判断中区别出分析判断的问题原则上已经解决。进而，我相信，而且我确信，几乎所有工作着的科学家会同意，在科学的观察语言中这种区别是有用的。但无论如何，当我们寻求将这二分法运用于科学的理论语言的时候，我们遇到难以对付的困难。在第二十八章中，我们将研究某些这样的困难以及可能的解决方式。

---

① 蒯因的攻击见他的论文《经验论的两个教条》，载《哲学评论》，1951（60）：20—43页。重印版见《逻辑的观点看》，剑桥，哈佛大学版，1953；纽约 Harper Torchbooks，1963。也见他的论文《卡尔纳普与逻辑真理》，见保罗·阿瑟·希尔普编《鲁道尔夫·卡尔纳普的哲学》，第385—406页，La Salle，Ⅲ.，Open Court，1963，以及我的回答，见第915—922页。对于莫顿·怀特的谴责，见他的论文《分析与综合：一个防守不住的二元论》，见西德尼·胡克编《约翰·杜威》，纽约，Dial，1950。也见怀特《走向哲学上的再结合（第二编）》，剑桥，哈佛大学版，1956；纽约，雅典娜平装本，1963。回答蒯因的一系列重要论文见保罗·爱德华兹和阿瑟·帕普编《哲学的现代导论》，第89页，Glencoe，Ill.，自由出版社，1962。

第二十八章

理论语言中的分析

在说明我怎样会相信能将科学的理论语言中分析与综合之间的区别搞清楚之前，首要的事情是要弄明白，这里包含有极大的困难，并且这困难是从对 T－词（理论词项）不能给出完全的说明中产生的。在观察语言中，这个问题没有出现。正如我们在上一章中所说明的那样，我们假定，观察语言中的描述词之间的所有意义关系是由适当的 A－假设来表述的。但对于 T－词，情况却完全不同。对于像“电子”“质量”以及“电磁场”这样的词来说，没有完全的经验说明。的确，气泡室中的轨迹是可以被观察到的并可以被解释成电子经过气泡室的产物，但这种观察只提供了与之相联结的 T－词的部分的、间接的经验说明。

例如，我们试考察用于分子运动论中的“温度”这个理论词。例如，存在着 C－假设（对应规则）将这个词与温度计的构造和应用联结起来。当温度计放人某一液体中时，有一个刻度读数被观察到。C－假设以这样的方式将这个过程与 T－词“温度”联结起来：刻度读数提供了这个词的部分说明。这个说明之所以是部分的，那是因为这个关于“温度”的特殊说明，不能用于在这个理论中的所有出现这个词的语句。一个普通的温度计只工作于狭窄的温度度数的范围里。存在着这样的温度，它低于使任何温度计的检验液体都凝固的温度；也存在着这样的温度，它高于使检验液体汽化的温度。对于这些温度必须用完全不同的方法来测量。每一种这样的方法都通过 C－假设与理论概念“温度”相联系，但还不能说它穷尽了“温度”一词的经验意义。将来的新的观察将会产生新的 C－假设，这假设进一步补充到这个概念的经验说明中去。

亨普尔在他的专题论文《科学中概念形成的方法》（《统一科学百科全书》，1953）第七节中，写下了关于理论结构的令人难忘的图景，他说：

> 因而一个科学理论很像一张复杂的空间网络：它的词由结点来表现，而联结结点的线部分地对应着包含于理论中的定义，以及部分地对应着包含于理论中的基本的或导出的假说。整个系统漂浮于观察平面之上并通过说明规则抛锚固定于观察平面。说明规则可以看作是绳子，它不是网络的一部分，但它将理论的一定的部分联结于观察平面的特别位置之上。借助于这种说明联结，这个网络能够起到科学理论的作用：经由一种说明的绳子，我们可以从一定的观察资料中上升到理论网络的某一点，由此前进，经由定义与假说，到达另一点，在那里，另一条说明绳索使我们可以下降到观察平面。[①]

这里的问题是寻找一种方法，在谈及这个复杂网络的语言中，区分出分析的语句和综合的语句。识别出 L－真语句是容易的，它就是借助于它的逻辑形式而成为真的。“如果所有的电子都有磁矩，而 x 粒子没有磁矩，则 x 粒子不是电子”，这个语句明显的是 L－真的。为了判明它是真的，没有必要去了解任何有关描述词的意义的东西。但怎样区别分析语句（借助于它们的包括描述词在内的词语的意义而为真）和综合语句（不观察现实世界就不能决定其为

---

① 引自卡尔·G. 亨普尔《经验科学中概念形成的基本原理》，见《统一科学国际百科全书》，第 2 卷，第 7 期，第 23—38 页，芝加哥，芝加哥大学出版社，1952。

真）呢？

要认识理论语言中的分析陈述，必须要有 A－假设，它指明在理论词中成立的意义关系。如果一个陈述是 A－假设的逻辑推论，则这个陈述是分析的。它必须以不要求观察现实世界这种方式而为真；它必定是缺乏事实内容的。它必须是仅仅借助于它的词的意义而为真，正如观察陈述“没有一个单身汉是结婚的”借助于“单身汉”和“结婚”这样的词的意义而为真那样。这些意义可以通过观察语言的规则来搞准确。理论语言包含着没有完全说明的理论词；在理论语言中，怎样建立类似的 A－假说来识别分析陈述呢？

也许，最先的一种想法是，单是 T－假设就可以当作 A－假设。当然一种演绎理论可以通过将 T－假设与逻辑和数学相结合而建立起来，但其结果是一个抽象的演绎系统，其中理论词甚至还没有部分说明。欧几里得几何就是一个熟悉的实例。它是一个纯数学的没有说明的结构。要成为一个科学的理论，对它的描述词必须要有所说明，即使是部分说明也罢。这意味着，它的词必须给以经验的意义，当然这是由将它的原始词项与物理世界的诸方面联结在一起的对应规则来实现的。这样，欧几里得几何就转变为物理几何了。例如我们说，光线以“直线”行进。望远镜的十字准线交叉于一“点”，行星绕日按“椭圆”运动，等等。除非抽象的数学结构已被 C－假设做出了说明（至少是部分说明），否则区分分析语句和综合语句的语义学问题甚至还没有提出来。理论的 T－假设不能当作 A－假设来用，因为它不能给 T－词提供经验意义。

C－假设是否可以用作 A－假设呢？的确，C－假设不能单独取出。为了获得关于 T－词的最完整的可能说明（虽则仍是部分的说明），有必要取其整个理论，即 T－假设与 C－假设的联合。于是，假定我们以整个理论为前提。T－假设与 C－假设的联合能提供我们所要寻找的 A－假设吗？不！我们假定的东西太多。的确，我们获得了我们能够给以理论词的所有的经验意义，但我们也已获得了事实的信息。因此，T－假设与C－假设的联合，给我们的是综合陈述，正如我们已经看到的，这样的陈述不能提供A－假设。

有一个实例可以帮助我们搞清这个问题。假定我们说广义相对论的T－假设与C－假设可以提供能识别这个理论中的分析语句的A－假设。在某种T－假设与C－假设的基础上，加上逻辑与数学的帮助，我们演绎出来自恒星的光线会被太阳的引力场所弯曲。我们能够说这个结论是分析的，它的真理性仅仅依赖于我们已派给所有描述词的经验意义吗？不能！因为广义相对论提供有关这个世界的条件预言，它可以用经验检验来确证或拒绝。

例如，试考察这样一个陈述："两张摄影底片拍摄了同样的恒星图。第一张是在日全食的时候拍的，那时被覆盖了的太阳圆盘落在恒星图里。第二张是当太阳没有接近恒星时拍摄的。"这个陈述我们称之为陈述*A*。陈述*B*是："在第一张底片里，极靠近被挡住的太阳边缘的恒星的像比之在第二张底片上显示出来的位置有微小的移动，并且移动的方位离太阳而去。"条件断语"如果*A*，则*B*"是一个这样的陈述，它可以从广义相对论中推出，但它也是一个能够用观察来检验的陈述。的确，如我们在第十六章中所说明的那样，1919年芬德利·弗罗因德利奇对这个断语做了一个历史性的检验。他知道*A*是真的；在他小心地测量了两张底片的光点之后，他发现*B*也是真的。假如他发现*B*是假的，条件陈述"若*A*，则*B*"，也将会是假的了。进而这将推翻借以导出"若*A*，则*B*"的相对论。因此，在星光被引力场弯曲的理论断言中，存在着事实的内容。

对同样的观点进行比较形式的论述，则在相对论的T－假设与C－假设已确定之后，在观察语言中给定前提集*A*的基础上，有可能导出另一个语句集*B*（也是在观察语言中给定的），如果没有完整的理论*TC*，则*B*不能被导出。因而，"如果*A*，则*B*"这个陈述是*T*与*C*的联合的逻辑推论。如果*T*与*C*被当作*A*－假设，则必然要将陈述“如果 A，则 B”看作是分析的。但，它明显不是分析的。在观察语言中，它是一个综合陈述。如果现实世界的观察表明 A 真而 B 假，则这个陈述是假的。

蒯因以及其他科学哲学家曾争论说，这里的困难是如此之大，以至于在它所企求的意义上，分析与综合的二分法是不能运用于科学的理论语言中的。近来，亨普尔极清晰地引进这个观点。[①] 对于观察语言，亨普尔也许踌躇地接受这个二分法。但它对于理论语言有用吗？他提出了强烈的蒯因式的怀疑。他坚持主张，T－假设与C－假设的双重作用，使得分析真这个概念对于理论语言来说是完全难以捉摸的。他认为，难以想象存在一种方法能将 T－假设与C－假设劈开两种作用，以至于我们能够说，其中一个部分提供意义，因而依靠于这个部分的语句如果为真，则只由于意义而为真，而另一些语句则是事实语句。

有一个解决，或者宁可说是避开这些与理论词相联系的疑难问题的极端方法是由拉姆西提出来的。正如我们在第二十六章中所看到的，在拉姆西语句 ^{R}TC（在其中只出现观察词与逻辑词）中，有可能陈述出一个理论的完全的观察内容。可以说，理论词被“量化掉了”。由于没有理论词，就没有理论语言了。为理论语言定义分析性这个问题消失了。但无论如何，这是太激进的一步。正如我们早先已经指出的，放弃科学中的理论词会导致极大的复杂性和极不方便。理论词极大地简化表述规律的任务，仅仅由于这个理由，它就不能从科学语言中排除出去。

我相信，有一个运用拉姆西语句但又不会迫使我们采用拉姆西的最终的极端步骤来解决这个问题的方法。通过做出一定的区别，我们在理论语言中所期望的分析真与综合真的两分法是能够获得

---

① 参见亨普尔的两篇论文《理论家的二难推理》，见赫伯特·菲格尔、迈克尔·斯克里文、格罗弗·麦克斯韦编《明尼苏达科学哲学研究》，第 2 卷，明尼阿波利斯以及明尼苏达，明尼苏达大学出版社，1956；《卡尔纳普的科学哲学工作的意义》，见保罗·阿瑟·希尔普编《鲁道尔夫·卡尔纳普的哲学》，La Saele, Ill.，Open Court，1963。

的，而同时所有的理论词和理论语句都能保持下来。

迄今我们将一个理论视作由两种“语句”组成：T 语句，它是所有 T－假设的合取；以及 C 语句，它是所有 C－假设的合取。理论 TC 是这两种语句的合取。

我将假定另外一种方式，其中理论 TC 可被劈为两种语句，其合取等价于这个理论。它将被分成语句 A_T 和语句 F_T。语句 A_T 对于这个理论的所有理论词来说，它意欲作 A－假设之用。当然，它必须完全避免事实内容。语句 F_T 意欲成为这样的语句，它表达这个理论的全部观察内容或事实内容。正如我们已经指出的，拉姆西语句自身（即 ^{R}TC）正是这个东西。它在扩展到包括所有数学在内的观察语言中，表达理论所讲述的有关现实世界的一切东西。它不提供理论词的说明，因为没有这样的词语出现在这种语句中。因而，拉姆西语句，即 ^{R}TC，被用作事实假设 F_T。

两种语句 F_T 与 A_T 结合在一起，能够逻辑地蕴涵整个理论 TC。满足这个要求的语句 A_T 又怎样表述呢？对于任何两个语句 S_1 与 S_2，能与 S_1 结合在一起，并逻辑地蕴涵 S_2 的最弱的语句是条件断语“如果 S_1，则 S_2”。在符号形式里，它由大家熟知的实质蕴涵符号“$S_1 \supset S_2$”来表达。因而对于一种理论 TC，表述 A－假设 A_T 的最简单的方式乃是：

$$(A_T) \qquad {}^{R}TC \supset TC$$

容易证明，这个语句事实上是空的。关于这个世界，它并不告诉我们什么。所有的事实内容都在语句 F_T 中，它就是拉姆西语句 ^{R}TC。语句 A_T 单单是断言，如果拉姆西语句是真的，则我们必须以这种方式来理解这些理论词，即整个理论是真的。这是一个纯粹分析的语句，因为它的语义真建立在理论词的意义的基础上。这个断言与拉姆西语句本身相结合，将会 L－蕴涵整个理论。

让我们看看在理论语言中，这个稀奇古怪的 A－假设 $^{R}TC \supset TC$

怎样提供出一种方法来区别分析陈述与综合陈述。拉姆西语句^{R}TC是综合的，它的真理只有通过对世界的现实的观察才能确立。但为A－假设所L－蕴涵的任何陈述都是分析的。

这里，和观察语言中的分析语句一样，存在一种放宽了的意义，在这个意义上，A－假设的确说出了有关世界的某种东西。但在严格的意义上说，它并没有说。A－假设陈述“如果”存在某些实体（借助于拉姆西语句的存在量词来指明的），它们是由在理论的理论假设中表达的所有关系联合在一起的，并且是由所有用理论的对应规则指明的关系而联系到观察实体中去的，则这个理论自身是真的。A－假设看来述说了某种有关这个世界的东西，但它实际上并不如此。它并不告诉我们，这个理论是否真的，它并不述说这个世界是以什么方式存在，它只述说如果这个世界是这个方式的，则理论词必须理解为满足这个理论。

在第二十六章中，我们考虑了一个有六个理论概念（两个类的概念和四个关系的概念）的理论。这个理论TC及其拉姆西语句^{R}TC的图式表述（带有用圆点作简化表示的上下文）已经给出。用这个被考察的实例，这个理论的A－假设可以表述如下：

$$(A_T)\quad (\exists C_1)(\exists C_2)(\exists R_1)(\exists R_2)(\exists R_3)(\exists R_4)[\cdots C_1\cdots C_2\cdots R_1\cdots R_2\cdots R_3\cdots R_4\cdots;\ \cdots R_1\cdots O_1\cdots O_2\cdots O_3\cdots R_2\cdots O_4\cdots O_m\cdots]\supset[\cdots \mathrm{Mol}\cdots \mathrm{Hymol}\cdots \mathrm{Temp}\cdots \mathrm{Press}\cdots \mathrm{Mass}\cdots \mathrm{Vel}\cdots;\ \cdots \mathrm{Temp}\cdots O_1\cdots O_2\cdots O_3\cdots \mathrm{Press}\cdots O_4\cdots O_m\cdots]$$

这就是说，如果世界是这样的，它至少有六个实体（两个类以及四种关系）——这六个实体正如该理论所指明的那样，它们自身之间相关并与观察实体O_1，O_2，…，O_m相关——则理论实体Mol（分子）、Hymol（氢）、Temp（温度）、Press（压力）、Mass（质量）以及 Vel（体积）形成一个满足这个理论的六素组。重要的事情是要明白，不存在一个事实的陈述断定在所述的条件下，六个所指定的实体事实上满足这个理论。这六个理论词并不给六个特定的实体命名。在做出 A－假设 A_T 之前，这些词并没有被说明，即使部分的说明也没有。在理论的这种形式中，它们得到的唯一的说明乃是它们通过这个 A－假设而获得的部分说明。因此，这个假设实际上是说，如果有一个或更多的实体六素组满足这个理论，则这六个理论词被说明为指称形成这类六素组的六个实体。事实上，如果存在着这类六素组，则这个假设通过限定为指称这六个实体所容许的六素组的方法来给理论词以部分说明。另一方面，如果没有这类六素组——换言之，如果拉姆西语句恰好错了——则不管它的说明如何，这假设仍是真的（因为，如“A”为假，则“$A \supset B$ 为真”）。因此，它甚至不能给这些理论词以部分解释。

一旦所有这些被完全地理解，则如同在观察语言中取出 A－假设一样，以同样的方式取条件陈述 $^{R}TC \supset TC$ 作为理论 TC 的 A－假设便没有阻碍了。如同观察语言中的 A－假设告诉我们有关“较温暖”一词的某种意义一样，理论语言的 A－假设给出有关诸如“电子”与“电磁场”那样的理论词的意义的某种信息。这些信息，转而使我们能够找出某种理论语句是分析的，即由 A－假设 A_T 导出的。

现在有可能精确地说明在整个科学语言中 A－真是什么意思。如果一语句被观察语言中的 A－假设以及任意给定的理论语言中的 A－假设的合取所 L－蕴涵，则该语句是 A－真的。如果既非 A－真也非 A－假，则它是综合的。

我用“P－真”（依假设而为真）来说明语句所具有的一类真理，当且仅当这些语句为 F－假设（拉姆西语句）与观察的 A－假设以及理论的 A－假设所 L－蕴涵。换言之，P－真建立在 F_T，A_O 以及 A_T 三种假设的基础上。但由于 F_T 与 A_T 结合起来等价于理论的原始形式 TC，这正好可以很好地将所有假设加在一起表示为 TC

与 A_O。

在我们已经定义了的各类真理以及相应的各类虚假的基础上，我们便得到了科学语言的语句的一般分类。这个分类可以示于图28—1中。这个分类横跨过先前的语言划分，先前的划分是分为逻辑语句、观察语句、理论语句和混合语句几种，它们建立在出现在语句中的不同种类的语词的基础上。正如读者将会注意到的，传统的“综合”一词列入“A－不确定”一类；这看来是自然的，因为“A－真”一词被用于这样的概念，它定义为习惯词“分析”（或“分析真”）的一种解释。另一方面，“P－不确定”一词运用于一个比较狭窄的类，即运用于那些A－不确定（或综合的）语句，其真或假甚至不由理论 *TC* 的假设所确定，例如，物理学的基本规律或其他科学领域的基本规律就是如此。这里“偶然”一词是自身的另一种说法。

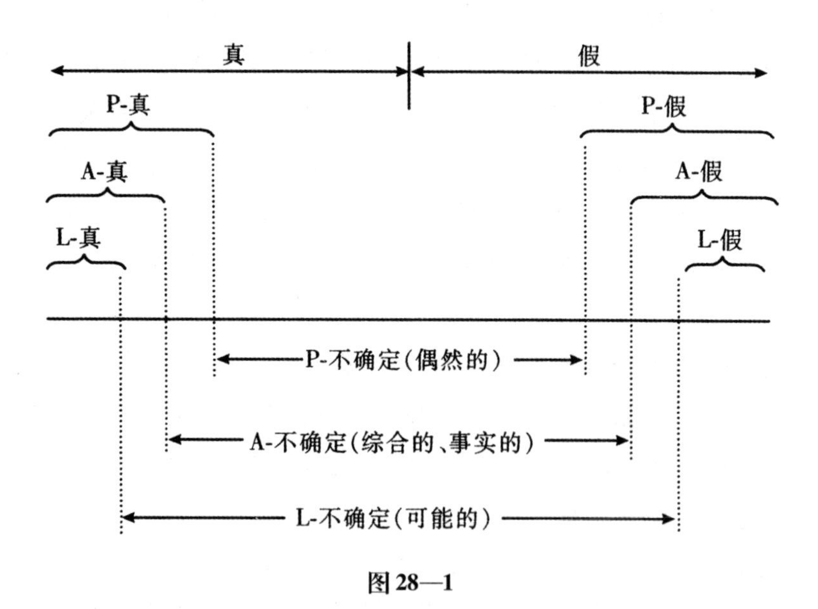

图28—1

我不希望将这个分类纲领变成教条主义的，特别是，我不希望将依据于上面所提出的A－假设的A－真的定义看作是教条主义的。宁可说我提出这个分类纲领是要为理论语言定义分析性而提供一个试探性的解决方案。最初，虽则我不具有蒯因和亨普尔那种悲观主义，但我总是承认这是一个严重的问题，而且我不能看到一个满意的解答。不久，我觉得我们也许必须听任自己去把包含着理论词而没有观察词的语句，只在范围最狭窄的和接近于平常意义的条件下（即它是L－真的），当作分析语句。例如“一个粒子或者是电子或者不是电子”。最后，经过多年的探索，我发现了这个新的处理方法以及新的A－假设。[①] 在这项研究中，还没有发现有什么困难。我现在确信，肯定有一个解答；如果出现困难，也一定能够克服它们。

---

① 这项研究的一个比较形式化表达可以参见我于1958年发表的论文，以及我回答亨普尔的论文，见希尔普编辑的论文集，第958—966页（见本书的文献目录）。

第六篇　超越决定论

第二十九章

统计规律

科学哲学家过去十分关心这样的问题："因果性的本质究竟是什么?"在前面的章节，我力图弄清楚这为什么不是表述问题的最好方式。世界上无论存在哪一类因果性，它都可以由科学规律来表达。如果我们想要研究因果性，则我们可以通过检查那些规律，通过研究规律的表达方式以及它们怎样被实验所确证或否证来进行。

检查科学规律时，人们发现把经验规律（它们谈及可观察现象）与理论规律（它们涉及不可观察物）区分开来是方便的。我们知道，尽管可观察与不可观察之间没有泾渭分明的界限，因而经验规律和理论规律不能截然分开，但对它们做区分仍是有用的。另一个重要的并且有用的区分就是决定论规律和统计规律之间的区分，它同时与经验规律和理论规律二者有关。这种区分前面已经讲到，但在这一章我们将更详细地讨论它。

决定论规律是这样一种规律，它叙述在某些条件下，某些事物将就是如此。如前表明，这类规律可以用定性的术语或定量的术语来陈述。"铁棒受热则其长度伸长"是一个定性的断言，而"铁棒加热到某一温度，其长度就伸展一定的量"则是一个定量的断言。定量的决定论规律总是这么陈述：如果某些量有某些值，则另一个量（或在另一时刻上述各量之一）将取一定的值。简言之，这种规律表达着两个或两个以上的量值之间的函数关系。

然而，统计规律只陈述一个量在各个个别场合中取值的概率分布，只给出数目众多的一类实例中一个量的平均值。例如，某一统计规律陈述说，如果一个立方形的骰子投掷60次，则期望某一面大约有10次可能出现向上的结果。这规律不预言任意一次投掷会出现什么情况，也不说60次投掷肯定出现什么情况。它只是断言，如果投掷的次数非常多，则可以期望每一面出现的频率与其他任何一面相同。因为有6个等可能的面，所以任意一面出现的概率是1/6。这里是在统计意义上使用概率的，意指长系列中的相对频率，而不是指逻辑概率或归纳概率（后者我称之为确证度）。

统计规律在19世纪已被普遍使用，但没有一个物理学家因此设想这样的规律表明在自然界的基本规律中决定论的缺失。那时的物理学家假定，统计规律是由于方便的缘故，或者由于没有足够的知识适合以决定论的方式描述事态而做出的。

政府在人口普查之后公布的陈述，就是由于方便而不是由于无知的缘故而用统计形式表达的熟悉例子。在人口普查期间，政府力图从每一个人那里获得关于年龄、性别、种族、出生地、受养人数、健康状况等的记录。经过仔细地计算所有这些事实，政府能够发布有价值的统计信息（以往的人口普查是用人工计算的。从一次普查到下一次普查的时间间隔通常要10年，甚至在新的普查开始时，旧的计算任务仍未完成。今天，数据记录在打孔的卡片上，而且计算机快速地进行计算工作）。这些数据显示着一定百分比的人年龄超过60岁，一定百分比的人是医生，一定百分比的人患结核病，等等。为了把无数的事实化归为易处理的形式，此类统计陈述是必要的。这并不意味着个别的事实是不可采用的，它只意味着作为个别事实来表达会是极为不方便的。不必做出数百万个单个陈述，诸如“……还有史密斯夫人，旧金山居民，出生于华盛顿州的西雅图，现年75岁，有4个儿女与10个孙子女”，这些信息可以压缩为简短的统计陈述。这样做正是为了方便，尽管所有的基本事实都已记录。

单个事实有时是不宜采用的，但有可能获得它们。例如，我们不是在人口众多的总体里对每一个人都进行普查，只是研究一个有代表性的样本。如果样本表明一定百分比的人拥有自己的住宅，则可以做出结论说，总体中大致也有同样百分比的人拥有住宅。当然有可能一一核对每一个人的情况，但是，与其从事这样一项工作，不如核对一个样本，前者比之于后者耗费更多的时间与金钱。如果样本是如此精心被选择的，使得我们有很好的理由认为它具有代表性，就有可能获得好的一般估值。

甚至在物理科学和生物科学中，做出统计陈述常常也有方便之处，尽管个别事实已知或者不难获得。一个植物栽培者可以发现，大致有一千株开红花的植物经受某些条件后，其下一代所开的花大约有 75% 是白色的而不是红色的。这位植物学家可能知道红花与白花的确切数目，或者，假如他不知道，他可以进行精确的计数而有可能获得这些数目。但是，如果没有必要知道如此精确的数目，则他可能发现，用一个粗略的百分比来表示这些结果更方便。

获取关于个别事例的精确信息有时极为困难，甚至是不可能的，尽管容易知道这些信息如何能够获得。譬如，假如我们能够测量包含于骰子下落中的全部有关量——它离开手时的精确位置，给予它的精确速度，它的重量与弹性，它在其上弹起的地面的性质，等等——就可以准确地预言骰子将怎样停止下来。由于力学目前并不适合做这样的测量，故我们必须满足于表达长程频率的统计规律。

19 世纪，气体分子运动论导致在这个称为统计力学的领域出现了许多概率性规律的公式。比如说，如果一定量的氧气始终保持一定的压力与温度，其分子速度就会有一定的分布。这就是麦克斯韦－玻耳兹曼分布律。该定律论述道，对于三个速度分量的每一个，概率分布是所谓的正态分布函数（或高斯分布函数），由熟知的钟形曲线表示。它是关于这样一种情况的统计规律，其中有关每一单个分子的事实在技术上不可能获得。这里的无知状况（而且这点是重要的）比前面例子中所包含的无知更严重。在骰子的事例中，毕竟还可以想象能够制造出一些仪器用来分析全部有关事实。把这些事实输入电子计算机，在骰子停止滚动之前，计算机就会显示出："将出现六点"。至于气体分子，为了验明麦克斯韦－玻耳兹曼分布律是否成立，已有的技术却不能用来测量每一单个分子的速度与运动方向，进而分析数以亿计的结果。物理学家只是将该规律当作微观规律来处理，使它表达于气体理论，由检验各个从该规律导出的结果而被确证。在19世纪，这样的统计规律常见于那些不能获得个体事实的领域。今天，此类规律被人们运用于科学的各个分支，特别是运用于生物科学和社会科学。

19世纪的物理学家完全知道气体的概率性规律或关于人类行为的规律隐含着一种无知，它与包含于抛掷骰子场合里的无知相比，有过之而无不及。不过，他们深信这样的信息原则上并非不可能获取。的确，已有的技术手段还不能测量个别的分子，但这只是可采用工具的力量受到了不幸的限制。物理学家在显微镜下可以看到悬浮于液体中的微小颗粒做不规则运动，这是由于不可见分子碰撞它们引起的纷乱的无定向运动。借助于更好的仪器，可以观察越来越小的粒子。也许将来人们可以制造仪器去测量单个分子的位置和速度。

当然，这会受到光学上的严格限制。19世纪的物理学家也知道，若粒子的尺寸不大于可见光的波长，无论设想哪一种光学显微镜都不可能用之于观看这样的微粒。但这并不排除用其他类型的仪器能够测量比光线波长更小的微粒的可能性。的确，今天的电子显微镜使人们能够"看到"低于光学显微镜的理论限度的物体。19世纪的科学家相信，原则上不存在着对越来越小的客体进行精确观察的限度。

他们同样认识到，观察不是完全精确的，始终存在着一种不确定的成分。一切科学规律在这个意义上都是统计的规律，不过这种意义无足轻重而已。重要的一点是，我们总是能够提高观察的精确性。如同19世纪物理学家所说的，我们今天可以测量某物的量值精确至小数第二位。明天则有可能获得三位小数的精确性，在今后的数十年，我们也许达到小数第二十位，甚至第一百位的精确性。对于在任何一类测量中能够获得的精确性，似乎没有限度。19 世纪的物理学家以及许多哲学家理所当然地认为，在所有不可避免地具有测量误差的宏观规律的背后，就是精确的、决定论的微观规律。当然，实际的分子不能观看到，但可以肯定，如果两个分子碰撞，由此造成的分子运动则完全被碰撞的初始条件决定。只要这些条件全部被人们所知，就有可能精确地预言碰撞的分子以怎样的方式行为。这样的事情如何可能？分子的行为必定依赖于某物，它不能是任意的和偶然的。物理学的基本规律因此必定是决定论的规律。

19 世纪的物理学家也承认，基本规律是理想化的产物，由于诸多外部因素的影响，能够直接例证纯粹形式的理想化规律的情况是罕见的。他们通过区分基本规律与“受限制”的规律（它们由基本规律导出）表达了这一点。受限制规律不过是用限定从句来表述的规律，如下面一例：只在“正常环境条件”下，不是这一事件发生，就是那一事件发生。试考察“一铁棒由冰点温度加热到沸水温度，则其长度增加”。如果铁棒被一台两端施加强压力的虎钳所钳住，该陈述则是不正确的。只要所施加的压力足够强，就可以抑制铁棒膨胀。因此，该定律被限制于这样的意义上：只在正常的环境条件下，即当没有其他力作用于铁棒以至干扰实验时，才认为它成立。

在所有受限制规律的背后是做出非条件断言的基本规律。“两物体以万有引力相互吸引，其引力正比于它们的质量，反比于它们之间的距离平方。”这是一个非条件陈述。当然可能存在其他力（如磁吸引力）改变两物体二者之一的运动，但不会改变它们之间的万有引力的大小和方向。这一基本规律的陈述不需要附加上限定从句。另一例是麦克斯韦电磁场方程。我们把它们看作是无条件、绝对精确成立的。牛顿物理学所描述的宏伟图景是这样一个世界图景，其中所有事件原则上可以由完全没有不确定性的基本规律来解释。正如前面有一章所说的，拉普拉斯对这种观点做了经典性的阐述，他设想，假如某人知道一切基本规律以及关于世界在其历史上某一时刻的一切事实，此人就能够计算出世界上过去与未来的所有事件。

我们在下一章并且是最后一章中将会看到，由于量子物理学的兴起，这个乌托邦图景被粉碎了。

第三十章

量子物理学中的非决定论

量子力学的基本特征是非决定论的，依赖于不确定性原理（有时称之为测不准原理或测不准关系式）。沃纳·海森堡于 1927 年首次提出这个原理。大概地说，它指出，对于某些所谓“共轭量”的量对，原则上不可能在同一时刻高度精确地测量二者。

这样一对量的例子是：

（1）一定粒子在给定时间的位置的 x 坐标（q_x）（相对于给定的坐标系）。

（2）同一粒子在同一时间的动量的 x 分量（p_x）（这个分量是粒子质量与粒子速度的 x 分量的乘积）。

同样的情况对于量对 q_y 与 p_y 以及量对 q_z 与 p_z 亦成立。

假设测量两个共轭量 p 和 q，并且发现 p 处于某一长度间距 Δq 内，q 处于某一长度间距 Δq 内。海森堡的测不准原理断言说，如果我们想要精确地测量 p，即，使 Δq 非常小，则不能在同一时刻精确地测量 q，即，使 Δq 非常小。更明确地说，我们不能使 Δp 与 Δq 的乘积小于某个值——用普朗克的量子常数 h 表示的值。如果共轭量是动量和位置的分量，测不准原理就指出，原则上不可能以高度的精确性同时测量二者。要是我们精确地知道粒子所在的位置，其动量分量就变成不准量；如果我们精确地知道粒子动量的大小，就不能准确地确定它的位置。当然，在现实的实践中，测量的不精确度通常比由测不准原理给出的最小值要大得多。重要的一点，意味深长的一点，就是这种不精确性属于量子论的基本规律的一部分。测不准原理所指出的这个限度，不应该归咎于测量仪器的不完善，因而认为它可以通过测量技术的改进而减小。只要量子论的定律维持它们现有的形式，测不准原理就是一条必定成立的基本规律。

这并不意味着人们所接受的物理学定律不能改变，也不意味着海森堡的测不准原理永远不会被抛弃。不过我认为可以合理地断定，今日物理学的基本结构会由于消除非决定论的特征而发生革命性的变革。今天的一些物理学家（如爱因斯坦）坚信现代量子力学的这种特征是不可靠的，有一天会被人们所抛弃。这是一种可能性，同时又是根本性的一步。但目前还没有人能够设想如何把测不准原理除掉。

量子论和经典物理学之间一个有关的并且同等重要的差别就在于物理系统的瞬时状态的概念。作为例子，试考虑一个由若干粒子组成的物理系统。在经典物理学中，该系统在时刻 t_1 的状态通过给以每个粒子下列各量（有时称为“状态变量”，我将称之为“状态量”）的数值而得到完备的描述：

（a）在时刻 t_1 的三个位置坐标。
（b）在时刻 t_1 的三个动量分量。

假定这个系统在从 t_1 到 t_2 的期间保持孤立，也就是说，在此段时间间隔里它不受外部干扰的影响。于是，根据系统在时刻 t_1 的给定状态，经典力学的规律唯一地决定它在时刻 t_2 的状态（所有状态量的值）。

量子力学的图景却完全不同（在这里我们将忽略两个图景在不可分的终极粒子问题上的差别。现代物理学不再把不可分的终极特性归于原子而归于更小的粒子，诸如电子和质子。虽然这种差别标志着近来物理学发展所迈出的伟大的一步，但对于我们现在讨论用于规定系统状态的形式方法是不必考虑的)。在量子力学中，给定系统在给定时间的状态量集合被称为“完备集”，如果下列条件满足：第一，原则上可以同时测量这个集合的所有量；第二，对于任意一个其他可以与这个集合的所有量一起测量的状态量，其值为该集合诸量的值所确定。因此，在我们的粒子组的例子中，完备集可以由下列的量组成：某些粒子的坐标 q_x，q_y，q_z；另一些粒子的动量分量 p_x，p_y，p_z；另一些粒子的 p_x，q_y，p_z 或 q_x，q_y，p_z；以及其他粒子用 q 分量和 p 分量适当表示的其他各个三量组。按照量子力学的原理，系统在给定时间的状态通过指定诸状态量的任一完备集的取值来完备描述。显然，从经典观点来看，这样的描述则是不完备的，因为如果该集合包含 q_x，则集合中的其他值既不能给出又不能确定 p_x。但是对状态描述的这种限制符合测不准原理：如果 q_x 已知，p_x 原则上就不可知。容易看出，对于给定系统，状态量的完备集的各种可能选择的数目是巨大的（实际上是无限的)。在诸多的完备集中，我们可以自由地选择任意一个完备集的量来进行测量。在测定了所选集合的量的精确值之后，就可以说我们已经知道了一个规定这些值的状态描述。

在量子力学中，系统的任何状态可以由称作“波函数”的一类特殊函数来表示。这类函数把数值指派给空间的各点。（一般说来，这不是我们所熟悉的三维空间，而是抽象的高维空间。）如果我们给出状态量的一个完备集在时刻 t_1 上的值，就唯一地确定了系统在时刻 t_1 的波函数。虽然这些波函数的每一个，都基于一个从经典物理学的观点看来是不完备的状态量集合，但它们在量子力学中却起着类似于经典力学中的状态描述的作用。在如前所述的孤立条件下，有可能根据给定的时刻 t_1 的波函数确定时刻 t_2 的波函数，借助于著名的“薛定谔微分方程”——由伟大的奥地利物理学家爱德温·薛定谔首次提出而得名——便可以做到这点。这方程具有决定论规律的数学形式，可以导出 t_2 上完备的波函数。所以，只要我们将波函数当作瞬时状态的完备描写来接受，就会导致说，至少在理论层次上，决定论在量子力学中得到维护。

这样一种说法，尽管为一些物理学家所主张，但是依我看来却是使人误解的，因为它可以引诱读者忽视如下的事实：当我们问，通过演算得到的未来时点 t_2 的波函数，就状态量在 t_2 上的值而言，告诉我们什么东西呢，答案是，假如我们打算在时刻 t_2 测量一个特殊的状态量（例如，第 5 个粒子的位置的 y 坐标），则波函数并不预言我们的测量将会发现的数值，它只是为这个量的可能取值提供一个几率分布。一般地说，波函数将指派为正数的几率给几个可能的值（或者给可能值的几个子区间）。仅仅在某些特殊的场合，其中一个值才在理论上达到几率为 1 的情况（肯定性），因而允许我们说此值已经确定地被预言。要注意，t_2 的波函数为考虑中的物理系统的每一个状态量的值提供一种几率分布。在我们前面的例子中，这意味着它为在（a）和（b）中提到的一切量提供几率分布。由于量子论不为测量结果提供确定的预言，它根本上是非决定论的。量子论仅仅提供几率预言。

因为 t_2 的波函数给予相对于单个粒子的基本状态量以几率分布，所以同样可以推导出用基本状态量定义的其他状态量的几率分布。相对于物理系统全部粒子的集合或者它的子集合，这些由基本状态量确定的状态量是统计量。许多这些统计量对应于宏观可观察的性质，例如，对应于小而可见的物体的温度，或对应于物体重心的位置和速度。如果物体由数以亿计的粒子组成，例如绕地球运行的人造卫星，它的位置、速度、温度以及其他可测量的量就能够以极大的精确度计算出来。在这类情况中，统计量的几率密度曲线具有形如极为狭窄的、陡峭的峰状。因此我们可以指明一个小区间，它实际上包括整个峰在内。结果是，状态量的值位于该区间内这一事件的几率极其接近 1。它如此接近于为 1 的几率，以至于对所有实际的目的来说，我们可以忽略预言的几率特征而把它当作好像是完全确定的预言。但是从量子论的立场看来，人造卫星是由数十亿粒子组成的体系，对于每一个粒子，在预言中都有不可避免的模糊性。量子规律所表达的不确定性对于卫星也成立，但由于统计规律覆盖着巨大数目的粒子，以至不确定性几乎减小为无。

另一方面，存在着性质完全不同的情形，其中事件的发生在最强的意义上是直接可观察的，但又依赖于极其少数粒子的行为，有时甚至依赖于一个粒子的行为。在这类场合里，关于粒子行为的显著不确定性同样对宏观事件成立。这常常发生在放射性的微观事件“触发”宏观事件的情形里，例如，β 衰变中放出的电子在盖革计数器中引起可以清晰地听到的咔嗒声。即使我们做出理想化的假定，对于构成物体 B 的少数放射性原子中的亚原子粒子，设想我们知道它们的基本状态量的完备集在时间 t_1 的值，我们也只能够导出下列事件发生的几率：在 t_1 之后的第一秒内，没有粒子放出；一个粒子放出；两个粒子放出；等等。如果过程是这样的，在那一秒间隔内没有粒子放出的几率接近于 1，我们也不能以粗略的近似预言第一个粒子放出并引起盖革计数器的咔嗒声的时间。我们只能够确定几率以及有关的值，例如，第一次咔嗒声出现时间的期望值。

考虑到这种情况，我们说 19 世纪的决定论在现代物理学中已经被人们抛弃。我相信大多数物理学家在今天会喜欢这样的说法，量子力学已经根本上改变了经典的牛顿力学图景。

当一些哲学家（诸如欧内斯特・内格尔）和一些物理学家（如亨利・马杰诺）说道，决定论仍然存在于有关系统状态的规律之中，只是“系统状态”的定义已经改变，我不会反对他们的观点。他们所说的确实是这样。但是，根据我的看法，“只是”一词可能使人误解。它给人们一种印象，以为这种改变不过是对如下问题的不同回答：什么是描述系统状态的量？实际上，这种改变更根本得多。经典物理学家坚信，随着研究的进步，规律会成为越来越精确的，而且在预言可观察事件时，可以获得的精确性是没有限度的。相反，量子论确立一个不可逾越的限度。由于这个缘故，我认为，如果我们说现代物理学中的因果性结构（即规律结构）根本上不同于从牛顿时代到 19 世纪末的结构，使人误解的风险就会很小。

经典意义的决定论已被人们抛弃了。

容易理解这种全新的物理规律图景为什么最初对于物理学家在心理上接受它是困难的。[①] 普朗克本性是一位保守的思想家，当他首次认识到辐射的发射和吸收不是连续过程而是以不可分单元进行的过程时，他自己为之而感到苦恼。这种分立性与整个传统物理学的精神完全相反，以至于许多物理学家，包括普朗克在内，都极难调整到新的思维方式上。

海森堡测不准原理的革命本性，促使一些哲学家和物理学家建议在物理学的语言中做出某些基本的改变。物理学家自己很少谈论他们所使用的语言，这种谈论通常只是来自少数对物理学的逻辑基础也感兴趣的物理学家，或者来自那些研究物理学的逻辑学家。这些人自问："物理语言应该修改从而使之与测不准关系相协调吗？如果应该，又怎样修改？"

对于这种修正的最极端的提议，就是主张改变运用于物理学中的逻辑形式。菲利普·弗兰克和莫里兹·石里克（石里克当时是维也纳的哲学家，弗兰克是布拉格的物理学家）一起最初表达了这种观点，即在某些条件下，两个有意义的物理学陈述的合取可以看作是无意义的。例如，两个关于同一系统在同一时刻的共轭量的值的预言。令陈述 A 预言粒子在某一时点上精确位置的坐标，陈述 B 给出同一粒子在同一时点上的三个动量分量。由海森堡的测不准原理可知，我们只有两种选择：

1. 我们可以做一个实验，由实验我们得知高度精确——尽管不是完全精确——的粒子位置（当然，这里假定我们拥有性能足够好的仪器）。在这个场合，我们对粒子动量的确定将是高度不精确的。

① 关于这一点，我想向读者推荐沃纳·海森堡写的一本小册子，书名为《物理学和哲学：现代科学中的革命》（纽约：Harper，1958）。它清楚地介绍了量子论的历史发展——从普朗克迈出踌躇的一步开始，到爱因斯坦、海森堡以及其他人的贡献。F. S. C. 诺思罗普在他为该书所写的英文本序言中正确地指出，海森堡讨论他自己在量子论发展史上的作用时相当谦虚。

2. 我们改做另一个实验，由实验我们测量到非常精确的粒子的动量分量。在这个场合，我们必须满足于对粒子位置的非常不精确的确定。

总之，我们可以检验 A，或者检验 B，但是不能检验合取“A 并且 B”。马丁·斯特劳斯（弗兰克的学生）就这个问题以及有关的问题写了他的博士论文。后来，他在哥本哈根与尼尔斯·玻尔一道工作。斯特劳斯认为，A 和 B 的合取应该当作是无意义的，因为它是不可确证的。倘若有需要，我们能够以任意的精确度证实 A；对于 B 也是如此。对于“A 并且 B”，我们就不能这样做了。因此这个合取不应当看作是一个有意义的陈述。由于这个理由，斯特劳斯主张物理语言的形成规则（即规定可采用的语句形式的规则）应该修改。在我看来，这样一种根本性的改变是不可取的。

另一个类似的建议是由数学家加勒特·伯克霍夫和约翰·冯·纽曼提出的。[①] 他们建议更改转换规则（即从一个语句或语句集导出另一个语句的规则），而不是更改形成规则，并且建议物理学家放弃命题逻辑中的一个分配律。

第三种建议由汉斯·赖辛巴赫提出，他提议用三值逻辑取代传统的二值逻辑。[②] 在这种逻辑中，每一个陈述具有下列三个可能值中的一个：T（真），F（假），I（不确定）。经典的排三律（一个陈述必定是要么真，要么假，不可能有第三种可能性），现在由排四律所代替。每一个陈述必定为真、假、不确定三者之一，不可能有第四种不同的情况。例如，如果做出合适的实验，关于粒子动量的陈述 B 可以发现为真。在这样的场合，另一个关于粒子位置的陈述 A 就是不确定的。它之所以不确定，是因为原则上不可能在确证陈述 B 的同时确定陈述 A 的真或假。当然，反之亦成立：如果 A 可以确证，则 B 就是不确定的。换言之，在现代物理学中有这样的情

---

① 参见加勒特·伯克霍夫和约翰·冯·纽曼的《量子力学的逻辑》，见《数学年鉴》，第37卷，第823—843页，1936。

② 参见汉斯·赖辛巴赫《量子力学的哲学基础》，伯克利，加利福尼亚大学出版社，1944。

况，如果某些陈述是真的，另一些陈述必定是不确定的。

赖辛巴赫发现，有必要借助于比用于定义熟悉的二值逻辑的联结词的真值表更复杂的真值表，重新定义习惯的逻辑联结词（蕴涵、析取、合取，等等），以适应他的三个真值。此外，他不得不引入新的联结词。我又一次觉得，对于物理学的语言，如果有必要用这种方式把逻辑复杂化，它就是可接受的。然而，目前我还不能看到这样一个根本步骤的必要性。

当然，我们必须等待着以看到事物是如何进入物理学发展的未来图景的。不幸地，物理学家很少用逻辑学家所喜欢见到的形式来提出他们的理论。他们并不说："这就是我的语言，这些是原始词项，这里是我的形成规则，那里是逻辑公理。"（只要他们至少给出他们的逻辑公理，我们就可以知道他们是否与冯·纽曼或赖辛巴赫一致，或者他们是否喜欢保留经典的二值逻辑。）整个物理学领域若有用包括形式逻辑在内的系统化形式表述的公设，同样是一件好事。一旦做到这点，就更易于确定是否有好的理由去改变基本的逻辑。

这里我们接触到有关物理语言的、仍未解决的深刻问题。物理学的语言，除其数学部分之外，仍然大量的是自然语言，即它的规则在实践中不言而喻地学会，很少清晰地表述。当然，物理学语言所特有的千万个新术语和词组已经被采用，而且在少数场合中，已经发明了特殊规则用于处理一些专门性的术语和符号。像其他科学的语言一样，物理学的语言在稳步地增长它的准确性和总效能。这种趋向肯定会继续下去。但是在目前，量子力学的发展还没有充分地反映在物理语言的发展中。

很难预言物理语言将会怎样变化。但是我确信，在本世纪上半叶导致数学语言得到重大改进的两种趋势，即现代逻辑和集合论的应用以及现代形式的公理方法——它预设一个形式化语言系统——的采用，将证明对于发展和澄清物理语言是同等有效的。在今日的物理学中，对于讨论理论的内容以及整个物理学的概念结构，那两种方法都有巨大的帮助。

这是一个令人兴奋的挑战，它要求物理学家与逻辑学家密切合作——更好的是，要求那些研究过物理学和逻辑学二者的年轻人努力工作。我相信，现代逻辑和公理方法应用于物理学，比之于只是改进物理学家之间的交流以及物理学家与其他科学家之间的交流，做出更多的东西。这种应用将完成更重要得多的事情：使创造新概念，表述新假定变得更容易。近些年来已经获得大量新的实验结果，其中许多应当归于实验仪器的重大改进，诸如大型原子粉碎器。在这些结果的基础上，量子力学在其发展之中取得了重大的进步。令人遗憾的是，把全部新资料组织起来，重建统一理论的努力尚未成功。已经出现了一些意外的疑难和迷惘的境况，求解它们是当前一项紧迫而又十分困难的任务。运用新的概念工具在这里可能具有必不可少的帮助，这看来是一个合理的假定。

一些物理学家相信，在不久的将来有一个新突破的好机会。无论这一时刻到来的迟早如何，我们都可以相信——假如世界各国首脑禁止发动核战争这般极端的蠢事，使得人类可以幸存下去——科学将继续取得更加伟大的进步，我们因此就能够对世界结构做出更加深刻的洞察。

文献目录

一般著作

Richard B. Braithwaite. *Scientific Explanation*. Cambridge：Cam－bridge University Press，1953.（《科学解释》）

Percy W. Bridgman. *The Logic of Modern Physics*. New York：Mac-millan，1927.（《现代物理学的逻辑》）

Norman R. Campbell. *Physics：The Elements*. Cambridge：Cam－bridge University Press，1920.（《物理学：元素》）

Norman R. Campbell. *What Is Science*? London：Methuen，1921.（《科学是什么?》）

Philipp Frank. *Philosophy of Science*. Englewood Cliffs，N. J.：Prentice－Hall，1957.（《科学哲学》）

Werner Heisenberg. *Physics and Philosophy：The Revolution in Modern Science*. New York：Harper，1958.（《物理学与哲学：现代科学中革命》）

Carl G. Hempel. *Aspects of Scientific Explanation and Other Essays in the Philosophy of Science*. Glencoe，Ill.：Free Press，1965.（《科学解释诸方面及科学哲学的其他论文》）

Carl G. Hempel. *International Encyclopedia of Unified Science*，Vol. 2，No. 7：*Fundamentals of Concept Formation in Physical Science*. Chicago：University of Chicago Press，1952.（《物理科学中概念形成的原理》）

Gerald Holton and Duane Roller. *Foundations of Modern Physicnl Science*. Reading, Mass. : Addison - Wesley, 1958. (《现代物理科学的基础》)

John Kemeny. *A Philosopher Looks at Science*. Princeton, N. J. : D. Van Nostrand, 1959. (《哲学家查看科学》)

Ernest Nagel. *The Structure of Science*. New York: Harcourt, Brace&World, 1961. (《科学的结构》)

Karl Popper. *The Logic of Scientific Discovery*. New York: Basic Books, 1959. (《科学发现的逻辑》)

Bertrand Russell. *Human Knowledge: Its Scope and Limits*. New York: Simon & Schuster, 1948. (《人类知识：其范围与限度》)

Israel Seheffler. *The Anatomy of Inquiry*. Cambridge, Mass. : Har - yard University Press, 1963. (《探究的剖析》)

Stephen Toulmin. *The Philosophy of Science*. London: Hutchinson's Universal Library, 1953. (《科学哲学》)

论文集

Arthur Danto and Sidney Morgenbesser, eds.. *Philosophy of Science*. Cleveland, Ohio: Meridian, 1960. (《科学哲学》)

Herbert Feigl and May Brodbeck, eds.. *Readings in the Philosophy of Science*. New York: Appleton - Century - Crofts, 1953. (《科学哲学读本》)

Herbert Feigl and Wilfrid Sellars, eds.. *Readings in Philosophical Analysis*. New York: Appleton - Century - Crofts, 1949. (《哲学分析读本》)

Herbert Feigl, Michad Scriven, and Grover Maxwell, eds.. *Minnesota Studies in the Philosophy of Science*. Minneapolis, Minn. : University of Minnesota Press, Vol. Ⅰ, 1956; Vol. Ⅱ, 1958; Vol. Ⅲ, 1962. (《明尼苏达科学哲学研究》)

Edward H. Madden, ed.. *The Structure of Scientific Thought*. Bos - ton, Mass.: Houghton Mifflin, 1960. (《科学思想的结构》)

Paul Arthur Schilpp, ed.. *The Philosophy of Rudolf Carnap*. La Salle, Ⅲ.: Open Court, 1963. (《R. 卡尔纳普的哲学》)

Paul Arthur Schilpp, ed.. *Albert Einstein: Philosopher Scientist*. Evanston, Ⅲ.: Library of Living Philosophers, 1949. (《A. 爱因斯坦：哲学家 - 科学家》)

Philip Wiener, ed.. *Readings in the Philosophy of Science*. New York: Scribner, 1953. (《科学哲学读本》)

测量

Norman R. Campbell. *Physics: The Elements*, *op. cit.*, Part Ⅱ: Measurement. (《物理学：元素》)

Carl G. Hempel. *Fundamentals of Concept Formation in Empirical Science*, *op. cit.*, Chapter 3. (《经验科学中概念形成的原理》)

Victor F. Lenzen. *International Encyclopedia of Unified Science*, Vol. Ⅰ, No. 5: Procedures of Empirical Science. Chicago, Ⅲ.: Univer - sity of Chicago Press, 1938. (《经验科学的程序》)

空间与时间

Albert Einstein. *Sidelights on Relativity*. New York: Dutton, 1923. (《相对性杂闻》)

Philipp Frank. *Philosophy of Science*, *op. cit.*, chapters 3 and 6. (《科学哲学》)

Adolf Grtinbaum. *Philosophical Problems of Space and Time*. New York: Knopf, 1963. (《空间与时间的哲学问题》)

Max Jammer. *Concepts of Space*. Cambridge, Mass.: Harvard Uni - versity Press, 1954. (《空间概念》)

Ernest Nagel. *The Structure of Science*, *op. cit.*, chapters 8 and 9.

(《科学的结构》)

Henri Poincaré. *Science and Hypothesis*. London：1905. (《科学与假说》)

Hans Reichenbach. *The Philosophy of Space and Time*. New York：Dover，1958. (《时空哲学》)

因果性的意义

Bertrand Russell. *Mysticism and Logic*，Chapter 9. New York：Longmans，Green，1918. Reprinted in Feigl and Brodbeck，*Readings in the Philosophy of Science*，*op. cit.*. (《神秘主义与逻辑》)

Bertrand Russell. *Our Knowledge of the External World*，Chapter 8. London：Allen & Unwin，1914. Reprinted in Feigl & Brodbeck，*Readings in the Philosophy of Science*，*op. cit.*. (《我们关于外部世界的知识》)

Moritz Schlick. "Causality in Everyday Life and in Recent Science." Reprinted in Feigl and Sellars，*Readings in Philosophical Analysis*，*op. cit.*. (《日常生活与最近科学中的因果性》)

决定论与自由意志

Bertrand Russell. *Our Knowledge of the External World*，*op. cit.*，Chapter 8. (《我们关于外部世界的知识》)

Moritz Schliek. *Problems of Ethics*，Chapter 7. Englewood Cliffs，N. J.：Prentice－Hall，1939. (《伦理学的问题》)

Charles Stevenson. *Ethics and Language*. New Haven：Yale University Press，1944. Chapter 11. (《伦理学与语言》)

索　　引*

* 数字为英文版页码。

译后记

本书是科学哲学的名著之一。作者鲁道尔夫·卡尔纳普是当代杰出的逻辑学家和科学哲学家。本书是他在科学哲学方面的代表作。

本书于 1966 年出版，1974 年修订再版。它在现代科学哲学著作中占着非常突出的地位，许多科学哲学家都对它做过高度评价。本书编者 M. 加德纳认为："本书是这个世纪伟大的、富有创造性的一位哲学家的观点最好的初步介绍，同时也是现代介绍科学哲学最清晰、最得宜的一本著作。"著名科学哲学家卡尔·G. 亨普尔说："这本书对科学哲学的课题作了引人入胜的广泛的介绍。"W. C. 萨尔蒙也认为："这本书最适合于那些想要洞察当代科学哲学之本质的明智读者。它很可能被公认为 20 世纪中叶科学哲学的经典性导引。"正因为这样，国外高等院校开设科学哲学课程，几乎都把本书列为学生的指定读物。60 年代和 70 年代，许多学校都将本书定为科学哲学的标准教材。

1982 年，香港中文大学哲学系何秀煌博士和李天命博士将这本书介绍给我们中山大学哲学系。从那时起，我们在研究生中开设科学哲学课程，将本书列为基本参考教材之一。二十几年来的经验证明，其效果十分良好。这是因为，虽然当代科学哲学学派林立，但它们之所以能够发展起来，有一个基础或出发点，这就是科学哲学中标准学派的观点。而本书正是标准学派的经典著作。所以，要了解当代的科学哲学，首先就必须钻研这本书。正因为这样，我们将本书译成中文。1987 年我们翻译了本书，现按英文原稿重新加以校订增补了英文页码，并尽量改正了原译一些错误和不当之处。

本书的“平装版序言”、“原序”、第1—18 章、第22—28 章由张华夏翻译。第 19、20、21、29、30 章及“文献目录”、“索引”由李平翻译。最后由张华夏复校统稿。

二〇〇七年二月

Rudolf Carnap
An Introduction to the Philosophy of Science
Edited by Martin Gardner
Basic Books, Inc.
New York, 1966